高等职业教育系列教材

电气控制与 PLC 技术应用教程
（S7–200 SMART）
第 2 版

主　编　侍寿永　王　玲
副主编　夏玉红　居海清
参　编　薛　岚　秦德良　侍泽逸
主　审　史宜巧

机械工业出版社

本书先介绍继电器-接触器控制系统常用电气元器件的结构、外形、工作特性及典型控制电路的原理，然后介绍 S7-200 SMART PLC 的基础知识及其编程与应用。通过 24 个案例通俗易懂地介绍自动化设备控制系统中电气原理图的设计、分析和故障诊断方法，以及 S7-200 SMART PLC 的基本指令、功能与程序控制指令、模拟量与通信指令和顺序控制系统的编程与应用，且在多个案例中融入"1+X"职业技能等级证书考核有关内容。

书中案例均为自动化设备控制系统中的子项目，配有电路原理图、详细的控制程序及调试步骤，每个案例经简化后易于操作与实现，便于读者尽快掌握自动化设备的控制方法和原理，并具备相应的 PLC 编程和应用的技能。

本书既可作为高等职业院校电气自动化、机电一体化、应用电子、电子信息、轨道交通、数控及计算机控制等相关专业的教材，也可作为从事自动化类工作岗位的工程技术人员的自学用书。

本书配有二维码微课视频、电子课件、习题解答等资料，教师可登录 www.cmpedu.com 免费注册，审核通过后下载，或联系编辑索取（微信：13261377872，电话：010-88379739）。

图书在版编目（CIP）数据

电气控制与 PLC 技术应用教程：S7-200 SMART / 侍寿永，王玲主编．—2 版．—北京：机械工业出版社，2023.7（2024.8 重印）
高等职业教育系列教材
ISBN 978-7-111-73319-5

Ⅰ．①电…　Ⅱ．①侍…　②王…　Ⅲ．①电气控制-高等职业教育-教材 ②PLC 技术-高等职业教育-教材　Ⅳ．①TM571.2 ②TM571.6

中国国家版本馆 CIP 数据核字（2023）第 104540 号

机械工业出版社（北京市百万庄大街 22 号　邮政编码 100037）
策划编辑：李文轶　　　　　　责任编辑：李文轶
责任校对：张亚楠　陈立辉　　责任印制：郜　敏
北京富资园科技发展有限公司印刷
2024 年 8 月第 2 版第 2 次印刷
184mm×260mm·16 印张·410 千字
标准书号：ISBN 978-7-111-73319-5
定价：69.00 元

Preface

前言

党的二十大报告指出，教育、科技、人才是全面建设社会主义现代化国家的基础性、战略性支撑。我们要坚持教育优先发展、科技自立自强、人才引领驱动，加快建设教育强国、科技强国、人才强国。本书根据高职高专人才培养目标，并结合高职学生学情和课程项目化教学改革方向，本着"项目驱动、'教学做'一体化"原则编写而成。

自动化设备和智能化生产线是制造业中不可或缺的生产设备，其电气控制系统的性能直接影响着产品质量。PLC 早已成为自动化控制领域广泛应用的重要设备之一，S7-200 SMART PLC 是国内广泛使用的 S7-200 PLC 的更新换代产品，它继承了 S7-200 PLC 的诸多优点并进行了功能升级，因此在国内必将得到更为广泛的应用。

编者结合本书第一版近年来师生的反馈、教学和参赛的经验，并在企业技术人员大力支持下对本书进行了改版，旨在使学生或具有一定电气控制基础知识的工程技术人员通过对本书的学习，能较快地掌握自动化设备及生产线控制的方法和原理，及具备较好的 PLC 编程及应用技能。

本书共分为 6 章，较为全面地介绍了电气控制系统常用电气元器件的结构与原理、三相异步电动机的典型电气控制和西门子 S7-200 SMART PLC 的基础知识及其编程与应用。

第 1 章介绍电气控制系统中部分常用电气元器件的结构、原理，三相异步电动机的结构与工作原理，其点动、连动和可逆运行的控制方法及电气控制系统故障排除方法。

第 2 章介绍电气控制系统中部分常用电气元器件的结构、原理，三相异步电动机起动、调速及制动等典型控制的原理与方法。

第 3 章介绍 PLC 的基础知识，编程及仿真软件的应用，S7-200 SMART PLC 的位逻辑指令、定时器和计数器指令的应用。

第 4 章介绍 PLC 的功能及程序控制指令，包括数据的类型及寻址方式、数据处理指令、数学运算指令、跳转指令、子程序及中断指令等及其应用。

第 5 章介绍 PLC 的模拟量与通信指令及其组态与应用。

第 6 章介绍 PLC 的顺控指令、顺序功能图及其应用。

为了便于教学和自学，激发读者的学习热情，本书中的案例项目均较为简单，且易于操作和实现。为了巩固、提高和检验读者所学知识，各章均配有习题与思考。

本书按照项目化教学的思路进行编排，具备一定实验条件的院校可以按照编排的顺序进行教学。本书电子教学资源包中提供了案例项目的参考程序、PPT 和应用软件，为不具备实验条件的学生或工程技术人员自学提供方便，其相关资源可在机械工业出版社教育服务网（www.cmpedu.com）下载。

　　本书的编写得到了江苏电子信息职业学院领导的关心和支持，成建生高级工程师在本书编写过程中给予了很多的帮助并提供了很好的建议，同时，江苏沙钢集团淮钢特钢股份有限公司也为本书提供了很多优秀的工程案例，在此表示衷心的感谢。

　　本书是机械工业出版社组织出版的"高等职业教育系列教材"之一，由江苏电子信息职业学院侍寿永、王玲担任主编，夏玉红、居海清担任副主编，薛岚、秦德良、侍泽逸任参编，史宜巧担任主审。侍寿永编写第 1、2、3、4 章，王玲编写第 5 章，夏玉红、居海清共同编写第 6 章，薛岚、秦德良、侍泽逸提供企业案例并负责程序调试。

　　由于编者水平有限，加之时间仓促，书中难免有疏漏之处，恳请读者批评指正。

编　者

目　录

第3章 PLC 基本指令及编程应用 ················ 79

第4章 PLC 功能与程序控制指令及编程应用 ·· 138

第 5 章 PLC 模拟量与通信指令及编程应用 ····· 188

第 6 章 PLC 顺控指令及编程应用 ················ 221

第1章 低压电器及基本控制电路

本章重点介绍三相异步电动机的基本组成及工作原理，开关电器、接触器、主令电器、保护电器、变压器和信号电器等组成、工作原理及图文符号，通过 5 个案例介绍电动机的点动、连动、可逆运行控制电路的原理、电气元件的选用及调试方法，并对机床设备的照明及指示电路的连接、电气识图与故障诊断的步骤和方法进行简要介绍。通过本章学习，读者能掌握小型机床设备中电动机的基本控制电路的连接及工作原理，并能通过电气原理图对机床设备故障进行检测和排除。

1.1 三相异步电动机

电动机是一种将电能转化为机械能的电力拖动装置，它为机床和很多动力系统提供原动力。三相异步电动机因其结构简单、制造方便、运行可靠和价格低廉等一系列优点，在各行各业中应用最为广泛。本书中如果没有特殊说明，所使用的电动机均为三相笼型异步电动机。

1.1.1 电动机的组成

三相异步电动机主要由定子和转子组成，定子是静止不动的部分，转子是旋转部分，在定子与转子之间有一定的气隙，其结构图如图 1-1 所示。

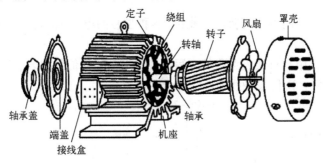

图 1-1　三相异步电动机结构图

1. 定子

异步电动机的定子由机座、定子铁心和定子绕组三部分组成。

（1）机座

机座的作用主要是固定与支撑定子铁心，它必须具备足够的机械强度和刚度。另外，它也是电动机磁路的一部分。

（2）定子铁心

定子铁心是异步电动机磁路的一部分，铁心内圆上有均匀分布的槽，用以嵌入定子绕组。为降低损耗，定子铁心用 0.5mm 厚的硅钢片叠压而成，硅钢片的两面涂有绝缘漆。

（3）定子绕组

定子绕组是三相对称绕组，当通入三相交流电时，能产生旋转磁场，并与转子绕组相互作用，实现能量的转换与传递。

2. 转子

异步电动机的转子是电动机的转动部分，由转子铁心、转子绕组及转轴等部件组成，它的作用是带动其他机械设备旋转。

（1）转子铁心

转子铁心的作用和定子铁心的作用相同，也是电动机磁路的一部分，在转子铁心外圆均匀地冲有许多槽，用来嵌入转子绕组。转子铁心也是用 0.5mm 厚的硅钢片叠压而成，整个转子铁心固定在转轴上。

（2）转子绕组

三相异步电动机按转子绕组的结构可分为绕线转子和笼型转子两种，较为常用的是笼型三相异步电动机。

3. 气隙

异步电动机的气隙一般为 0.12～2mm。异步电动机的气隙过大或过小都将对异步电动机的运行产生不良影响。若气隙过大则降低了异步电动机的功率因数；若气隙过小则装配困难，转子还有可能与定子发生机械摩擦。

1.1.2　电动机的铭牌

异步电动机的机座上都有一个铭牌，铭牌上标有型号和各种额定数据。

1. 型号

为了满足工农业生产的不同需要，我国生产多种型号的电动机，每一种型号代表一系列电机产品。

型号是用产品名称中具有代表意义的大写拼音字母及阿拉伯数字表示的，如图 1-2 所示，其中：Y 表示异步电动机，R 代表绕线式，D 表示多速等。

图 1-2　异步电动机的型号含义

2. 额定值

额定值是设计、制造、管理和使用电动机的依据。

1）额定功率 P_N：是指电动机在额定负载运行时，轴上所输出的机械功率，单位是 W 和 kW。

2）额定电压 U_N：是指电动机正常工作时，定子绕组所加的线电压，单位是 V。

3）额定电流 I_N：是指电动机输出功率时，定子绕组允许长期通过的线电流，单位是 A。

4）额定频率 f_N：是指电动机所接交流电源的频率，我国电网的额定频率为 50Hz。

5）额定转速 n_N：是指电动机在额定状态下转子的转速，单位是 r/min。

6）绝缘等级：是指电动机所用绝缘材料的等级，它规定了电动机长期使用时的极限温度与温升。温升值=绝缘材料允许的温度-环境温度（标准规定为40℃）-测温时方法上的误差值（一般为5℃）。

7）工作方式：电动机的工作方式分为连续工作制、短时工作制与断续周期工作制三类，选用电动机时，不同工作方式的负载应选用对应工作方式的电动机。

此外，铭牌上还标明绕组的相数与接法（接成Y形或△形）等。对绕线式转子异步电动机，还应标明转子的额定电势及额定电流。

3. 铭牌举例

以 Y 系列三相异步电动机的铭牌为例，如表 1-1 所示。

表 1-1　三相异步电动机的铭牌

三　相　异　步　电　动　机						
型号	Y90L-4	电压	380V	接法		Y
功率	1.5kW	电流	3.7A	工作方式		连续
转速	1400r/min	功率因数	0.79	温升		75℃
频率	50Hz	绝缘等级	B	出厂年月		×年×月
	×××电机厂	产品编号		重量	kg	

1.1.3　电动机的工作原理

1. 旋转磁场的产生

所谓旋转磁场就是一种极性和大小不变，且以一定转速旋转的磁场。通过理论分析和实践证明，当对称三相绕组中流过对称三相交流电时会产生这种旋转磁场。

（1）对称三相绕组

所谓对称三相绕组就是三个外形、尺寸、匝数都完全相同、首端彼此互隔120°、对称地放置到定子槽内的三个独立的绕组。下面以最简单的对称三相绕组为例来进行分析。

按图 1-3 的外形，顺时针方向绕制三个线圈，每个线圈绕 N 匝。它们的首端分别用字母 U_1、V_1、W_1 表示，末端分别用 U_2、V_2、W_2 表示。线圈采用的材料和线径相同。这样，每个线圈呈现的阻抗是相同的。线圈又分别称为 U、V、W 相绕组。

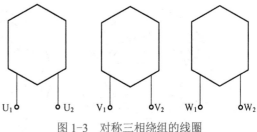

图 1-3　对称三相绕组的线圈

图 1-4a 是三相绕组的端面布置图。在定子的内圆上均匀地开出六个槽，并给每个槽编上序号，将 U_1U_2 相绕组分别放进 1 号和 4 号槽中；V_1V_2 相绕组分别放进 3 号和 6 号槽中；W_1W_2 相绕组分别放进 5 号和 2 号槽中。1、3、5 号槽在定子空间互差120°，分别放入 U、V、W 相绕组的首端，这样排列的绕组，就是对称三相绕组。

将各相绕组的末端 U_2、V_2、W_2 连接在一起，首端 U_1、V_1、W_1 分别接到三相电源上，可以得到对称三相绕组的Y形接法，如图 1-4b 所示。

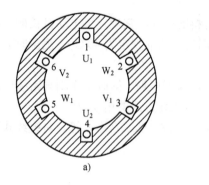
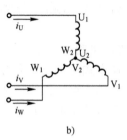

图 1-4　对称三相定子绕组

a) 端面图　b) 丫形接法

（2）对称三相电流

由电网提供的三相电压是对称三相电压，由于对称三相绕组组成的三相负载是对称三相负载，每相负载的复阻抗都相等，所以流过三相绕组的电流也必定是对称三相电流。

对称三相电流的瞬时值表达式为

$$i_U = I_m \sin \omega t$$
$$i_V = I_m \sin(\omega t - 120°)$$
$$i_W = I_m \sin(\omega t + 120°)$$

对称三相电流的波形如图 1-5 所示。

（3）旋转磁场的产生

由于三相电流随时间的变化是连续的，且极为迅速，为了能考察它所产生的合成磁效应，说明旋转磁

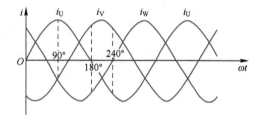

图 1-5　对称三相电流波形图

场的产生，在此选定 $\omega t = 90°$、$\omega t = 180°$、$\omega t = 240°$ 三个特定瞬间，以窥全貌，如图 1-6 所示。规定：电流为正值时，从每相线圈的首端入、末端出；电流为负值时，从末端入、首端出。用符号"·"表示电流流出，用"×"表示电流流入。由于磁力线是闭合曲线，对它的磁极的性质进行如下假定：磁力线由定子进入转子时，该处的磁场呈现 N 极磁性；反之，则呈现 S 极磁性。

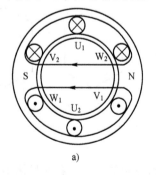
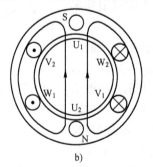
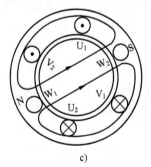

图 1-6　两极旋转磁场的产生

a) $\omega t = 90°$　b) $\omega t = 180°$　c) $\omega t = 240°$

先看 $\omega t = 90°$ 瞬间，由电流瞬时表达式和波形图均可看出，此时：$i_U = I_m > 0$，$i_V = i_W = -\dfrac{1}{2}I_m < 0$，将各相电流方向表示在各相线圈剖面图上，如图 1-6a 所示。从图中可以看

出，V_2、U_1、W_2 均为电流流入，W_1、U_2、V_1 均为电流流出。根据右手螺旋定则，它们合成磁场的磁力线方向是由右向左穿过定、转子铁心，是一个二极（一对极）磁场。用同样方法，可画出 $\omega t=180°$、$\omega t=240°$ 这两个特定瞬间的电流与磁力线分布情况，分别如图 1-6b 和图 1-6c 所示。

依次仔细观察图 1-6a～图 1-6c 就会发现这种情况下建立的合成磁场，既不是静止的，也不是方向交变的，而是像一对磁极在旋转的磁场。且随着三相电流相应变化，其合成的磁场在空间按 $U_1 \rightarrow V_1 \rightarrow W_1$ 顺序旋转（图中为顺时针方向）。

由上面的分析可得出如下的结论：

1）当三相对称电流通入三相对称绕组，必然会产生一个大小不变，且在空间以一定的转速不断旋转的旋转磁场。

2）旋转磁场的旋转方向是由通入三相绕组中的电流的相序决定的。当通入三相对称绕组的对称三相电流的相序发生改变时，即将三相电源中任意两相绕组的接线互换，旋转磁场就会改变方向。

旋转磁场转速的大小是多少呢？从图 1-6 所示的情况，可清楚地看出，当三相电流变化一个周期，旋转磁场在空间相应地转过 360°。即电流变化一次，旋转磁场转过一圈。因此可得出：电流每秒钟变化 f 次（即频率），则旋转磁场每秒钟转过 f 转。由此可知，旋转磁场为一对磁极情况下，其转数 n_0（r/s）与交流电流频率 f 是相等的，即 $n_0=f$。

如果将三相绕组按图 1-7 所示排列。U 相绕组分别由两个线圈 $1U_1$-$1U_2$ 和 $2U_1$-$2U_2$ 串联组成。每个线圈的跨距为 1/4 圆周。将 V 相和 W 相的两个线圈也按此方法串联成 V 相和 W 相绕组。根据电磁感应原理分析可知，按图 1-7 排列的三相绕组通入三相对称交流电后所产生的合成磁场仍然是一个旋转磁场。不过磁场的极数变为四个，即为两对磁极，并且当电流变化一次，可以看出旋转磁场仅转过 1/2 转。依此类推，如果将绕组按一定规则排列，可得到 3 对、4 对或 p 对磁极的旋转磁场。并可看出旋转磁场的转数 n_0 与磁极对数 p 之间是一种反比例关系。即具有 p 对极的旋转磁场，电流变化一个周期，磁场转过 $1/p$ 转，它的转数为

$$n_0 = \frac{f}{p} \text{（单位为r/s）} = \frac{60f}{p} \text{（单位为r/min）}$$

用 n_0 表示旋转磁场的转数，称为同步转速。

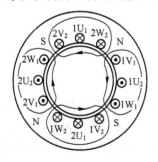 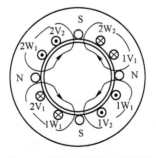 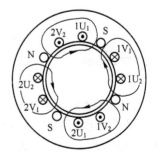

图 1-7　四极旋转磁场示意图

2. 电动机的工作原理

图 1-8 是三相异步电动机的原理图。定子上装有对称三相绕组，在圆柱体的转子铁心上嵌有均匀分布的导条，导条两端分别用铜环把它们连接成一个整体。当定子接通三相电源后，即在定、转子之间的气隙内建立了一同步转速为 n_0 的旋转磁场。磁场旋转时将切割转子导体，根据电磁

感应定律可知，在转子导体中将产生感应电动势，其方向可由右手定则确定。磁场顺时针方向旋转，导体逆时针方向（相对磁极）切割磁力线。转子上半边导体感应电动势的方向为出来的，用"·"表示；下半边导体感应电动势的方向为进去的，用"×"表示。因转子绕组是闭合的，导体中有电流，电流方向与电动势相同。载流导体在磁场中会受到电磁力，其方向由左手定则确定，如图 1-8 所示。这样，在转子导条上形成一个逆时针方向的电磁转矩。于是转子就跟着旋转磁场顺时针方向转动。这样从工作原理看，不难理解三相异步电动机为什么又叫感应电动机了。

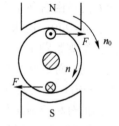

图 1-8　三相异步电动机的工作原理

综上所述，三相异步电动机能够转动的必备条件是：一电动机的定子必须产生一个在空间不断旋转的旋转磁场；二电动机的转子必须是闭合导体。

3．转差率

异步电动机中，转子因旋转磁场的电磁感应作用而产生电磁转矩，并在电磁转矩的作用下旋转，那么转子的转速是多少？与旋转磁场的同步转速相比又如何呢？

转子的旋转方向与旋转磁场的转向相同，但转子的转速 n 不能等于旋转磁场的同步转速 n_0，否则磁场与转子之间便无相对运动，转子就不会有感应电动势、电流与电磁转矩，转子也就根本不可能转动了。因此，异步电动机的转子转速 n 总是略小于旋转磁场的同步转速 n_0，即与旋转磁场"异步"地转动，所以称这种电动机为"异步"电动机。若三相异步电动机带上机械负载，负载转矩越大，则电动机的"异步"程度也越大。在分析中，用"转差率"这个概念来反映"异步"的程度。n_0 与 n 之差称为"转差"。转差是异步电动机运行的必要条件。将其与同步转速之比称为"转差率"，用 s 表示，即：

$$s = \frac{n_0 - n}{n_0}$$

转差率是异步电动机的一个基本参数。一般情况下，异步电动机的转差率变化不大，空载转差率在 0.005 以下，满载转差率为 0.02～0.06。可见，额定运行时异步电动机的转子转速非常接近同步转速。

1.2　开关电器

凡是能自动或手动接通和断开电路，以及能对电路或非电路现象进行切换、控制、保护、检测、变换和调节的元器件统称为电器。我国现行标准将电器按电压等级分为高压电器和低压电器。工作在交流 50Hz、额定电压 1200V 及以下和直流额定电压 1500V 及以下电路中的电器称为低压电器。

低压电器按控制作用分执行电器（如电磁铁）、控制电器（如继电器）、主令电器（如按钮）、保护电器（如熔断器）；按动作方式分自动切换电器（如接触器）、非自动切换电器（如行程开关）；按动作原理分为电磁式电器（如中间继电器）、非电磁式电器（如转换开关）。

1.2.1　刀开关

刀开关属于开关电器类的一种，常作为机床电路的电源开关，或用于局部照明电路的控制及小容量电动机的起动、停止等控制。

普通刀开关是一种结构最简单且应用最广泛的手控低压电器，主要类型有：负荷开关（如胶盖闸刀开关和铁壳开关）、板形刀开关。这里主要对胶盖闸刀开关（俗称闸刀）进行介绍，在断路器使用还没有普及的时候，它广泛用于照明电路和小容量、不频繁起动的动力电路和控制电路中。

1.　外形及结构

胶盖瓷座闸刀开关的外形及结构如图 1-9 所示。

安装刀开关时，瓷座应与地面垂直，手柄向上，易于灭弧，不得倒装或平装。倒装时手柄可能会因自重落下而引起误合闸，危及人身和设备安全。

2.　型号含义

刀开关的型号含义如图 1-10 所示。

3.　电气图文符号

刀开关的电气图文符号如图 1-11 所示。

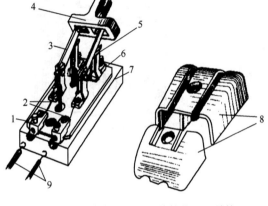

图 1-9　胶盖瓷座闸刀开关的外形及结构

1—出线盒　2—熔丝　3—动触头　4—手柄　5—静触头

6—电源进线座　7—瓷座　8—胶盖

9—引出线（连接电器用）

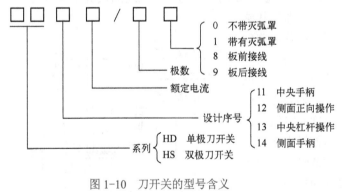

图 1-10　刀开关的型号含义

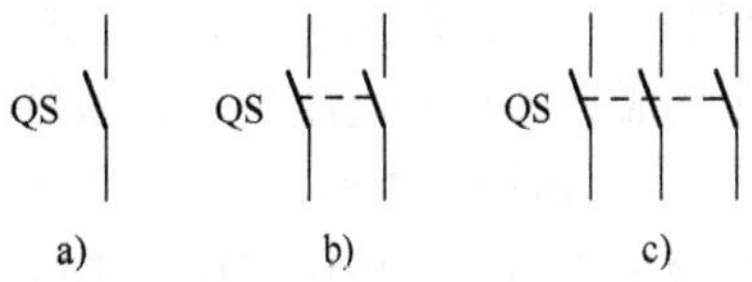

图 1-11　刀开关的电气图文符号

a) 单极　b) 双极　c) 三极

刀开关的主要技术参数有额定电流、额定电压、极数和控制容量等。

1.2.2　断路器

断路器俗称自动开关或空气开关。它集控制和多种保护功能于一身，除能控制完成接通和分断电路外，还能对电路或电气设备发生的短路、过载和失电压等故障进行保护。它的动作参数可以根据用电设备的要求人为调整，使用方便可靠。

常用断路器有各种各样的结构外形，外形举例如图 1-12a 所示。

断路器种类繁多，这里以塑壳式断路器为例进行介绍。

1. 结构及原理

这种开关一般作为配电线路的保护开关，电动机及照明电路的控制开关等。其结构如图 1-12b 所示。其主要部分由触点系统、灭弧装置、自动与手动操作机构、脱扣器和外壳等组成。

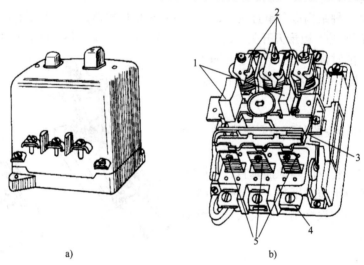

图 1-12 装置式断路器的结构图

a) 外形图　b) 内部结构图

1—按钮　2—电磁脱扣器　3—自由脱扣器　4—接线柱　5—热脱扣器

断路器的原理图如图 1-13 所示。正常状态，触点 2 闭合，与转轴相连的锁键扣住搭钩 4，使弹簧 1 受力而处于储能状态。此时，热脱扣器的热感应元器件双金属片 12 温升不高，不会使双金属片弯曲到顶住连杆 7 的程度。过电流脱扣器 6 的线圈磁力不大，不能吸住衔铁 8 去拨动连杆 7，开关处于正常吸合供电状态。若主电路发生过载或短路，电流超过热脱扣器或电磁脱扣器动作电流时，双金属片 12 或衔铁 8 将拨动连杆 7，使搭钩 4 顶离锁键 3，弹簧 1 的拉力使触点 2 分离切断主电路。当电压出现失压或低于动作值时，欠电压脱扣器 11 的磁力减弱，衔铁 10 受弹簧 9 的拉力向上移动，顶起连杆 7，使搭钩 4 与锁键 3 分开切断回路，起到失电压保护作用。

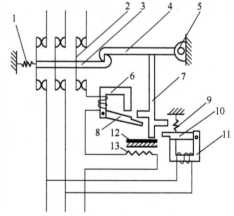

图 1-13 断路器的原理图

1、9—弹簧　2—触点　3—锁键　4—搭钩

5—轴　6—过电流脱扣器　7—连杆

8、10—衔铁　11—欠电压脱扣器

12—双金属片　13—电阻丝

脱扣器是断路器的主要保护装置，包括电磁脱扣器（用于短路保护）、热脱扣器（用于过载保护）、失电压脱扣器、由电磁和热脱扣器组合而成的复式脱扣器等。电磁脱扣器的线圈串联在主电路中，若电路或设备短路，主电路电流增大，线圈磁场增强，吸动衔铁，使操作机构动作，断开主触点，分断主电路而起到短路保护作用。电磁脱扣器上有调节螺钉，可以根据用电设备容量和使用条件手动调节脱扣器动作电流的大小。

热脱扣器是一个双金属片热继电器。它的发热元器件串联在主电路中。当电路过载时，过载电流使发热元器件温度升高，双金属片受热弯曲，顶动自动操作机构产生动作，断开主触点，切断主电路而起到过载保护作用。热脱扣器上也有调节螺钉，可以根据需要调节脱扣电流的大小。

2. 技术参数和型号

断路器的主要技术参数有：额定电压、额定电流、极数、脱扣器类型、额定电流、脱扣器整定电流、主触点与辅助触点的分断能力和动作时间等。

断路器的型号含义如图 1-14 所示。

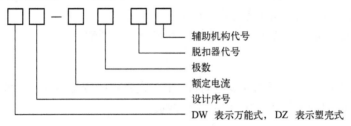

图 1-14　断路器的型号含义

3. 电气图文符号

断路器的电气图文符号如图 1-15 所示。

目前，自动化设备或用家供电线路中多使用图 1-16 所示的低压断路器，其工作原理与断路器相同，是低压配电网络和电力拖动系统中非常重要的开关和保护电器，它集控制和多种保护功能于一身。除了能完成接通和分断电路外，还能对电路或电气设备发生的短路、严重过载及欠电压等进行保护，也可以用于不频繁地起动电动机。在保护功能方面，它还可以与漏电器、测量和远程操作等模块单元配合使用完成更高级的保护和控制。它主要由触头、灭弧系统和各种脱扣器三个基本部分组成，其工作原理与断路器相同。低压断路器按极数有单极、两极、三极和四极之分，图 1-16 所示就是单极和三极低压断路器。其电气图文符号与断路器相同，如图 1-15 所示。

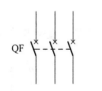

图 1-15　断路器的电气图文符号

图 1-16　低压断路器实物图
a) 单极　b) 三极

★在一次课堂上，有一学生突遇急事请假回家，后经了解获知其父在设备维修工作过程中触电身亡。长期从事电力或电气设备维护岗位的人大多数都有一个"通病"，就是带电作业，这样的行为迟早会发生事故。我们在学习和工作中，必须遵守安全规范，做到安全第一，否则会酿成不可挽回的悲剧。

1.3 案例 1 电动机的手动控制

1. 目的

1) 掌握低压电器 QS 和 QF 的结构、作用及电气图文符号。
2) 掌握三相异步电动机的组成及工作原理。
3) 掌握电动机手动控制电气电路的连接、安装与控制原理。

2. 任务

手动直接起停控制小功率三相异步电动机。很多设备中的冷却电动机、润滑电动机和冷却风扇等小功率电动机的起动或停止均由手动直接控制。

3. 步骤

直接起动的缺点是起动电流很大，为额定电流的 5~7 倍，如果负载惯性较大，起动时间过长，可能熔断熔丝；过大的起动电流使电网电压有一定波动，并影响同电网中其他设备的正常运行；过大的起动电流会使电动机中绝缘材料变脆，缩短电动机使用寿命。电动机功率小于 10kW，或在电网容量大于电动机功率 10 倍时可以直接起动。

（1）电动机的连接

三相异步电动机定子是由对称三相绕组构成的，每相绕组都有首尾两端，绕组的首端一般用 U_1、V_1、W_1 表示，绕组的末端一般用 U_2、V_2、W_2 表示。在电动机接入电源时务必看清其铭牌数据，这里主要指看清电动机的额定电压和绕组接法。若额定电压为 380V，则电动机在正常工作时绕组电压为 380V，如果电动机功率较小，则采用三角形（△）接法即可；如果电动机功率较大，则需采用减压起动，这将在后续章节中介绍。若额定电压为 220V，则电动机在正常工作时线圈电压为 220V，采用星形（Y）接法。

△接法是将三相绕组首尾端相连，即 U_1 和 W_2 相接，V_1 和 U_2 相接，W_1 和 V_2 相接，从 U_1、V_1、W_1 端接入三相电源；Y接法是将三相绕组尾端相连，即 U_2、V_2 和 W_2 端相连，从 U_1、V_1、W_1 端接入三相电源。

（2）电动机手动控制电路

电动机手动直接起动的控制电路比较简单，只需将三相电源经断路器后直接与电动机连接即可，请注意电动机的铭牌，将绕组接成指定形式（在电动机的接线盒中），此处接为Y形。同时，从操作和用电安全角度考虑，电动机的外壳要接地，具体连接电路如图 1-17 所示。因本案例接线较少，故可以不用套号码管，但接线端子需使用（断路器的下接线端子经接线端子排后与电动机的三相电源进线端相连）。

工作原理：当手动合上断路器 QF 时，三相异步电动机因接入三相电源而起动，电动机驱动水泵输出冷却液；当手动断开断路器 QF 时，三相异步电动机因断开三相电源而停止运行。

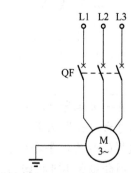

图 1-17 电动机手动控制电路

（3）电气元器件选用

元器件及仪表的选用如表 1-2 所示。

表 1-2　元器件及仪表的选用

序号	名称	型号及规格	数量	备注
1	三相笼型异步电动机	YS7124-370W	1	
2	断路器	DZ47-63	1	
3	接线端子	DT1010	1	
4	万用表	MF47	1	

本书所有案例都需要维修电工类工具来完成任务，主要为剥线钳、老虎钳、尖嘴钳、螺钉旋具（一字、十字）、测电笔和万用表等。

4. 拓展

两台电动机的手动直接起动控制。某台机床除主轴电动机外，还有润滑电动机和冷却电动机，该控制系统要求润滑电动机和冷却电动机均为直接起动，在冷却电动机起动后，方可手动起、停润滑电动机。

1.4　接触器

1.4.1　电磁式低压电器的构成

电磁式低压电器一般都由两个基本部分组成：感受部件和执行部件。感受部件能感受外界的信号，做出有规律的反应。在自动切换电器中，感受部件大多由电磁机构组成；在手控电器中，感受部件通常为操作手柄等。执行部件是根据指令，执行电路的接通、切断等任务，如触点和灭弧系统。断路器类的低压电器还具有中间（传递）部分，它的任务是把感受部件和执行部件两部分联系起来，使它们协调一致，按一定的规律动作。

1. 电磁机构

电磁机构是感受部件，它的作用是将电磁能转换成机械能并带动触点闭合或断开。它通常采用电磁铁的形式，由电磁线圈、静铁心（铁心）和动铁心（衔铁）等组成，其中动铁心与动触点支架相连。电磁线圈通电时会产生磁场，使动、静铁心磁化互相吸引，当动铁心被吸引向静铁心时，与动铁心相连的动触头也被拉向静触头，令其闭合接通电路。电磁线圈断电后，磁场消失，动铁心在复位弹簧作用下，回到原位，并牵动动、静触头，分断电路。电磁机构如图 1-18 所示。

电磁铁按励磁电流方式可分为直流电磁铁和交流电磁铁。直流电磁铁在稳定状态下通过恒定磁通，铁心中没有磁滞损耗和涡流损耗，只有线圈产生热量。因此，直流电磁铁的铁心是用整块钢材或工程纯铁制成的，电磁线圈没有骨架，且做成细长形，以增大它和铁心直接接触的面积，利于线圈热量从铁心散发出去。交流电磁铁中通过交变磁通，铁心中有磁滞损耗和涡流损耗，铁心和线圈都会产生热量。因此，交流电磁铁的铁心一般用硅钢片叠成，以减小铁损，并且将线圈制成粗短形，由线圈骨架把它和铁心隔开，以免铁心的热量传递给线圈使其过热而烧坏。

由于交流电磁铁的磁通是交变的，线圈磁场对衔铁的吸引力也是交变的。当交流电流过零时，线圈磁通为零，对衔铁的吸引力也为零，衔铁在复位弹簧作用下将产生释放趋势，这就使动、静铁心之间的吸引力随着交流电的变化而变化，从而产生振动和噪声，加速动、静铁心接触部分的磨损，引起接触不良，严重时还会使触点烧蚀。为了消除这一弊端，在铁心柱面的一部分，嵌入一只铜环，名为短路环，如图 1-19 所示。

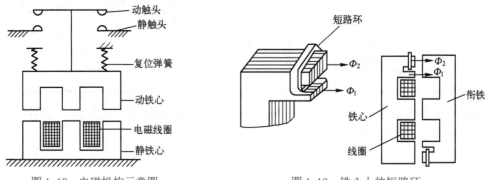

图 1-18 电磁机构示意图　　　　　　　　图 1-19 铁心上的短路环

该短路环相当于变压器二次侧绕组，在线圈通入交流电时，不仅线圈产生磁通，短路环中的感应电流也将产生磁通。短路环相当于纯电感电路，从纯电感电路的相位关系可知，线圈电流磁通与短路环感应电流磁通不同时为零，即电源输入的交流电流通过零值时，短路环感应电流不为零，此时，它的磁场对衔铁起着吸引作用，从而克服了衔铁被释放的趋势，使衔铁在通电过程总是处于吸合状态，这样明显减小了振动和噪声。所以短路环又叫减振环，它通常由铜、康铜或镍铬合金制成。

电磁铁的线圈按接入电路的方式可以分为电压线圈和电流线圈。电压线圈并联在电源两端，获得额定电压时线圈吸合，其电流值由电路电压和线圈本身的电阻或阻抗决定。由于线圈匝数多、导线细、电流较小而匝间电压高，所以一般用绝缘性能好的漆包线绕制。电流线圈串联在主电路中，当主电路的电流超过其动作值时吸合，其电流值不取决于线圈的电阻或阻抗，而取决于电路负载的大小。由于主电路的电流一般比较大，所以线圈导线比较粗，匝数较少，通常用紫铜条或粗的紫铜线绕制。

2. 触头系统

触头系统属于执行部件，按功能不同可分为主触头和辅助触头两类。主触头用于接通和分断主电路；辅助触头用于接通和分断二次电路，还能起互锁和联锁作用。小型触头一般用银合金制成，大型触头用铜制成。

触头系统按形状不同分为桥式触头和指形触头。桥式触头如图 1-20a 和图 1-20b 所示，分为点接触桥式触头和面接触桥式触头。其中点接触桥式触头适用于工作电流不大、接触电压较小的场合，如辅助触头。面接触桥式触头的载流容量较大，多用作小型交流接触器主触头。图 1-20c 为指形触头，其接触区为一直线，触头闭合时产生滚动接触，适用于动作频繁、负荷电流大的场合。

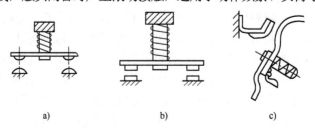

a)　　　　　　　　　　b)　　　　　　　　　　c)

图 1-20 触头的结构形式

a) 点接触桥式触头　b) 面接触桥式触头　c) 指形触头

触头按位置可分为静触头和动触头。静触头固定不动，动触头能由连杆带着移动，如图 1-21 所示。触头通常以其初始位置，即"常态"位置来命名。对电磁式电器来说，是指电磁铁线圈未通电时的位置；对非电学量电器来说，是指没有受外力作用时的位置。常闭触点（又称动断触点），常态时动、静触头是相互闭合的。常开触点（又称动合触点），常态时动、静触头是分开的。

3. 灭弧装置

各种有触点电器都是通过触点的开、闭来通、断电路的，其触点在闭合和断开（包括熔体在熔断时）的瞬间，都会在触点间隙中由电子流产生弧状的火花，这种由电气原因造成的火花，称为电弧。触点间的电压越高，电弧就越大；负载的电感越大，断开时的火花也越大。在开断电路时产生电弧，一方面使电路仍然保持导通状态，延迟了电路的开断；另一方面会烧损触点，缩短电器的使用寿命。因此，要采取一些必要的措施来灭弧，常用的灭弧装置是灭弧栅和灭弧罩。

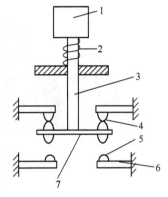

图 1-21　触头的分类

1—推动机构　2—复位弹簧　3—连杆
4—常闭触点　5—常开触点　6—静触头
7—动触头

1.4.2　接触器原理和选型

接触器是一种能频繁接通和断开远距离用电设备主回路及其他大容量用电负载的自动控制电器，它具有低压释放保护功能，可进行频繁操作，是电力拖动自动控制线路中使用最广泛的电器元器件。由于它不具备短路保护作用，常和熔断器、热继电器等保护电器配合使用。

接触器分为交流和直流两类，控制对象主要是电动机、电热设备、电焊机及电容器组等。由于交流接触器应用极为普遍，所以其型号规格繁多，外形结构各异。常用国产交流接触器的外形如图 1-22 所示。

图 1-22　常用国产交流接触器外形

1. 结构和原理

交流接触器的主要部分是电磁系统、触点系统和灭弧装置，其结构如图 1-23 所示。

码 1-1
交流接触器

交流接触器有两种工作状态：得电状态（动作状态）和失电状态（释放状态）。接触器主触点的动触头装在与衔铁相连的绝缘连杆上，其静触头则固定在壳体上。当线圈得电后，线圈产生磁场，使静铁心产生电磁吸力，将衔铁吸合。衔铁带动动触头动作，使常闭触点断开，常开触点闭合，以分断或接通相关电路。当线圈失电时，电磁吸力消失，衔铁在反作用弹簧的作用下释放，各触点随之复位。

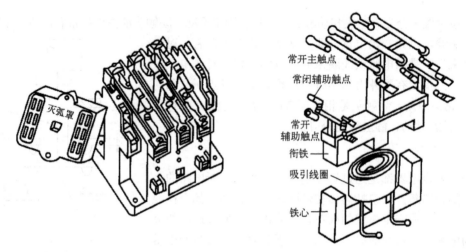

图 1-23　交流接触器的结构图

交流接触器有三对常开的主触点，它们的额定电流较大，用来控制大电流的主电路的通断，还有一对常开辅助触点和一对常闭辅助触点，它们的额定电流较小，一般为 5A，用来接通或分断小电流的控制电路。

直流接触器的结构和工作原理基本上与交流接触器相同，不同的是电磁铁系统。触头系统中，直流接触器主触头常采用滚动接触的指形触头，通常为一对或两对。灭弧装置中，由于直流电弧比交流电弧更难以熄灭，直流接触器常采用磁吹灭弧。

2．技术参数

常用的交流接触器有 CJ10、CJ12 系列。常用的直流接触器有 CZ0 系列。表 1-3 列出了交流接触器的技术数据。

（1）额定电压

接触器铭牌上的额定电压是指主触头的额定电压。交流时有 127V、220V、380V 和 500V 等；直流时有 110V、220V 和 440V 等。

（2）额定电流

接触器铭牌上的额定电流是指主触头的额定电流，有 5A、10A、20A、40A、60A、100A、150A、250A、400A 和 600A 等。

表 1-3　CJ10 系列交流接触器的技术数据表

型号	额定电压值 U_N/V	额定电流值 I_N/A	电动机最大功率值 P_{max}/kW			线圈消耗功率值/VA、W		最大操作频率/（次/小时）
			220V	380V	500V	起动	吸持	
CJ10-5	380 500	5	1.2	2.2	2.2	35、(-)	6、2	600
CJ10-10		10	2.2	4	4	65、(-)	11、5	
CJ10-20		20	5.5	10	10	140、(-)	22、9	
CJ10-40		40	11	20	20	230、(-)	32、12	
CJ10-60		60	17	30	30	485、(-)	95、26	
CJ10-100		100	30	50	50	760、(-)	105、27	
CJ10-150		150	43	75	75	950、(-)	110、28	

（3）线圈额定电压

交流有 36V、110V、127V、220V 和 380V 等；直流有 24V、48V、220V 和 440V 等。

（4）接通与分断能力

指接触器的主触点在规定的条件下能可靠地接通和分断的电流值，而不应该发生熔焊、飞弧和过分磨损等现象。

（5）额定操作频率

指每小时接通的次数。交流接触器的最高为 600 次/小时；直流接触器的可高达 1200 次/小时。

（6）动作值

指接触器的吸合电压与释放电压。国家标准规定接触器线圈工作电压在其额定电压 85% 以上时，应可靠吸合，释放电压不高于额定电压的 70%。

3．电气图文符号

接触器的电气图文符号如图 1-24 所示。

4．型号含义

常用接触器的型号含义如图 1-25 和图 1-26 所示。

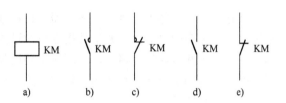

图 1-24　接触器的电气图文符号

a) 线圈　b) 常开主触点　c) 常闭主触点
d) 辅助常开触点　e) 辅助常闭触点

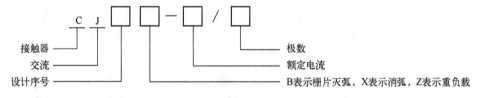

图 1-25　交流接触器的型号含义

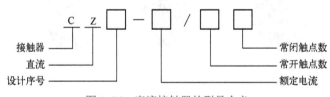

图 1-26　直流接触器的型号含义

5．接触器的选择

接触器的选择依据：

1）根据接触器所控制的负载性质来选择接触器的类型。

2）接触器的额定电压不得低于被控制电路的最高电压。

3）接触器的额定电流应大于被控制电路的最大电流。对于电动机负载有下列经验公式：

$$I_C \geqslant \frac{P_N \times 10^3}{KU_N}$$

式中，I_C 为接触器的额定电流；P_N 为电动机的额定功率；U_N 为电动机的额定电压；K 为经验系数，一般取 $1 \sim 1.4$。

接触器在频繁起动、制动和正反转的场合，一般其额定电流要降一个等级来选用。

4）电磁线圈的额定电压应与所接控制电路的电压一致。

5）接触器的触点数量和种类应满足主电路和控制电路的要求。

1.5　主令电器

1.5.1　控制按钮

按钮是主令电器的一种，主令电器是指在电气自动控制系统中用来发出信号指令的电器。它的信号指令将通过接触器和其他电器的动作，接通和分断被控制电路，以实现对电动机和其他生产机械的远距离控制。常用的主令电器有按钮、行程开关、接近开关、万能转换开关和主令控制器等。

码 1-2
按钮

按钮是一种手动控制电器，是具有自动复位功能的控制开关。它只能短时接通或分断 5A 以下的小电流电路，向其他电器发出指令性的电信号，控制其他电器动作。由于按钮载流量小，不能直接用于控制主电路的通断。

为满足不同的工作环境的要求，按钮有多种结构外形，主要分点按式（用于点动操作）、旋钮式（用手进行旋转操作）、指示灯式（在按钮内装入信号指示灯可点动操作）、钥匙式（为使用安全插入钥匙才能旋转操作）、蘑菇帽紧急式（按压或旋转操作），其外形如图 1-27 所示。

图 1-27　常用按钮外形

1. 结构和原理

按钮主要由按钮帽、复位弹簧、常闭触点、常开触点、支柱连杆及外壳等部分组成，其结构如图 1-28 所示。

图 1-28 是一个复合按钮，工作时常闭和常开触点是联动的，当按下按钮时（一定要按到位或按到底），常闭触点先断开，常开触点随后闭合；松开按钮时，其动作过程与按下时相反，即复位弹簧先将常开触点分断，通过一定行程后常闭触点才闭合。在分析实际控制电路过程时应注意：常闭和常开触点在改变工作状态时，先后有个很短的时间差，这个时间差不能忽视。

2. 电气图文符号

按相关国标要求，按钮在电路中的电气图文符号如图 1-29 所示。

3. 型号含义

按钮因点按式、旋钮式、指示灯式、钥匙式、蘑菇帽紧急式的分类而型号很多，具体型号含义如图 1-30 所示。为便于操作人员识别，避免发生误操作，按国标要求，在生产中用不同的颜色和符号标志来区分按钮的功能及作用。通常将按钮的颜色分成黄、绿、红、黑、白和蓝等，供不同场合选用。按安全操作规范，一般选红色为停止按钮，绿色为起动按钮。

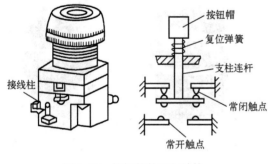

图 1-28　按钮的外形与结构

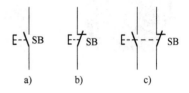

图 1-29　按钮的电气图文符号

a) 常开触点　b) 常闭触点　c) 复合触点

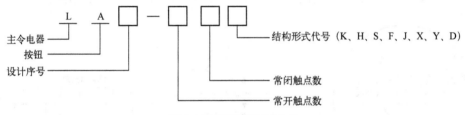

图 1-30　按钮的型号含义

其中，结构形式代号的含义是：K 为开启式，H 为保护式，S 为防水式，F 为防腐式，J 为紧急式，X 为旋钮式，Y 为钥匙操作式，D 为带指示灯式。

4. 按钮选用

按钮选用原则如下。

1) 根据使用场合和具体用途的不同要求，按照电器产品选用手册来选择不同品牌、不同型号和规格的按钮。

2) 根据控制系统的设计方案合理选择按钮颜色，如起动按钮选用绿色，停止按钮选用红色，干预按钮选用黄色等。

3) 根据控制回路的需要选择按钮的数量，如单联钮、双联钮和三联钮等。

1.5.2　转换开关

转换开关又称组合开关，是一种可切换两路或两路以上电源或负载的开关电器，在电气设备中，多用于非频繁地接通和分断电路。由于应用范围广、能控制多条回路，故称为"万能转换开关"。为了适用于不同的工作环境，转换开关可以做成各种各样的结构外形，常用的几种转换开关外形如图 1-31 所示。

1. 结构和原理

转换开关按其结构分为普通型、开启型、防护型和组合型，按其用途分为主令控制和电动机控制两种。其主要由操作结构、手柄、面板、定位装置和触点系统等组成。手柄可向正反方向旋转，由各自的凸轮控制其触点通断。定位装置采取棘爪式结构，不同的棘轮和凸轮可组成不同的定位模式，使手柄在不同的转换角度时，触点的通断状态得以改变。常用转换开关的结构如 1-32 所示。

图 1-31　常用的几种转换开关外形

2. 电气图文符号

按国标要求，转换开关的电气图文符号如图 1-33 所示，其中"×"表示闭合。

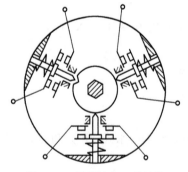

图 1-32　常用转换开关结构

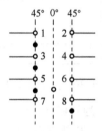

LW5-15D043/2			
触点编号	45°	0°	45°
1-2	×		
3-4	×		
5-6	×	×	
7-8			×

图 1-33　转换开关的电气图文符号

转换开关的结构多种多样，其中有一种在小容量控制电路中使用较为频繁的转换开关称为按钮开关，外形与按钮相似，其触点容量与按钮相同，应急时可代替按钮使用，常用于转换触点对数较少的控制电路中，如只有"手动/自动""高速/低速"之分等，其外形如图 1-31 最右边的 LAY37 型转换开关。电气图文符号如图 1-34 所示。

3. 型号含义

LW5 系列转换开关的型号含义如图 1-35 所示。

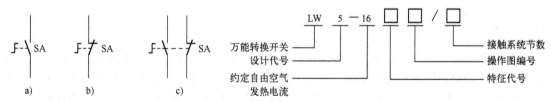

图 1-34　按钮式转换开关的电气图文符号　　　图 1-35　LW5 系列转换开关型号含义
a) 常开触点　b) 常闭触点　c) 复合触点

4. 主要用途

转换开关可用于：机床电气控制电路中电源的引入，小容量异步电动机不频繁的起动和停止控制, 电工设备供电电源的切换, 电动机的正反转切换, 测量回路中电压、电流的换相等。LW5 系列转换开关一般适用于交流 50Hz、电压为 500V、直流电压为 440V 的电路中, 常用于转换电气控制电路和电气测量仪表电路。例如, LW5/YH2/2 型转换开关常用于转换测量三相电压。

5. 转换开关的选用

转换开关的选用原则:

1) 转换开关的额定电压应不小于安装地点电路的电压等级。

2) 用于照明或电加热电路时, 转换开关的额定电流应不小于被控制电路中的负载电流。

3) 用于电动机电路时, 转换开关的额定电流是电动机额定电流的 1.5~2.5 倍。

4) 当操作频率过高或负载的功率因数较低时, 转换开关要降低容量使用, 否则会影响开关寿命。

5) 转换开关的通断能力差, 控制电动机进行可逆运转时, 必须在电动机完全停止转动后, 才能反向接通。

1.5.3 行程开关

行程开关又叫限位开关, 在机电设备的行程控制中其动作不需要人为操作, 而是利用生产机械某些运动部件的碰撞或感应使其触点动作后, 发出控制命令以实现近、远距离行程控制或限位保护。行程开关主要由操作机构、触点系统和外壳三部分组成。按其结构分为直动式 (按钮式)、滚轮式 (旋转式, 有单滚轮和双滚轮之分) 及微动式; 按其复位方式可以分为自动及非自动复位; 按其触点性质可分为触点式和无触点式。为了适用于不同的工作环境, 行程开关可以做成各种各样的结构外形, 图 1-36 是常用的 LX19 系列的行程开关外形。

码 1-3
行程开关

1. 结构和原理

行程开关的结构与控制按钮类似, 外形种类很多, 但基本结构相同, 都是由推杆及弹簧、常开及常闭触点、外壳组成。直动式、滚轮式、微动式行程开关内部结构分别如图 1-37~图 1-39 所示。其动作原

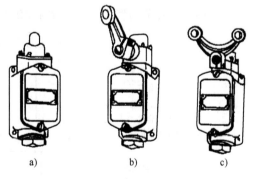

图 1-36 常用的 LX19 系列行程开关外形
a) 按钮式 b) 单滚轮式 c) 双滚轮式

理是当运动部件的挡铁碰压行程开关的滚轮时, 推杆连同转轴一起转动, 使凸轮推动撞块, 当撞块被压到一定位置时, 推动微动开关快速动作, 使其常开触点闭合, 常闭触点断开。

直动式、滚轮式、微动式行程开关是瞬动型。对于单滚轮自动复位式行程开关, 当产生机械运动的挡铁碰压滚轮时, 压板侧向下移动另一侧向上移动, 使触点动作, 同时使复位弹簧受到压缩。当挡铁离开滚轮后, 复位弹簧将已经动作的触点恢复到动作前的状态, 为下一次动作做好准备。而双滚轮行程开关在生产机械碰撞到第一个滚轮时, 内部微动开关动作, 发出信号指令, 生产机械离开滚轮后不能自动复位, 必须在生产机械碰撞到第二个滚轮时方能复位。

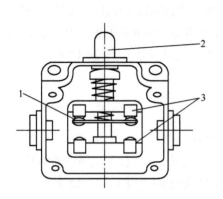

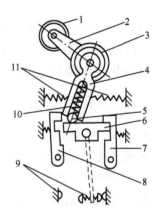

图 1-37　直动式行程开关内部结构

1—动触点　2—推杆　3—静触点

图 1-38　滚轮式行程开关内部结构

1、3—滚轮　2—上转臂　4—套架　5—滚珠　6—横板
7、8—压板　9—触点　10、11—弹簧

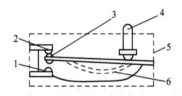

图 1-39　微动式行程开关内部结构

1—常开触点　2、3—常闭触点　4—推杆　5—壳体　6—弓形簧片

2. 型号含义

常用行程开关的型号含义如图 1-40 所示。

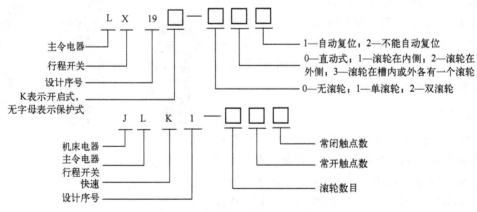

图 1-40　常用行程开关的型号含义

3. 电气图文符号

行程开关的电气图文符号如图 1-41 所示。

4. 行程开关的选用

根据使用场合和具体用途进行行程开关型号、规格和数据的
选择。常用国产行程开关的型号有：LX1、JLX1 系列，LX2、JLXK2

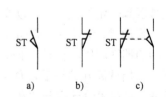

图 1-41　行程开关的电气图文符号

a) 常开触点　b) 常闭触点　c) 复合触点

系列，LXW-11、JLXK1-11 系列以及 LX19、LXW5、LXK3、LXK32、LXK33 系列等。实际选用时可参照电器产品手册。

1.5.4　接近开关

在实际生产中，有一种无机械触点的开关叫作接近开关，它具有行程开关的功能，当物体接近并与开关有一定距离时就发出"动作"信号，不需要施加机械外力。接近开关广泛用于产品计数、测速、液面控制和金属检测等领域。由于接近开关具有体积小、可靠性高、使用寿命长、动作速度快、无机械碰撞和无电气磨损等优点，因此在机电设备自动控制系统中得到了广泛应用。常用接近开关的外形如图 1-42 所示。

图 1-42　常用接近开关的外形

1．分类

接近开关按工作原理可以分为高频振荡型（用以检测各种金属体）、电容型（用以检测各种导电或不导电的液体或固体）、光电型（用以检测所有不透光物质）、超声波型（用以检测不透过超声波的物质）、电磁感应型（用以检测导磁或不导磁金属）；按其形状可分为圆柱形、方形、沟形、穿孔（贯通）型和分离型；按供电方式可分为直流型和交流型；按输出形式可分为直流两线制、直流三线制、直流四线制、交流两线制和交流三线制。

2．工作原理

以电感式接近开关为例，其原理框图如图 1-43 所示。

电感式接近开关是一种利用涡流感知物体接近的开关。它由高频振荡电路、检波电路、放大电路、整形电路及输出电路组成。感知敏感元件是用检测线圈，它是振荡电路的一个组成部分，在检测线圈的工作面上存在一个交变磁场。当金属物体接近检测线圈时，金属物体就会产生涡流而吸收振荡能量，使振荡减弱直至停振。振荡与停振这两种状态经检测电路转换成开关信号输出。

3. 电气图文符号

接近开关的电气图文符号如图 1-44 所示。

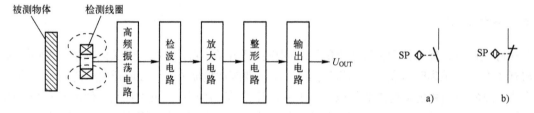

图 1-43　电感式接近开关的原理框图

图 1-44　接近开关的电气图文符号

a) 常开触点　b) 常闭触点

1.5.5　光电开关

光电开关（光电传感器）也称光电接近开关，是通过光电转换进行电气控制的开关，它是利用被检测物对光束的遮挡或反射，由同步回路选通电路，从而检测物体有无。目标物体不限于金属，所有能反射光线的物体均可被检测。光电开关将输入电流在发射器上转换为光信号射出，接收器再根据接收到的光线的强弱或有无对目标物体进行探测。由于光电开关可以实现人与物体或物体与物体的无接触，可以有效降低磨损，并具有快速响应的特点。

1. 外形

常用光电开关的外形如图 1-45 所示。

图 1-45　常用光电开关的外形

2. 工作原理

光电开关的重要功能是能够处理光的强度变化：利用光学元器件，在传播媒介中使光束发生变化；利用光束来反射物体；使光束发射并经过长距离后瞬间返回。光电开关由发射器、接收器和检测电路三部分组成。发射器对准目标后发射光束，发射的光束一般来源于发光二极管（LED）和激光二极管。接收器由光电二极管或光电晶体管组成。在接收器的前面，装有光学元器件，如透镜和光圈等。在其后面是检测电路，它能滤出有效信号并应用该信号。光电开关广泛应用于自动计数、安全保护、自动报警和限位控制等方面。

3．分类

光电开关按检测方式可分为反射式、对射式和镜面反射式三种类型。对射式检测距离远，可检测半透明物体的密度（透光度）。反射式的工作距离被限定在光束的交点附近，以避免被影响。镜面反射式的反射距离较远，适宜进行远距离检测，也可检测透明或半透明物体。

光电开关按结构可分为放大器分离型、放大器内藏型和电源内藏型三类。

图 1-46　光电开关的
电气图文符号

4．电气图文符号

光电开关的电气图文符号如图 1-46 所示。

1.6 保护电器

1.6.1 熔断器

熔断器是保护电器的一种，主要用于短路或严重过载保护。在使用时，熔断器串接在所保护的电路中。当电路发生故障，流过熔断器的电流达到或超过某一规定值时，使熔体产生热量而熔断，从而自动分断电路，起到保护作用。

码 1-4
熔断器

1．结构和原理

熔断器主要由熔体（俗称保险丝）和安装熔体的熔管（或熔座）两部分组成。熔体由易熔金属材料铅、锡、锌、银、铜及其合金制成，通常做成丝状或片状。熔管是装熔体的外壳，由陶瓷、绝缘钢纸或玻璃纤维制成，在熔体熔断时兼有灭弧作用。熔断器的外形如图 1-47 所示。

图 1-47　熔断器的外形

2．电气图文符号

熔断器的电气图文符号如图 1-48 所示。

FU

图 1-48　熔断器的电气图文符号

3．型号含义

熔断器的型号含义如图 1-49 所示。

其中，型号的含义是：C 为瓷插式、L 为螺旋式、M 为无填料封闭式、T 为有填料封闭管式、S 为快速式、Z 为自复式。

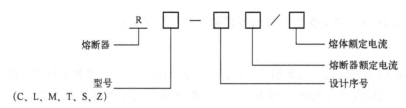

图 1-49　熔断器的型号含义

4. 技术参数

熔断器主要技术参数有额定电压、额定电流、熔体额定电流、额定分断能力和时间-电流特性等。

（1）额定电压

额定电压是指能保证熔断器长期正常工作的电压。若熔断器的实际工作电压大于额定电压，熔体熔断时可能发生电弧不能熄灭的危险。

（2）额定电流

额定电流是指能保证熔断器在长期工作时，各部件温升不超过极限允许温升所能承载的电流值。它与熔体的额定电流是两个不同的概念。

（3）熔体额定电流

熔体额定电流指在规定工作条件下，长时间通过熔体而熔体不熔断的最大电流值。通常一个额定电流等级的熔断器可以配用若干个额定电流等级的熔体，但熔体的额定电流不能大于熔断器的额定电流。

（4）额定分断能力

额定分断能力指熔断器在规定的使用条件下，能可靠分断的最大短路电流值。通常用极限分断电流来表示。

（5）时间-电流特性

时间-电流特性又称保护特性，表示熔断器的熔断时间与流过熔体电流的关系。熔断器的熔断时间随着电流的增大而减少，即反时限保护特性。

5. 熔断器的选用

常用的熔断器型号有 RC1A、RL1、RT0、RT15、RT16（NT）和 RT18 等，在选用时可根据使用场合进行选择。选择熔断器的基本原则如下：

1）根据使用场合确定熔断器的类型。

2）熔断器的额定电压必须不低于电路的额定电压。其额定电流必须不小于所装熔体的额定电流。

3）熔体额定电流的选择应根据实际使用情况进行计算。

4）熔断器的分断能力应大于电路中可能出现的最大短路电流。

> ★编者在企业工作期间，在维修设备过程中发现熔断器已损坏，更换后起动设备时熔断器再次损坏，经过反复检测未曾发现控制电路有短路现象，后经仔细分析发现所更换的熔断器额定参数远低于原控制电路熔断器额定值，更换额定参数值后熔断器故障解除。在工作中惯性思维会妨碍我们进行理性的分析和判断，如熔断器损坏未必就是电路短路引起，也可能是线路老化或严重过载所致。

1.6.2 热继电器

热继电器也是保护电器的一种，主要用于电动机的过载、缺相、三相电流不平衡运行及其他电气设备发热引起的不良状态而进行的保护控制。它是利用流过继电器热元器件的电流所产生的热效应进行反时限动作的保护继电器。其种类较多，典型外形如图 1-50 所示。

码 1-5
热继电器

图 1-50 热继电器的外形

1. 结构和原理

热继电器主要由热元器件、动作机构和复位机构三大部分组成。动作系统常设有温度补偿装置，保证在一定的温度范围内，热继电器的动作特性基本不变。典型的双金属片式热继电器结构如图 1-51 所示。

在图 1-51 中，主双金属片 2 与热元器件 4 串接在接触器负载（电动机的电源端）的主回路中，当电动机过载时，主双金属片 2 受热弯曲推动导板 3，并通过补偿双金属片 5 与推杆将常闭静触点 6 和动触点 9（即串接在接触器线圈回路中的热继电器常闭触点）分开，以切断电路保护电动机。调节凸轮 11 是一个偏心轮。改变它的半径即可改变补偿双金属片 5 与导板 3 的接触距离，从而达到调节整定动作电流值的目的。此外，靠调节复位按钮 10 来改变常开静触点 7 的位置，使热继电器能动作在自动复位或手动复位两种状态。调成手动复位时，在排除故障后要按下手动复位按钮 10 才能使动触点 9 恢复与常闭静触点 6 接触的位置。

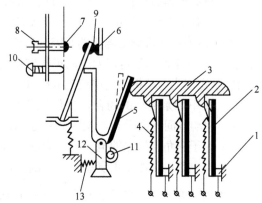

图 1-51 双金属片式热继电器的结构

1—主触头 2—主双金属片 3—导板 4—热元器件
5—补偿双金属片 6—常闭静触点 7—常开静触点
8 复位调节螺钉 9—动触点 10—复位按钮
11—调节凸轮 12—支撑件 13—弹簧

2. 电气图文符号

在使用时，热继电器的热元器件串联在主电路中，常闭触点串联在控制电路中，常开触点可接入报警信号电路或 PLC 控制的输入接口电路。按相关国标要求，热继电器的电气图文符号如图 1-52 所示。

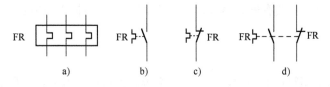

图 1-52 热继电器的电气图文符号

a) 热元器件 b) 常开触点 c) 常闭触点 d) 复合触点

3. 型号含义

热继电器的型号含义如图 1-53 所示，其种类较多，其中双金属片式热继电器应用最多。按极数可分单极、两极和三极三种，其中三极的包括带断相保护装置和不带断相保护装置的；按复位方式可分自动复位式和手动复位式。目前常用的有国产的 JR0、JR10、JR15、JR16、JR20、JR36、JRS 等系列，以及国外的 T 系列和 3UA 等系列产品。

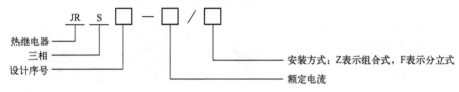

图 1-53　热继电器的型号含义

4. 热继电器的选用

热继电器的选用原则：

1）热继电器有三种安装方式，应按实际情况选择。

2）原则上热继电器的额定电流应按略大于电动机的额定电流来选择。一般情况下，热继电器的整定值为电动机额定电流的 0.95～1.05 倍。但如果电动机拖动的负载是冲击性负载或起动时间较长，热继电器的整定值为电动机额定电流的 1.1～1.5 倍。如果电动机的过载能力较差，热继电器的整定值为电动机额定电流的 0.6～0.8 倍。当然，整定电流应留有一定的上、下限调整范围。

3）在不频繁起动的场合，要保证热继电器在电动机起动过程中不产生误动作。若电动机 $I_s=6I_N$，起动时间不大于 6s，很少频繁起动，可按电动机额定电流配置。

4）对于三角形接法的电动机，应选用带断相保护装置的热继电器。

5）当电动机工作于重复短时工作制时，要注意确定热继电器的允许操作频率。

> ★编者在一次维修设备过程中发现热继电器已损坏，更换后设备起动不久会自动停止运行，经检测控制电路未发现异常，再次起动设备又出现上述现象。对上述现象反复认真研究和分析后，发现更换后的热继电器的整定电流值未设置（出厂值在最小值位置），导致设备上电动机起动后不久其触点动作，在热量散发后其触点又自行复位所致。这个事件说明：要透过现象看本质，掌握热继电器的技术参数及其复位方式是何其重要。

1.7　低压电器的安装附件及配线原则

1.7.1　安装附件

电器元器件在安装时，要有安装附件，电气控制柜中元器件和导线的固定和安装中，常用的安装附件如下。

1. 走线槽

走线槽由锯齿形的塑料槽和盖组成，有宽、窄等多种规格。用于导线和电缆的走线，可以使柜内走线美观整齐，如图 1-54 所示。

2．扎线带和固定盘

尼龙扎线带可以把一束导线扎紧到一起，根据长短和粗细有多种型号，如图 1-55 所示。固定盘上有小孔，背面有黏胶，它可以粘到其他物体上，用来匹配扎线带。

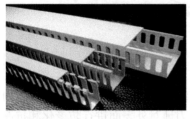

图 1-54　走线槽

图 1-55　扎线带及固定盘

3．波纹管

波纹管用于控制柜中裸露出来的导线部分的缠绕或作为外套，保护导线，一般由 PVC 软质塑料制成。

4．号码管

空白号码管由 PVC 软质塑料制成，在号码管上可用专门的号码管打印机打印上各种需要的符号，或选用已经打印好的号码，套在导线的接头端，用来标记导线，如图 1-56 所示。

5．接线插和接线端子

接线插俗称线鼻子，用来连接导线，并使导线方便、可靠地连接到端子排或接线座上，它有多种型号和规格，如图 1-57 所示。接线端子为两端分断的导线提供连接，现在新型的接线端子接线更加方便快捷，导线可直接连接到接线端子的插孔中，如图 1-58 所示。

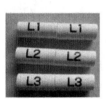

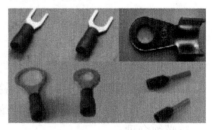

图 1-56　号码管

图 1-57　接线插

图 1-58　接线端子

6．安装导轨

安装导轨用来安装各种有双卡槽的元器件，用合金或铝材料制成，如图 1-59 所示。

图 1-59　安装导轨

7. 缠绕管

缠绕管主要是对有耐磨要求的电线和电缆进行保护。缠绕管一般采用尼龙材质或聚丙烯材质制成。缠绕管耐磨性能好，抗老化、抗腐蚀性能强，能有力地对外表面进行防老化和抗摩擦的保护。常用的缠绕管如图 1-60 所示。

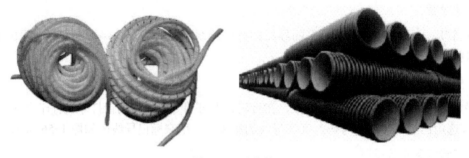

图 1-60　缠绕管

8. 热收缩管

热收缩管是遇热后能够收缩的特种塑料管，用来包裹导线或导体的裸露部分，起绝缘保护作用。

1.7.2　配线原则

低压电器的配线原则：

1）走线通道尽可能少，按主、控电路分类集中，单层平行密排或成束，应紧贴敷设面。

2）同一平面的导线应高低一致或前后一致，不能交叉。当必须交叉时，可水平架空跨越，但走线必须合理。

3）布线应横平竖直，变换走向应垂直 90° 布线。

4）导线与接线端子或线桩连接时，应不压绝缘层、不反圈、露铜不大于 1mm，并做到同一元器件、同一回路的不同接点的导线间距离保持一致。

5）一个电器元器件接线端子上的连接导线不得超过两根，每节接线端子板上的连接导线一般只允许连接一根。

6）布线时，严禁损伤线芯和导线绝缘层。

7）控制电路必须编上号码并套上号码管。

8）为了便于识别，导线应有相应的颜色标志：

① 保护导线（PE）必须是黄绿双色，中性线（N）必须是浅蓝色。

② 交流或直流动力电路应用黑色，交流控制电路采用红色，直流控制电路采用蓝色。

③ 用作控制电路联锁的导线，如果是与外围控制电路连接，而且当电源开关断开但仍带电

时，应采用橘黄色，与保护导线连接的电路采用白色。

1.8　案例 2　电动机的连动运行控制

1. 目的

1）理解电磁式低压电器的工作原理。

2）掌握 KM 的结构、工作原理及电气图文符号。

3）掌握 SB、FU、FR 的作用及电气图文符号。

4）熟练掌握电动机连动运行的控制原理。

2. 任务

电动机的连动（也称连续）运行控制，要求电动机的起动或停止均由按钮控制，并有必要的保护环节。在很多机床设备中电动机起动后都要求连动运行，在按下停止按钮或发生过载时停止运行。

3. 步骤

本案例的电动机功率只有 3.7kW，可采用全压起停控制，有时候电动机需要频繁起停，所以一般不宜采用刀开关或断路器手动直接控制（频繁地对刀开关或断路器进行手动操作比较危险），而采用按钮进行自动控制。即按下按钮后，控制某种低压电器，使接有电动机的主电路与三相电源连接或分离。

（1）电动机连动运行控制电路

本案例控制电路分主电路和控制电路，主电路设计为：三相电源经断路器、熔断器、接触器主触点、热继电器的热元器件后接至电动机的电源端；控制电路设计为：两相电源经主电路熔断器的出线端接控制电路的熔断器、热继电器的常闭触点、停止按钮、起动按钮后接入交流接触器的线圈，电路具体连接如图 1-61 所示。

具体工作原理如下：

1）电动机的起动。合上断路器 QF，按下起动按钮 SB2，SB2 的常开触点接通，电流经 W11、热继电器常闭触点 FR、停止按钮 SB1、起动按钮 SB2、交流接触器 KM 的线圈、V11 后形成一个闭合回路，此时交流接触器 KM 线圈得电，主触点闭合，三相交流电经断路器、熔断器、交流接触器主触点、热继电器的热元器件后至电动机，电动机开始起动；当交流接触器 KM 线圈得电主触点闭合的同时，辅助常开触点闭合（辅助常开触点闭合起自锁作用），当按钮 SB2 松开，

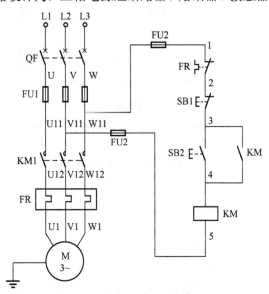

图 1-61　电动机连动运行控制电路

即使常开触点复位后，控制电路电流也会经 W11、热继电器常闭触点 FR、停止按钮 SB1、交流

接触器 KM 的辅助常开触点、V11 后形成一个新的闭合回路，交流接触器 KM 线圈持续得电，故电动机仍能继续运行。

2）电动机的停止。当按下停止按钮 SB1 时，由于按钮 SB1 的常闭触点断开，控制电路电流不能形成一个闭合回路，交流接触器 KM 线圈失电，主触点和辅助常开触点均复位，即断开，此时电动机因三相电源切断而停止运行。

3）控制线路的保护环节。当控制电路发生短路故障时，熔断器 FU2 熔体熔断，控制电路断电，交流接触器 KM 线圈失电，其主触点断开而使电动机停转；当电动机长期过载时，热继电器 FR 的常闭触点断开，控制电路断电，交流接触器 KM 线圈失电，其主触点断开而使电动机停转，从而保护了电动机。

图 1-61 中对电动机的控制，采用的交流接触器 KM 线圈的额定电压是交流 380V，从节能和用电安全考虑宜选用低等级的线圈额定电压，如交流 220V、127V、110V 均可。若交流接触器选用 220V 的额定电压，则将图 1-61 中的 V11 换成中性线（N）即可，同时还可少接一个熔断器 FU2；如果选用 127V 或 110V 的线圈额定电压，则需要使用变压器进行降压，有关变压器的知识将在 1.10.1 节中介绍。

（2）电气元器件选用

元器件及仪表的选用如表 1-4 所示。

表 1-4　元器件及仪表的选用

序号	名称	型号及规格	数量	备注
1	三相笼型异步电动机	Y132M-4（370W）	1	
2	断路器	DZ47-63	1	
3	熔断器	RT18-32	5	25A 的 3 个、2A 的 2 个
4	按钮	LAY37（Y090）	2	绿色为起动，红色为停止
5	热继电器	JR16B-20/3	1	
6	交流接触器	CJX1-9/22	1	线圈电压为 380V
7	接线端子	DT1010	2	
8	万用表	MF47	1	

（3）电路测试与通电运行

电路连接好后，首先要进行电路检查，电路连接正确后方可进行通电调试及运行。

1）电路检查

先检查主电路，再检查控制电路，分别用万用表测量各电器与电路是否正常。特别是元器件的好坏和电路是否存在短路现象。

2）控制电路调试

上述检查无误后，先断开主电路，按下起动按钮后，接触器应有相应动作，动作正常后再进行主电路的通电调试。

3）系统试车运行

在控制电路正常后，接通主电路电源进行整个系统试车，按下起动按钮时，电动机应起动并运行；按下停止按钮时，电动机应断电停止。

若上述调试现象与控制要求一致，则说明本案例任务完成。

4．拓展

用两个按钮分别实现小容量电动机的
点动和连动控制（点动控制是按下点动按
钮电动机得电起动并运行，松开点动按钮
电动机立即失电停止运行，由于控制电路
及原理非常简单，在此不进行具体介绍。

码 1-6
三相异步电动
机的点动控制

码 1-7
三相异步电动
机的连动控制

1.9 案例 3 电动机的可逆运行控制

1．目的

1）掌握行程开关、接近开关的作用及电气图文符号。
2）掌握电气控制中的互锁作用。
3）掌握电动机正反转控制的工作原理、电路的连接与装调。

2．任务

电动机的可逆运行（正反转）控制，如电梯的上下行、开关门，T68 卧式镗床的进给运动等，
都要求电动机能实现两个方向的运行。

3．步骤

机床设备中镗床的快速移动电动机可实现工作台的快速前进和后退运动，当工作台前进时，
要求电动机能正向运行；当工作台后退时，要求电动机能反向运行，即要求电动机能够实现可逆
运行，也就是要求电动机能实现正反转控制。在机床加工生产过程中或日常生活中，经常遇到需
要正反两个方向的运动控制，如机床工作台的前进与后退、主轴的正转与反转、起重机吊钩的升
降等。

（1）电动机正反转的点动运行控制电路

从 1.1.3 节三相异步电动机的工作原理可知，若想使得三相异步电动机能反向运行，只要改
变进入电动机对称三相绕组的三相电源的相序即可，改变电源相序后，在电动机定子绕组中产生
的旋转磁场方向改变，这时电动机的转向则随之改变。

在主电路中假设电动机正转时电动机电源经 KM1 主触点引入，为了使之能反转，则必须
在主电路中再增加一个交流接触器 KM2，经 KM2 主触点引入电动机的电源相序必须为反相
序，才能保证电动机能反向运行；控制电路则要求按下正向运行按钮 SB1 时，电动机正转；
按下反向运行按钮 SB2 时，电动机反转。具体电路如图 1-62 所示。

工作原理：当合上断路器 QF 时，三相电源因交流接触器 KM1 和 KM2 主触点断开而无法接
入电动机定子绕组中，故电动机不能起动。当按下按钮 SB1 时（SB1 的常开触点 1、2 闭合，常
闭触点 1、5 断开），电流经 FU2、SB1 常开触点、SB2 常闭触点、KM2 辅助常闭触点、KM1 线
圈、FU2 形成闭合回路，此时交流接触器 KM1 线圈得电，主触点闭合，引入三相正序电源至电
动机定子绕组，电动机正向起动并运行，同时交流接触器 KM1 的辅助常闭触点 6、7 断开，形成
互锁；当按下按钮 SB2 时（SB2 的常开触点 5、6 闭合，常闭触点 2、3 断开），电流经 FU2、SB1
常闭触点、SB2 常开触点、KM1 辅助常闭触点、KM2 线圈、FU2 形成闭合回路，此时交流接触

器 KM2 线圈得电，主触点闭合，引入三相反序电源至电动机定子绕组，电动机反向起动并运行，同时交流接触器 KM2 的辅助常闭触点 3、4 断开，形成互锁。当松开按钮 SB1 或 SB2 时，电动机停止。

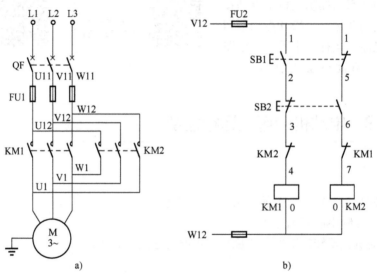

图 1-62　电动机正反转的点动运行主电路和控制电路

a) 主电路　b) 控制电路

（2）互锁控制

图 1-62b 的控制电路部分可简化成图 1-63 所示电路。此时若按下按钮 SB1，交流接触器 KM1 线圈得电，电动机正转；若接下按钮 SB2，交流接触器 KM2 线圈得电，电动机反转，这样好像也能实现电动机的正反转控制，但为什么采用图 1-62 中的较为复杂控制电路呢？可以得出，图 1-62 中控制电路比图 1-63 中多串联了两个控制元器件的常闭触点，一个是按钮的常闭触点，另一个是交流接触器的常闭触点。在图 1-62 中还可以发现，均是将元器件自身的常闭触点串联到对方的控制回路中，也就是说当本控制回路接通时，同时断开对方控制回路，让对方不可能形成闭合回路，即让对方线圈不能得电。如果得电又会出现什么情况呢？若按下图 1-63 中的按钮 SB1 的同时按钮 SB2 也被按下，或同时按下按钮 SB1 和 SB2，这时交流接触器 KM1、KM2 线圈都会得电，KM1、KM2 的主触点也都会闭合，此时主电路的三相

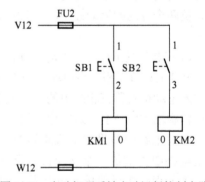

图 1-63　电动机正反转点动运行控制电路

电源经 KM1、KM2 的主触点后，U 相和 W 相电源连接到一起，即主电路电源发生短路，从而使熔断器 FU1 损坏。

为了避免以上电源短路事故的发生，就要求保证两个接触器不能同时工作。这种在同一时间里两个接触器只允许其中一个工作的控制称为互锁或联锁。图 1-62 为带接触器互锁保护的正反转控制电路。

在正反转接触器中互串一个对方的辅助常闭触点，这对辅助常闭触点称为互锁触点或联锁触点。由接触器辅助常闭触点组成的互锁称电气互锁，由按钮或行程开关等常闭触点组成的互锁称

机械互锁。这样，当按下正转起动按钮 SB1 后，即使再按下反转起动按钮 SB2，反转交流接触器线圈也不会得电，主电路则不会发生短路事故，因为此时两控制回路均已断开。

（3）电动机的正反转连续运行控制电路

在很多场合，既要求电动机能正反转，还要求连续运行。图 1-64 为电动机的正反转连续运行主电路和控制电路。

图 1-64 中如果不增加起动按钮的常闭触点，会出现什么情况呢？如果此时电动机在正转，即交流接触器 KM1 线圈得电，主触点闭合，常开触点闭合形成自锁，常闭触点断开形成互锁。此时若让电动机反转，按下反转按钮 SB3，电动机不会反转，必须先按下停止按钮 SB1 使电动机停止后再按下反转按钮 SB3，电动机方能反转。同样，在反转情况下按下正转起动按钮 SB2 也是此情况，即必须先按下停止按钮后方可实现电动机的转向改变。这样的电路在操作上不太方便，为了更为方便地操作电动机的正反转控制电路，在图 1-64 中增加了机械互锁，这样如果改变运行中的电动机的转向只需要按下相应的控制按钮即可，原理请读者自行分析。

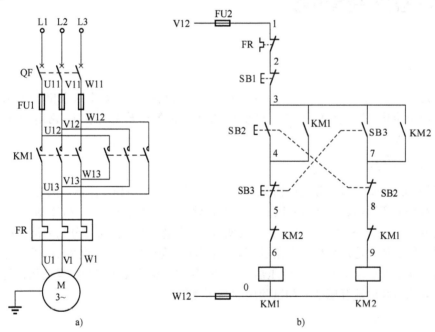

图 1-64   电动机正反转连续运行主电路和控制电路

a) 主电路   b) 控制电路

（4）电气元器件选用

元器件及仪表的选用如表 1-5 所示。

表 1-5   元器件及仪表的选用

序号	名称	型号及规格	数量	备注
1	三相笼型异步电动机	Y132M-4（370W）	1	
2	断路器	DZ47-63	1	
3	熔断器	RT18-32	5	25A 的 3 个，2A 的 2 个
4	按钮	LAY37（Y090）	2 或 3	选 2 个为点动控制，选 3 个为连续控制

（续）

序号	名称	型号及规格	数量	备注
5	热继电器	JR16B-20/3	1	
6	交流接触器	CJX1-9/22	2	
7	接线端子	DT1010	2	
8	万用表	MF47	1	

4. 拓展

带行程保护的进给电动机可逆运行控制。磨床工作台快速前进或后退移动时，要求工作台必须在规定的范围内移动，即不能超越工作台的移动范围，也就是在电气控制电路中需要设置限位保护环节。

1.10 变压器及信号电器

1.10.1 变压器

变压器是利用电磁感应的原理而工作的静止的电气设备。它主要由铁心和线圈组成，通过电磁耦合作用把电能从一次绕组传递到二次绕组。在电气设备和无线电路中，常用于电压升降、匹配阻抗和安全隔离等。

1. 变压器的分类

按相数的不同，变压器可分为单相变压器、三相变压器和多相变压器。按绕组数目不同，变压器可分为双绕组变压器、三绕组变压器、多绕组变压器和自耦变压器。按冷却方式不同，变压器可分为油浸式变压器、充气式变压器和干式变压器。油浸式变压器又可分为油浸自冷式变压器、油浸风冷式变压器和强迫油循环式变压器。按用途不同，变压器可分为电力变压器（升压变压器、降压变压器和配电变压器等）、特种变压器（电炉变压器、整流变压器和电焊变压器等）、仪用互感器（电压互感器和电流互感器）和试验用的高压变压器等。

2. 变压器的组成

变压器一般由铁心、绕组和附件构成。这里以单相自冷式低压控制变压器为例进行介绍。

（1）铁心

铁心一般由 0.35~0.5mm 厚的硅钢片叠装而成。硅钢片的两面涂以绝缘漆，使片间绝缘，以减小涡流损耗。铁心包括铁心柱和铁轭两部分。铁心柱的作用是套装绕组，铁轭的作用是连接铁心柱，使磁路闭合。按照绕组套入铁心柱的形式，铁心可分为心式结构和壳式结构两种。叠装时应注意相邻两层的硅钢片需采用不同的排列方法，使各层的接缝不在同一地点，互相错开，减小铁心的间隙，以减小磁阻与励磁电流。

（2）绕组

变压器的绕组是在绝缘筒上用绝缘铜线或铝线绕成。一般把连接电源的绕组称为一次绕组，连接负载的绕组称为二次绕组。或者把电压高的线圈称为高压绕组，电压低的线圈称为低压绕组。

（3）附件

附件主要有骨架、端子线、引线、牛夹、底板、绝缘漆和胶带等。电力变压器的附件主要包括油箱、储油柜、分接开关、安全气道、气体继电器和绝缘套管等。附件的作用是保证变压器安全和可靠运行。

3．变压器的铭牌数据

（1）变压器的型号

变压器的型号说明变压器的系列和产品规格。变压器的型号是由字母和数字组成的，如图 1-65 所示。如 SL7-200/30，第一个字母表示相数，后面的字母分别表示导线材料、冷却介质和方式等。斜线前边的数字表示额定容量（kVA），斜线后边的数字表示高压绕组的额定电压（kV）。

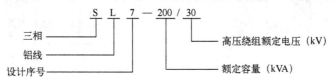

图 1-65　变压器的型号含义

一般将容量为 630kVA 及以下的变压器称为小型变压器；容量为 800～6300kVA 的变压器称为中型变压器；容量为 8000～63000kVA 的变压器称为大型变压器；容量在 90000kVA 及以上的变压器称为特大型变压器。

中小型变压器的容量等级为：10kVA，20kVA，30kVA，50kVA，63kVA，80kVA，100kVA，125kVA，160kVA，200kVA，250kVA，315kVA，400kVA，500kVA，630kVA，800kVA，1000kVA，1600kVA，2000kVA，2500kVA，3150kVA，4000kVA，5000kVA，6300kVA。

（2）变压器的额定值

1）额定容量

额定容量 S_N 是指变压器的视在功率，对于三相变压器是指三相容量之和。由于变压器效率很高，可以近似地认为高、低压侧容量相等。额定容量的单位是 VA、kVA、MVA。

2）额定电压

额定电压 U_{1N}、U_{2N} 是指变压器空载时，各绕组的电压值。对于三相变压器是指线电压，单位是 V 和 kV。

3）额定电流

额定电流 I_{1N}、I_{2N} 是指变压器允许长期通过的电流，单位是 A。额定电流可以由额定容量和额定电压计算。

对于单相变压器：

$$I_{1N} = \frac{S_N}{U_{1N}} \qquad I_{2N} = \frac{S_N}{U_{2N}}$$

对于三相变压器：

$$I_{1N} = \frac{S_N}{\sqrt{3}U_{1N}} \qquad I_{2N} = \frac{S_N}{\sqrt{3}U_{2N}}$$

4）额定频率

国标规定标准工业用交流电的额定频率为 50Hz。

除上述额定值外，变压器的铭牌上还标有变压器的相数、连接组和接线图、短路电压（或短路阻抗）的百分值、变压器的运行及冷却方式等。

4. 变压器的基本工作原理

变压器的一、二次绕组的匝数分别用 N_1、N_2 表示，如图 1-66 所示。图 1-66a 是给一次绕组施加直流电压的情况，发现仅当开关开和闭瞬间，电灯才会亮一下。图 1-66b 是一次绕组施加交流电压的情况，发现电灯可以一直亮着。

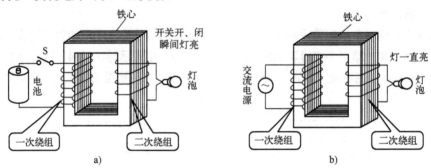

图 1-66　变压器的基本工作原理图
a) 一次绕组加直流电压　b) 一次绕组加交流电压

上述情况表明，当变压器的一次绕组接通交流电源时，在绕组中就会有交变的电流通过，并在铁心中产生交变的磁通，该交变磁通与一次、二次绕组交链，在它们中都会感应出交变的感应电动势。二次绕组有了感应电动势，如果接上负载，便可以向负载供电，传输电能，实现了能量从一次绕组到二次绕组的传递，所以图 1-66b 中的灯也就一直亮着。而图 1-66a 是仅当开关开、闭时才会引起一次绕组中电流变化，使交链二次绕组的磁通发生变化，才会在二次绕组中产生瞬时的感应电势，因而灯只是闪一下就灭了。由此可知，变压器一般只用于交流电路，它的作用是传递电能，而不能产生电能。它只能改变交流电压、电流的大小，而不能改变其频率。

5. 变压器的运行分析

（1）变压器的空载运行

空载运行是指当变压器一次绕组接交流电源，二次绕组开路，即 $\dot{I}_2 = 0$ 时的状态。单相变压器空载运行的原理如图 1-67 所示。空载时一次绕组中的交变电流 $\dot{I}_0$ 称为空载电流，由空载电流产生交变的磁势并建立交变的磁通。由于变压器的铁心采用高导磁的硅钢片叠成，所以绝大部分磁通经铁心闭合，这部分磁通称为主磁通，用 $\dot{\phi}$ 表示；有少量磁通经油和空气闭合，这部分磁通称为漏磁通，因比较小在此忽略不计。

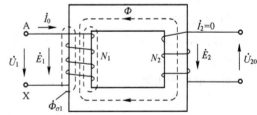

图 1-67　单相变压器空载运行原理图

$\dot{\Phi}_{\sigma1}$—漏磁通　$\dot{U}_{20}$—二次绕组开路电压

若 $\dot{E}$ 和 $\dot{\phi}$ 规定的正方向符合右手螺旋定则，则感应电势为：

$$e = -N\frac{\mathrm{d}\Phi}{\mathrm{d}t}$$

当一次电压按正弦规律变化时，则磁通 Φ 也按正弦规律变化，设磁通的瞬时值为：

$$\varphi = \Phi_\mathrm{m}\sin\omega t$$

式中，ω 是交流电的角频率，单位为 rad/s；$\varPhi_\mathrm{m}$ 是主磁通的最大值，单位为 Wb。

将其代入式（1-1），得一次绕组的感应电势为：

$$e_1 = -N_1\left[\frac{\mathrm{d}(\varPhi_\mathrm{m}\sin\omega t)}{\mathrm{d}t}\right] = -N_1\varPhi_\mathrm{m}\omega\cos\omega t = N_1\varPhi_\mathrm{m}\omega\sin(\omega t - 90°)$$
$$= E_{1\mathrm{m}}\sin(\omega t - 90°)$$

式中，$E_{1\mathrm{m}}$ 是指一次绕组感应电势的幅值，单位为 V。

同理可得二次绕组感应电势为：

$$e_2 = E_{2\mathrm{m}}\sin(\omega t - 90°)$$

一次绕组中感应电势的有效值 E_1 为：

$$E_1 = \frac{E_{1\mathrm{m}}}{\sqrt{2}} = \frac{N_1\varPhi_\mathrm{m}\omega}{\sqrt{2}} = \frac{N_1\varPhi_\mathrm{m}\cdot 2\pi f}{\sqrt{2}} = 4.44 fN_1\varPhi_\mathrm{m}$$

同理可得：

$$E_2 = 4.44 fN_2\varPhi_\mathrm{m}$$

电力变压器中，空载时一次绕组的漏阻抗压降很小，一般不超过外施电压的 0.5%。在一次电压平衡方程式中，若忽略漏阻抗压降，则一次电压平衡方程式变为：

$$U_1 \approx E_1$$

空载时二次开路，其二次空载电压 $U_{20}=E_2$。根据上述推理可以得出一次、二次电压比：

$$\frac{U_1}{U_2} = \frac{U_1}{U_{20}} \approx \frac{E_1}{E_2} = \frac{N_1}{N_2} = k$$

式中，k 是变压器的变压比，$k = N_1/N_2$。

一次、二次电压之间的关系表明：变压器运行时，一次、二次的电压比等于一次、二次绕组的匝数之比。变压比 k 是变压器中一个很重要的参数，若 $N_1 > N_2$，则 $U_1 > U_2$，是降压变压器；若 $N_1 < N_2$，则 $U_1 < U_2$，是升压变压器。

（2）变压器的负载运行

变压器的一次绕组接交流电源，二次绕组带上负载阻抗，这样的运行状态称为负载运行。变压器带负载运行如图 1-68 所示。变压器带负载运行时二次绕组中电流 $\dot{I}_2 \neq 0$，并通过电磁耦合作用，影响一次绕组的各个物理量。但在变压器带负载运行时，各量之间存在一定的平衡关系。

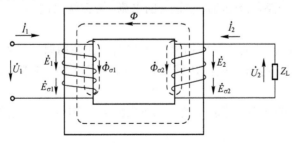

图 1-68　变压器带负载运行原理图

因负载时漏阻抗压降对端电压来说也是很小的，故仍忽略不计，所以：

$$U_1 \approx E_1 \qquad U_2 \approx E_2$$

于是可以得出，负载时的电压比近似等于电势比，等于匝数比，即：

$$\frac{U_1}{U_2} \approx \frac{E_1}{E_2} = \frac{N_1}{N_2} = k$$

负载阻抗（Z_L）上的电压为：

$$U_2 = I_2 Z_L$$

由于变压器只能传递电能，不能产生电能，变压器的能量损耗也可忽略不计，则对于单相变压器来说，$S_N = U_1 I_1 = U_2 I_2$，所以：

$$\frac{U_1}{U_2} = \frac{I_2}{I_1} \approx \frac{N_1}{N_2} = k$$

即变压器的一、二次绕组的电压比与一、二次绕组的匝数成正比；一、二次绕组的电流比与一、二次绕组的匝数成反比。

1.10.2　互感器

在生产和科学试验中，往往需要测量交流电路中的高电压和大电流，这就不能用普通的电压表和电流表直接测量。一是考虑到仪表的绝缘问题，二是直接测量易危及操作人员的人身安全。因此，人们选用变压器将高电压变换为低电压，大电流转变为小电流，然后再用普通的仪表进行测量。这种供测量用的变压器称为仪用互感器，仪用互感器分为电压互感器和电流互感器两种。

1. 电压互感器

电压互感器实际上是一台小容量的降压变压器。它的一次绕组匝数很多，二次绕组匝数较少。工作时，一次绕组并联接在需测电压的电路上，二次绕组接在电压表或功率表的电压线圈上。

电压互感器的接线如图 1-69 所示。

电压互感器二次绕组接阻抗很大的电压表，工作时相当于变压器的空载运行状态。测量时用二次电压表的读数乘以变压比 k 就可以得到电路的电压值，如果测量 U_2 的电压表是按 kU_2 来刻度，从表上便可直接读出被测电压值。

使用电压互感器必须注意以下几点：

1）电压互感器不能短路，否则将产生很大的电流，导致绕组过热而烧坏。

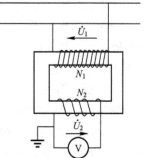

图 1-69　电压互感器的接线图

2）电压互感器的额定容量是对应精确度确定的，在使用时二次绕组所接的阻抗值不能小于规定值，即不能多带电压表或电压线圈，否则电流过大，会降低电压互感器的精确度等级。

3）铁心和二次绕组的一端应牢固接地，以防止因绝缘损坏时二次绕组出现高压，危及操作人员的人身安全。

2. 电流互感器

图 1-70 是电流互感器的接线图，它的一次绕组匝数很少，有的只有一匝，二次绕组匝数很多。它的一次绕组与被测电流的电路串联，二次绕组接电流表或瓦特表的电流线圈。

因电流互感器线圈的阻抗非常小，它串入被测电路对其电流基本上没有影响。电流互感器工作时二次绕组因所接电流表的阻抗很小，相当于变压器的短路工作状态。

测量时一次电流等于电流表测得的电流读数乘以 $1/k$。利用电流互感器可将一次电流扩大为 10～25000A，而二次额定电流一般为 5A。另外，一次绕组还可以有多个抽头，分别用于不同的电流范围。使用电流互感器必须注意以下几点：

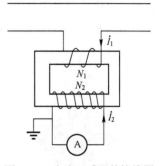

图 1-70　电流互感器的接线图

1）电流互感器工作时，二次绕组不允许开路。因为开路时，$I_2 = 0$，失去二次绕组的去磁作用，一次磁势 $I_1 N_1$ 成为励磁磁势，使铁心中磁通密度剧增。这样，一方面使铁心损耗急剧增加，铁心严重过热，甚至烧坏；另一方面还会在二次绕组产生很高的电压，有时可达数千伏以上，将二次线圈击穿，危及测量人员的安全。在运行中换电流表时，必须先把电流互感器二次绕组短接，换好仪表后再断开短路线。

2）二次绕组回路串入的阻抗值不得超过有关技术标准的规定，否则将影响电流互感器的精确度。

3）为了安全，电流互感器的二次绕组必须牢固接地，以防止绝缘材料损坏时高压传到二次绕组，危及测量人员的人身安全。

1.10.3　信号电器

信号电器主要用来对电气控制系统中的某些元器件的工作状态、报警信息等进行指示。常用元器件有信号灯（也称指示灯）、灯柱（由多个不同颜色环形信号灯叠压在一起组成，根据不同的控制信号点亮不同的灯，在大型设备或生产流水线上使用较多）、电铃和蜂鸣器等。

1. 指示灯

指示灯在设备电气控制中应用较为广泛，它用于电路状态的工作指示，也可用作工作状态、预警、故障及其他信号的指示。如指示设备或系统是否已供电（电源指示），设备或系统是否已运行（运行指示或工作指示），设备或系统是否发生故障（故障指示）等。指示灯品种和规格较多，颜色各异，电压等级也不同（常用交流 220V、直流 24V 和交流 6.3V 等）。图 1-71 为常用指示灯外形。

指示灯有多种颜色，一般情况下红色用作系统或设备"异常或报警"或已供电；黄色用作系统或设备"警告"；绿色用作系统或设备"就绪"或运行正常；蓝色用作系统或设备某种特殊指示（上述几种颜色未包括的某种功能）；白色用作系统或设备的一般信号。在使用指示灯时应遵循上述原则。

在电气控制电路中，指示灯和照明用灯的电气图文符号如图 1-72 所示，其中，照明用灯一般电压等级有交流 220V 和交流 36V，用 EL 表示；电源及信号指示灯一般用 HL 表示。

图 1-71　常用指示灯外形

EL/HL

图 1-72　指示灯和照明用灯电气图文符号

2. 电铃和蜂鸣器

电铃和蜂鸣器都属于声响类的指示器件。在警报发生时，不仅需要指示灯指示出具体的故障点，还需要声响器件报警（特别在夜间，光线不足，而且通过指示灯报警效果不佳），以便告知现场的操作人员和维护人员。蜂鸣器一般用在控制设备上，而电铃主要用在较大场合的报警系统中。电铃和蜂鸣器的实物图及电气图文符号分别如图 1-73 和图 1-74 所示。

图 1-73　电铃实物及电气图文符号　　　　　　图 1-74　蜂鸣器实物及电气图文符号

1.11　案例 4　照明及指示电路控制

1．目的

1）了解变压器的结构及工作原理。

2）掌握变压器的电压、电流与匝数之间关系。

3）了解电压、电流互感器的工作原理。

4）掌握机床设备中照明及指示电路的连接和控制方法。

2．任务

装调普通车床 C620 的照明及指示电路。很多机床设备或生产线在运行时，一般都会用多个指示灯来指示系统工作状态，如电源指示、电动机工作指示及过载指示、主电路电流指示等。本案例中照明灯采用人体安全电压交流 36V，指示灯额定电压采用交流 6.3V。

3．步骤

在机床加工零件时，为保证加工零件的精度和质量，要求有照明电源，在光线不足的情况下保证光线亮度。灯杆可以多方位多角度的调节，以便操作人员加工零件或观察所加工零件的测量数据；在噪声很大的加工车间里，非操作人员很难靠听力分辨机床工作与否，这就要求在操作控制台上有相应指示，以便操作者实时了解机床工作状态。

（1）照明及指示控制线路

本案例中变压器采用多抽头变压器，照明电路从安全角度考虑采用交流 36V 电压等级的照明灯；电源指示及主轴电动机工作指示采用交流 6.3V 的指示灯，电源指示用红色指示灯，主轴电动机工作指示用绿色指示灯，过载故障指示用红色指示灯；主电路电流指示主要通过电流表将电动机的线电流值加以显示，因电动机线电流较大，故电流表经电流互感器后接入主电路。电路具体连接如图 1-75 所示。

（2）电气元器件选用

元器件及仪表的选用如表 1-6 所示。

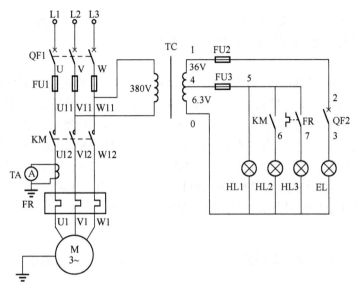

图 1-75 普通车床照明及指示灯控制电路

表 1-6 元器件及仪表的选用

序号	名称	型号及规格	数量	备注
1	多抽头变压器	BK-50	1	二次电压等级有 220V、36V、24V、6.3V、0V
2	电流互感器	LMZJ1-0.66	1	
3	断路器	DZ47-5A	1	
4	熔断器	RT18-32	5	2A 的 2 个
5	指示灯	AD16-22D/3	3	
6	照明灯	36V	1	白炽灯
7	电流表	JT77-16L1	1	指针式交流电流表
8	接线端子	DT1010	2	
9	万用表	MF47	1	

（3）电路测试与通电运行

电路连接好后，首先要进行电路检查，电路连接正确后方可进行通电调试及运行。

1）电路检查。

首先检查照明及指示灯电路的连接是否正确，是否存在短路现象。然后用万用表检测一下变压器的性能是否正常。

变压器性能的检测：变压器的一次、二次绕组是由不同匝数线圈构成的，测量一个变压器的好坏，只需将万用表档位拨至电阻档，至于选择哪档，要根据测量时万用表指针的偏转角度来选择，以指针偏转角度在满量程的 1/2～2/3 为宜。如果万用表指针不偏转，重新选择小量程档位，如果仍不偏转则说明变压器绕组已断开。对于多抽头输出变压器（一个变压器有多个串联的绕组，将串联绕组的连接点接出的引线就叫抽头。两个绕组串联，头尾引入、引出线不计，中间接点引线只有 1 根，因此叫单抽头变压器。同理三个绕组串联的就叫双抽头，四个及以上绕组串联的变压器就是多抽头变压器），测量其绕组好坏时，最好对接地端（公共端）进行测量，测量阻值较大时，其输出电压等级较高。

当然，测量一个变压器的好坏，也可以带电测量。在有输入电压且原绕组是好的情况下，如果无输出电压，则说明变压器的那组输出绕组已损坏。

2）电路调试。

经上述检查无误后，则可进行本案例的电路功能调试。首先合上总电源断路器 QF1，观察此时电源指示灯 HL1 是否点亮；然后合上或断开断路器 QF2，观察照明灯 EL 是否能点亮或熄灭；最后起动电动机，观察电动机运行指示灯 HL2 是否点亮。若想检测电动机过载时，过载指示灯 HL3 性能是否正常，可手动按下热继电器 FR 的性能测试按钮，观察此时电动机过载指示灯 HL3 是否能点亮，若能点亮，再手动拨回热继电器 FR 的触点复位开关，观察电动机过载指示灯 HL3 是否熄灭，若熄灭则说明热继电器 FR 的电动机过载指示灯 HL3 性能正常。

调试时若上述现象与控制要求一致，则说明本案例完成。

4. 拓展

用直流 24V 指示灯实现本案例的电源指示、电动机运行指示和过载指示。

1.12 案例 5　电气识图与故障诊断

1. 目的

1）了解设备电气图的分类。

2）掌握电气原理图的绘制规则。

3）掌握电气图阅读的基本方法。

4）熟练掌握机床电气故障的判别方法。

2. 任务

普通车床 C620 的电气故障诊断。

3. 步骤

普通车床的电气控制系统因使用元器件较少，故一般采用接触器、继电器和按钮等低压电器构成。因车床的频繁起停，接触器等控制元器件的线圈、触点等容易损坏，影响车床的正常使用。为了在电气控制系统发生故障时能尽快恢复控制系统功能，要求电气维护人员能快速阅读该系统的相关电气图，并且能正确使用相关仪表和工具进行故障检修。

（1）普通车床结构及运动形式

普通车床主要由床身、主轴变速箱、挂轮箱、进给箱、溜板箱、溜板与刀架、尾架、光杠和丝杠等部分组成，如图 1-76 所示。

车床在加工各种旋转表面时必须具有切削运动和辅助运动。切削运动包括主运动和进给运动；切削运动以外的其他运动皆为辅助运动。

车床的主运动为工件的旋转运动，它是由主轴通过卡盘或顶尖带动工件旋转。电动机的

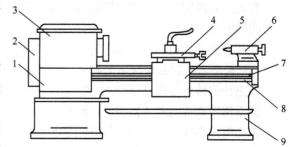

图 1-76　普通车床结构示意图

1—进给箱　2—挂轮箱　3—主轴变速箱　4—溜板与刀架

5—溜板箱　6—尾架　7—丝杠　8—光杠　9—床身

动力通过主轴箱传给主轴，主轴一般为单方向旋转运动，只有在车螺纹时才需要用反转来退刀。车削加工时，可根据被加工工件的材料、刀具种类、工件尺寸、工艺要求等选择不同的切削速度。

车床的进给运动是刀架的纵向或横向直线运动，其运动形式有手动和机动两种。加工螺纹时工件的旋转速度与刀具的进给速度应有严格的比例关系，车床主轴箱输出轴经挂轮箱传给进给箱，再经光杠传入溜板箱，以获得纵、横两个方向的进给运动。

车床的辅助运动有刀架的快速移动和工件的夹紧与放松。

（2）电气控制系统的组成

图 1-77 是普通车床 C620 电气控制原理图，是机床电气控制类较为简单的一种电气原理图，对初学者来说看上有点复杂，如果利用"化整为零"的方法进行学习则显得简单多了。

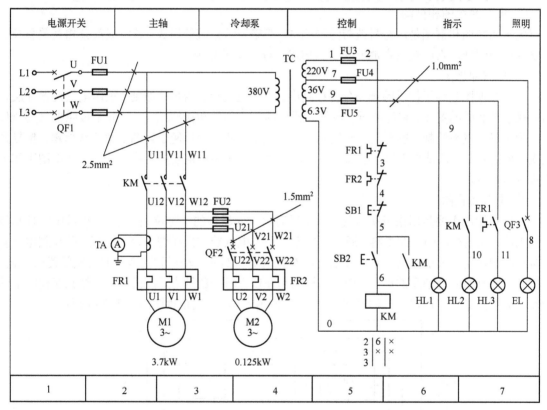

图 1-77　普通车床 C620 电气控制原理图

从图 1-77 中可以看出，图中最上一行分成若干列，在每列中用汉字标注其正下方电气元器件的名称或相应原理图在整个电气原理图中的作用；图中最下一行也相应分成若干列，在每列中按顺序用阿拉伯数字加以标注，即把整个电气原理图分成若干个区，便于用户或维护者使用和阅读。

电气原理图一般分成主电路（对应图 1-77 中的 1～4 区）、控制电路（对应图 1-77 中的 5～6 区）、辅助电路（如图 1-77 中指示电路、照明电路等）。

（3）电气图的基本知识

电气图是以各种图形、符号和图线等形式来表示电气系统中各电气设备、装置、元器件的相互连接关系。电气图是电气设计、生产、维修人员的工程语言，能正确、熟练地识读电气图是电气从业人员必备的基本技能。

1）电气图的符号

为了表达电气控制系统的设计意图，便于分析系统工作原理、安装、调试和检修控制系统，必须采用统一的图形符号和文字符号来表达。相关国标文件有 GB/T 4728.1～.13—2000～2008《电气简图用图形符号》、GB 5226.1—2008《机械安全 机械电气设备 第 1 部分：通用技术条件》和 GB/T 6988.1—2008《电气技术用文件的编制 第 1 部分：规则》等。基于这些标准可以规范绘制电气图。

2）电气图的分类

由于电气图描述的对象复杂，应用领域广泛，表达形式多种多样，因此表示一项电气工程或一种电器装置的电气图有多种，它们以不同的表达方式反映工程问题的不同侧面，但又有一定的对应关系，有时需要对照起来阅读。按用途和表达方式的不同，电气图可以分为以下几种。

① 电气系统图和框图。

电气系统图和框图是用符号或带注释的框，概略表示系统的组成、各组成部分相互关系及其主要特征的图样，它比较集中地反映了所描述工程对象的规模。

② 电气原理图。

电气原理图是为了便于阅读与分析控制电路，根据简单、清晰的原则，采用电气元器件展开的形式绘制而成的图样。它包括所有电气元器件的导电部件和接线端点，但并不按照电气元器件的实际布置位置来绘制，也不反映电气元器件的大小。其作用是便于详细了解工作原理，指导系统或设备的安装、调试与维修。电气原理图是电气控制图中最重要的种类之一，也是识图工作中的难点和重点。

③ 电气布置图。

电气布置图主要是用来表明电气设备上所有电气元器件的实际位置，为生产机械电气控制设备的制造、安装提供必要的资料。通常电气布置图与电气安装接线图组合在一起，既起到电气安装接线图的作用，又能清晰表示出元器件的布置情况。例如电动机和被拖动的机械装置在一起，行程开关应画在获取信息的地方，操作手柄应画在便于操作的地方，按钮及指示灯应在控制柜的操作台面上，其他一般电气元器件应放在电气控制柜中。电气布置图如图 1-78 所示。

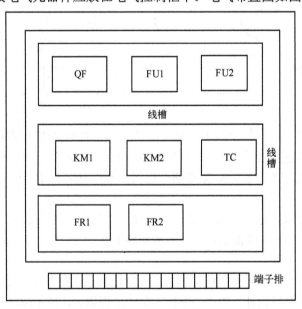

图 1-78　电气布置图

④ 电气安装接线图。

电气安装接线图是为了安装电气设备和电气元器件进行配线或检修电器故障服务的。它是用规定的图形符号，按各电气元器件相对位置绘制的实际接线图，它清楚地表示了各电气元器件的相对位置和它们之间的电路连接，所以电气安装接线图不仅要把同一电气元器件的各个部件画在一起，而且各个部件的布置要尽可能符合这个电气元器件的实际情况，但对比例和尺寸没有严格要求。绘制时不但要画出控制柜内部之间的电气连接，还要画出控制柜外的电气连接。电气安装接线图中的回路标号是电气设备之间、电气元器件之间、导线与导线之间的连接标记，它的文字符号和数字符号应与原理图中的标号一致。图 1-79 是一个主轴电动机电气安装接线图。

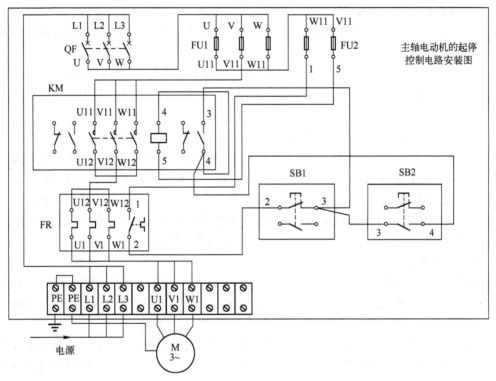

图 1-79　主轴电动机电气安装接线图

⑤ 功能图。

功能图的作用是提供绘制电气原理图或其他有关图样的依据，它是表示理论的或理想的电路关系而不涉及实现方法的一种图。

⑥ 电气元器件明细表。

电气元器件明细表是把成套装置、设备中各组成元器件（包括电动机）的名称、型号、规格、数量列成表格，供准备材料及维修使用。

3）电气原理图的绘制规则

系统图和框图，对于从整体上理解系统或装置的组成和主要特征无疑是十分重要的。然而要做到深入理解电气控制原理，进行电气接线，分析和计算电路特征，还必须有电气原理图。下面以普通车床 C620 为例（在实际使用中，冷却电动机一般在主轴电动机起动后方可起动；条件允许最好给冷却电动机配一个热继电器），介绍电气原理图的绘制规则。普通车床 C620 电气原理图如图 1-77 所示。

电气原理图的绘制规则：

① 原理图一般分主电路、控制电路和辅助电路三部分：主电路就是从电源到电动机的大电流通过的路径；控制电路就是用按钮、行程开关等电气元器件接通/断开主电路或控制电路中某些元器件的电路；辅助电路包括照明电路、信号电路及保护电路等；控制电路和辅助电路一般由继电器和接触器的线圈、继电器的触点、接触器的辅助触点、按钮、照明灯、信号灯和控制变压器等电气元器件组成。

② 控制系统内的全部电机、电器和其他器械的带电部件，都应在原理图中表示出来。

③ 原理图中各电气元器件不用绘出实际的外形图，而采用国家规定的统一标准图形符号，文字符号也要符合国家标准规定。

④ 原理图中，各个电气元器件和部件在控制电路中的位置，应根据便于阅读的原则安排。同一元器件的各个部件可以不画在一起。

⑤ 图中元器件和设备的可动部分，都按没有通电和没有外力作用时的开闭状态绘制。例如，继电器、接触器的触点，按吸引线圈不通电状态绘制；主令电器的触点、按万能转换开关手柄处于零位时的状态绘制；按钮、行程开关的触点按不受外力作用时的状态绘制等。

⑥ 原理图的绘制应布局合理、排列均匀，为了便于看图，可以水平布置，也可以垂直布置。

⑦ 电气元器件应按功能布置，并尽可能按水平顺序排列，其布局顺序应该是从上到下，从左到右。电路垂直布置时，同类元件宜横向对齐；水平布置时，同类元件应纵向对齐。例如，图1-75中，指示灯属于同类元件，由于电路采用垂直布置，所以指示灯应横向对齐。

⑧ 电气原理图中，有直接联系的交叉导线连接点要用黑圆点表示（十字交叉处用黑圆点）；无直接联系的交叉导线连接点不画黑圆点（丁字连接点不用黑圆点）。

4）电气图读图的基本方法

电气图是由许多电气元器件按一定要求连接而成的，可表达机床及生产机械电气控制系统的结构、原理等设计意图，便于电气元器件和设备的安装、调整、使用和维修。因此，必须能看懂电气图，特别是电气原理图，下面主要介绍电气原理图的阅读方法。

在阅读电气原理图以前，必须对控制对象有所了解，尤其对机、电、液（或气）配合得比较密切的生产机械，要清楚其全部传动过程。并按照"从左到右、自上而下"的顺序进行分析，电气图读图的基本方法如下。

任何一台设备的电气控制电路，都是由主电路、控制电路、辅助电路组成，而控制电路又可分为若干个基本控制线路或环节（如点动、正反转、减压起动、制动和调速等）。分析电路时，通常从主电路入手。

① 主电路分析。

分析主电路时，首先应了解设备各运动部件和机构采用了几台电动机进行拖动。然后按照顺序，根据每台电动机主电路中使用接触器的主触点的连接方式，可分析并判断出主电路的工作方式，如电动机是否有正反转控制，是否采用了减压起动，是否有制动控制，是否有调速控制等。

② 控制电路分析。

分析主电路后，再从主电路中寻找接触器主触点的文字符号，在控制电路中找到对应的控制环节，根据设备对控制电路的要求和所掌握的各种基本电路的知识，按照顺序深入了解各个具体的电路由哪些元器件组成、它们之间的联系及动作的过程等。如果控制电路比较复杂，可化整为零，将其分成几个部分来分析。

③ 辅助电路分析。

辅助电路的分析主要包括电源显示、工作状态显示、照明和故障报警等部分。它们大多由控制电路中的元器件控制，所以在分析时要对照控制电路进行分析。

④ 保护环节分析。

任何机械生产设备对安全性和可靠性都有很高的要求，因此控制电路中设置有一系列电气保护装置。分析互锁（两个及以上元器件的线圈不能同时得电）和保护环节可结合机械设备生产过程的实际需求及主电路各电动机的互相配合情况而展开。

⑤ 总体检查。

经过"化整为零"的局部分析，理解每一个电路的工作原理以及各部分之间的控制关系后，再采用"化零为整"的方法，检查各个控制电路，看是否有遗漏。特别要从整体角度进一步检查和理解各控制环节之间的联系，以理解电路中每个电气元器件的名称和作用。

（4）电气设备的维护

电气设备的维护包括日常维护保养和故障检修两方面的工作。

电气设备在运行过程中会产生各种各样的故障，致使设备停止运行而影响生产，严重的还会造成人身或设备事故。引起电气设备故障的原因，除部分是由于电气元器件的自然老化引起的，还有相当一部分是因为忽视了对电气设备的日常维护和保养，致使小毛病发展成大事故，还有些故障则是由于电气维修人员在处理电气故障时的操作方法不当（或因缺少配件凑合行事，或因误判断、误测量而扩大了事故范围）所造成。所以为了保证设备正常运行，减少因电气修理的停机时间，提高劳动生产率，必须十分重视对电气设备的维护和保养。另外根据各厂设备和生产的具体情况，应储备部分必要的电器元器件和易损配件等。

机床电气控制系统的日常维护对象有电动机，控制、保护电器及电气电路本身。下面介绍维护内容。

1）检查电动机。

定期检查电动机相绕组之间、绕组对地之间的绝缘电阻；电动机自身转动是否灵活；空载电流与负载电流是否正常；运行中的温升和响声是否在限度之内；传动装置是否配合恰当；轴承是否磨损、缺油或油质不良；电动机外壳是否清洁。

2）检查控制和保护电器。

检查触点系统吸合是否良好，触点接触面有无烧蚀、毛刺和穴坑；各种弹簧是否疲劳、卡住；电磁线圈是否过热；灭弧装置是否损坏；电器的有关整定值是否正确。

3）检查电气电路。

检查电气电路接头与端子板、电器的接线桩接触是否牢靠，有无断落、松动，腐蚀、严重氧化；电路绝缘是否良好；电路上是否有油污或脏物。

4）检查限位开关。

检查限位开关是否能起限位保护作用，重点在检查滚轮传动机构和触点工作是否正常。

（5）电气控制电路的故障检修方法

控制电路是多种多样的，它们的故障又往往和机械、液压、气动系统交错在一起，较难分辨。不正确的检修会造成人身事故，故必须掌握正确的检修方法。下面介绍一般的检修方法及步骤。

1）检修前的故障调查。

故障调查主要有问、看、听、摸几个步骤。

问：首先向机床的操作者了解故障发生的前后情况，故障是首次发生还是经常发生；是否有烟雾、跳火、异常声音和气味；有怎样的失常和误动；是否经历过维护、检修或改动线路等。

看：观察熔断器的熔体是否熔断；电气元器件有无发热、烧毁、触点熔焊、接线松动、脱落及断线等。

听：倾听电机、变压器和电气元器件运行时的声音是否正常。

摸：电机、变压器和电磁线圈等发生故障时，温度是否显著上升，有无局部过热现象。

2）根据电路、设备的结构及工作原理直观查找故障范围。

弄清楚被检修电路、设备的结构和工作原理是循序渐进进行、避免盲目检修的前提。检查故障时，先从主电路入手，看拖动该设备的电动机是否正常。然后逆着电流方向检查主电路的触点系统、热元器件、熔断器、隔离开关及电路本身是否有故障。接着根据主电路与二次电路之间的控制关系，检查控制回路的电路接头、自锁或联锁触点、电磁线圈是否正常，检查制动装置、传动机构中工作不正常的范围，从而找出故障部位。如能通过直观检查发现故障点，如线头脱落、触点和线圈烧毁等，则检修速度更快。

3）根据控制电路动作顺序检查故障范围。

通过直接观察无法找到故障点时，在不会造成损失的前提下，切断主电路，让电动机停转。然后通电检查控制电路的动作顺序，观察各元器件的动作情况。如某元器件该动作时不动作，不该动作时乱动作，动作不正常、行程不到位、虽能吸合但接触电阻过大，或有异响等，故障点很可能就在该元器件中。当认定控制电路工作正常后，再接通主电路，检查控制电路对主电路的控制效果，最后检查主电路的供电环节是否正常。

4）用仪表测量检查。

利用各种电工仪表测量电路中的电阻、电流和电压等参数，可进行故障判断。常用方法有：

① 电压测量法。

电压测量法是根据电压值来判断电气元器件和电路的故障所在，检查时把万用表旋到交流电压 500V 档位上。电压测量法有分阶测量、分段测量、对地测量三种方法。

● 分阶测量法。

如图 1-80 所示，若按下起动按钮 SB2，接触器 KM1 不吸合，说明电路有故障。

检修时，首先用万用表测量 1、7 两点电压，若电路正常，应为 380V。然后按住起动按钮 SB2 不放，同时将黑色表笔接到 7 点，红色表笔依次接 6、5、4、3、2 点，分别测 7-6、7-5、7-4、7-3、7-2 各阶电压。电路正常时，各阶电压应为 380V。如测到 7-6 之间无电压，说明是断路故障，可将红色表笔前移，当移到某点电压正常时，说明该点以后的触点或接线断路，一般是此点后第一个触点或连线断路。

● 分段测量法。

如图 1-81 所示，先用万用表测试 1-7 两点电压，电压为 380V，说明电源电压正常。然后逐段测量相邻两点 1-2、2-3、3-4、4-5、5-6、6-7 的电压。如电路正常，除 6-7 两点电压等于 380V 外，其他任意相邻两点间的电压都应为 0V。如测量某相邻两点电压为 380V，说明这两点所包括的触点及其连接导线接触不良或断路。

● 对地测量法。

机床电气控制电路接在 220V 电压下且零线直接接在机床床身时，可采用对地测量法来检查电路的故障。

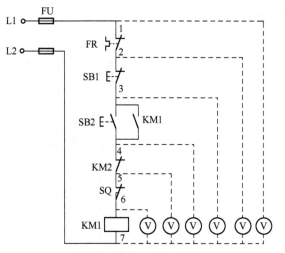

图 1-80　电压的分阶测量法

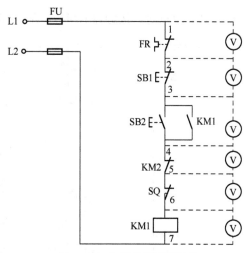

图 1-81　电压的分段测量法

如图 1-82 所示,将万用表的黑表笔放在机床床身上,用红表笔逐点测试 1、2、3、4、5 和 6 等各点,根据各点对地电压来检查电路的电气故障。

② 电阻测量法。

● 分阶电阻测量法。

如图 1-83 所示,按下起动按钮 SB2,若接触器 KM1 不吸合,说明电气回路有故障。

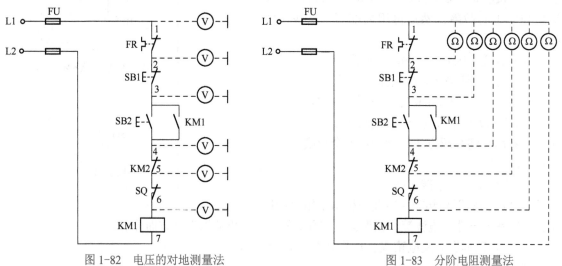

图 1-82　电压的对地测量法　　　　　　　　图 1-83　分阶电阻测量法

检查时,先断开电源,按住按钮 SB2 不放,用万用表电阻档测量 1-7 两点电阻。如果电阻值无穷大,说明电路断路;然后逐段测量 1-2、1-3、1-4、1-5、1-6 各点的电阻值。若测量到某两点间的电阻值突然增大,说明表笔跨接的触点或连接线接触不良或断路。

● 分段电阻测量法。

如图 1-84 所示,检查时切断电源,按下按钮 SB2,逐段测量 1-2、2-3、3-4、4-5、5-6 两点间的电阻。如测得某两点间电阻值很大,说明该触点接触不良或断路。

③ 短接法。

短接法即用一根绝缘良好的导线将怀疑的断路部位短接,有局部短接法和长短接法两种。图 1-85 所示为局部短接法,用一根绝缘良好的导线分别短接 1-2、2-3、3-4、4-5、5-6 两点,当短接到某两点时，接触器 KM1 吸合，则断路故障就在这里。

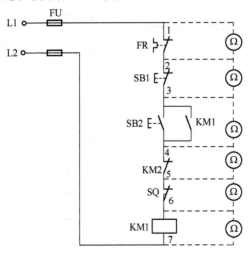

图 1-84 分段电阻测量法

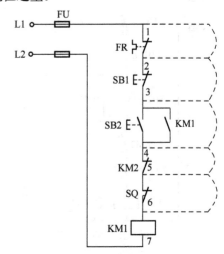

图 1-85 局部短接法

图 1-86 所示为长短接法，它一次短接两个或多个触点，与局部短接法配合使用，可缩小故障范围，迅速排除故障。如：当 FR、SB1 的触点同时接触不良时，仅测 1-2 两点电阻会造成判断失误。而用长短接法将 1-6 短接，如果 KM1 吸合，说明 1-6 这段电路上有故障；然后再用局部短接法找出故障点。

（6）普通车床 C620 的故障诊断

本任务主要训练电气图的阅读和常见故障的诊断。下面以普通车床 C620 为例，进行相关故障分析，检测时应在读懂相关电气图的基础上结合实际情况，并利用上述介绍方法进行，从安全角度考虑，建议断电检测。

1）主轴电动机不能起动。

主轴电动机不能起动，需要分析与主轴电动机

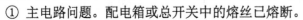

图 1-86 长短接法

相关的所有元器件及电源等，在保证车床有电的情况下再从以下几方面分析。

① 主电路问题。配电箱或总开关中的熔丝已熔断。

② 控制电路问题。

- 热继电器已动作过，其常闭触点尚未复位。可能的原因有：长期过载、热继电器的规格选配不当、热继电器的整定电流太小。消除了产生故障的因素，再将热继电器复位，电动机就可以起动了。

- 电源开关接通后，按下起动按钮，接触器没有吸合。这种故障常发生在控制电路中，可能是：控制电路熔丝熔断、起动按钮或停止按钮损坏及交流接触器 KM 的线圈烧毁等。

- 控制电路相关元器件的导线连接处接触不良或发生脱落。确定并排除故障后重新起动。

③ 电动机问题。电动机损坏，修复或更换电动机。

2）按下起动按钮，电动机发出嗡嗡声，不能起动。

　　这是因为电动机的三相电源电路中有一相供电电源电路故障造成的。可能的原因有：熔断器有一相供电电源电路中熔丝烧断、接触器有一对主触点没有接触好、电动机接线有一处断线等。一旦发生此类故障，应立即切断电源，否则会烧坏电动机。排除故障后重新起动电动机，直到其正常工作为止。

　　3）主轴电动机起动后不能自锁。

　　按下起动按钮，电动机能起动；松开起动按钮，电动机就自行停止。故障的原因是接触器 KM 自锁用的辅助常开触点接触不好或接线松开。

　　4）按下停止按钮，主轴电动机无法停止。

　　出现此类故障的原因主要有两方面：一是接触器主触点产生熔焊、主触点被杂物卡住或有剩磁，使它不能复位。检修时应先断开电源，再修复或更换接触器。另一方面是停止按钮常闭触点被卡住，不能断开，应更换停止按钮。

　　5）冷却泵电动机不能起动。

　　出现此类故障可能有以下几方面原因：主轴电动机未起动、熔断器熔丝已烧断、断路器已损坏或者冷却泵电动机已损坏。应及时进行相应的检查、排除故障，直到正常工作。

　　6）指示灯不亮。

　　这类故障的原因可能有：照明灯已坏、照明开关已损坏、熔断器的熔丝已烧断、变压器一次或二次绕组已烧毁、相关控制元器件触点损坏等。应根据具体情况逐项检查，直到故障排除。

　　7）主轴电动机运行时电流表无指示。

　　这类故障的原因可能是电流互感器损坏、电流表损坏、相关导线连接处接触不良或发生脱落等。

　　8）主轴电动机起动后不久熔断器即损坏。

　　由于某原因导致主电路的熔断器损坏，换上熔断器后发现：按下主轴电动机起动按钮，起动后不久该熔断器再次损坏，经检测电路无短路故障，再次更换熔断器后仍出现此情况。经维修者仔细分析，并再次查看更换的熔断器，发现更换后的熔断器的电流额定值比所需额定值小了许多，故在更换元器件时，一定要注意元器件的相关参数值。

　　9）主轴电动机运行后不久自动停止运行。

　　主轴电动机运行后不久即自动停止运行，过一会儿后再次起动仍出现此现象，或主轴电动机不能起动，经查未发现元器件有损坏现象。如果出现这类现象应首先检查热继电器的整定电流值，经查发现该值小于所需值，重新调整其整定值，起动和运行恢复正常。

　　4. 拓展

　　在连接好普通车床 C620 电气控制电路的基础上，可让其他组的成员人为设置一处或多处故障，然后本组成员利用电气故障检测相关知识进行故障的快速分析、判断和维修。

1.13　习题与思考

　　1. 简述三相异步电动机的主要结构及各部分的作用。
　　2. 简述异步电动机的工作原理。
　　3. 什么是对称三相绕组？什么是对称三相电流？旋转磁场形成的条件是什么？
　　4. 旋转磁场的转动方向是由什么决定的？如何使三相异步电动机反转？

5．交流异步电动机的频率、极数和同步转速之间有什么关系？试求额定转速为 1460r/min 的异步电动机的极数和转差率。

6．解释异步电动机"异步"两字的由来，为什么异步电动机在运行时的转速不能等于或大于同步转速？

7．三相异步电动机若只接两相电源，能否转动起来，为什么？

8．电动机有哪些保护环节？分别由什么元器件实现？

9．什么是电器？什么是低压电器？

10．什么是电弧？电弧有哪些危害？

11．简述短路环的作用以及工作原理。

12．交流接触器的作用是什么？如何选用交流接触器？

13．简述热继电器的主要结构和工作原理。

14．熔断器的主要作用是什么？

15．为什么热继电器不能对电路进行短路保护？

16．什么是变压器的变压比？

17．一台单相变压器，U_{1N}/U_{2N}=380/220，若误将低压侧接 380V 的电源，会发生怎样的情况？若将高压侧接 220V 的电源，情况又如何？

18．电压互感器和电流互感器在使用时应注意哪些？电流互感器运行时二次绕组为什么不能开路？

19．分析图 1-87 中各控制电路，并按正常操作时出现的问题加以改进。

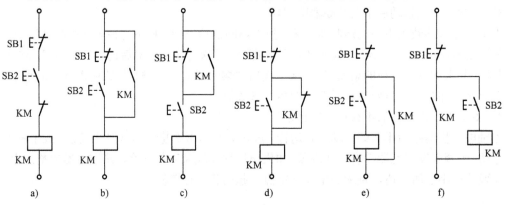

图 1-87 题 19 错误电路

20．图 1-88 所示的控制电路各有什么错误？应如何改正？

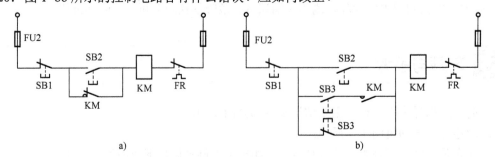

图 1-88 题 20 错误电路

第2章 低压电器及典型控制电路

本章重点介绍电磁继电器（包括时间继电器、中间继电器、电压继电器、电流继电器和速度继电器等）和执行电器的组成、工作原理及电气图文符号，三相异步电动机的起动、调速和制动方法及原理，并通过 3 个案例介绍三相异步电动机的起动、调速和制动的典型控制电路，通过本章学习，读者能在工程项目中灵活地应用电磁继电器、执行电器及电动机的典型控制电路。

2.1 电磁继电器

2.1.1 时间继电器

时间继电器是利用电磁原理或机械原理实现触点延时闭合或延时断开的自动控制电器。其种类较多，按其动作原理可分为电磁式、空气阻尼式、电动式与电子式时间继电器；按延时方式可分为通电延时型和断电延时型两种时间继电器。时间继电器电气图文符号如图 2-1 所示。空气阻尼式和晶体管式时间继电器外形图如图 2-2 所示。

码 2-1
时间继电器

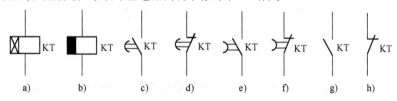

图 2-1 时间继电器电气图文符号

a) 通电延时线圈　b) 断电延时线圈　c) 延时闭合常开触点　d) 延时断开常闭触点　e) 延时断开常开触点
f) 延时闭合常闭触点　g) 瞬时常开触点　h) 瞬时常闭触点

a)　　　　　　　　　　　　　　　b)

图 2-2 空气阻尼式和晶体管式时间继电器外形

a) 空气阻尼式　b) 晶体管式

1. 空气阻尼式时间继电器

空气阻尼式时间继电器又称气囊式时间继电器，它由电磁机构、工作触点及气室组成，是利用气囊中的空气通过小孔节流的原理来获得延时动作。根据触点延时的特点，可分为通电延时动作型和断电延时动作型两种。目前在电力拖动电路中应用还较为广泛，它具有结构简单、延时范围大、寿命长、价格低廉、不受电源电压及频率波动影响、延时精度较低等特点，一般适用于延时精度不高的场合。常用的有 JS7-A 系列产品，其型号及含义如图 2-3 所示。

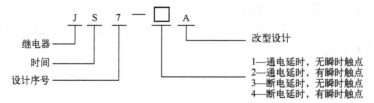

图 2-3 JS7-A 系列时间继电器型号及含义

2. 电动式时间继电器

电动式时间继电器由微型同步电动机、减速齿轮结构、电磁离合系统及执行机构组成。实际应用时，电动式时间继电器具有延时时间长、延时精度高、结构复杂及不适宜频繁操作等特点。常用的有 JS10、JS11 系列产品。

3. 电子式时间继电器

电子式时间继电器又称晶体管式时间继电器，它由脉冲发生器、计数器、数字显示器、放大器及执行机构等部件组成。实际应用时，电子式时间继电器具有延时时间长、调节方便、精度高、触点容量较大和抗干扰能力差等特点。常用的有 JS20 系列、JSS 系列数字式时间继电器、SCF 系列高精度电子时间继电器和 ST3P 系列时间继电器（见图 2-2b）。

2.1.2 中间继电器

中间继电器是将一个输入信号变成一个或多个输出信号的继电器。它的输入信号为线圈的通电和断电，它的输出信号是触点的动作，不同动作状态的触点分别将信号传给几个元器件或回路。其主要用途为：当其他继电器的触点数量或触点容量不够时，可借助中间继电器来扩大它们的触点数量和触点容量，起到中间转换作用。

中间继电器的基本结构及工作原理与接触器基本相同，故称接触器式继电器。所不同的是中间继电器的触点对数较多，并且没有主、辅之分，各对触点允许通过的电流大小是相同的，其额定电流是 5A，无灭弧装置。因此，对于工作电流小于 5A 的电气控制电路，可用中间继电器代替接触器进行控制，其外形如图 2-4 所示。

图 2-4 中间继电器外形

常用的中间继电器是 JZ7 系列中间继电器，触点采用双触点桥式结构，上下两层各有 4 对触点，下层触点只能是常开触点。常见触点系统可分为八常开触点、六常开触点、两常闭触点、四常开触点及四常闭触点等组成形式。继电器吸引线圈额定电压有直流 5V、12V、24V、36V 和交流 110V、V220、380V 等。

中间继电器的电气图文符号如图 2-5 所示。其型号含义如图 2-6 所示。

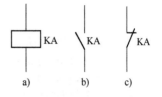

图 2-5　中间继电器的电气图文符号

a) 中间继电器线圈　b) 常开触点　c) 常闭触点

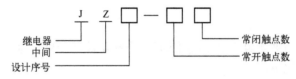

图 2-6　中间继电器的型号含义

中间继电器的主要选择依据是：被控制电路的电压类别及等级，所需触点的数量、种类和容量等要求。

★当我们在个人或团体取得重大成功或荣誉而感到高兴时，别忘记感恩在背后默默帮助、支持、谆谆教诲过我们的父母、老师、教练或工程技术人员，是他们的帮助成就了现在的我们。同样，当我们为自身处在日渐强盛、和谐稳定的中国而感到自豪时，也需要想到正是因为千千万万的国防官兵、工程技术人员、坚守生产一线的工人和技师们、在广袤土地上默默耕耘的农民们的坚守和付出，才有了祖国今天的繁荣强大。

2.1.3　电压继电器

电压继电器的线圈与被测电路并联，匝数多、导线细、阻抗大。电压继电器种类较多，其外形如图 2-7 所示。

根据动作电压值的不同，电压继电器有过电压、欠电压和零电压继电器之分。过电压继电器的电压为额定值的105%～120%以上时动作，欠电压继电器的电压为额定值的40%～70%时动作，而零电压继电器在电压降至额定值的 5%～25%时动作。

电压继电器的电气图文符号如图 2-8 所示。

图 2-7　电压继电器外形

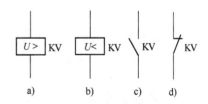

图 2-8　电压继电器的电气图文符号

a）过电压继电器线圈　b）欠电压继电器线圈

c）常开触点　d）常闭触点

电压继电器的型号含义如图 2-9 所示。

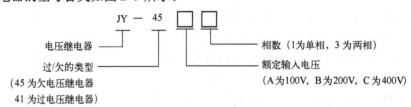

图 2-9　电压继电器型号含义

2.1.4　电流继电器

电流继电器的线圈与被测电路串联，用来反映电路电流的变化。为了不影响电路工作，其线圈匝数少、导线粗、阻抗小。

电流继电器又有欠电流和过电流继电器之分。欠电流继电器的吸引电流为额定电流的 30%～65%，释放电流为额定电流的 10%～20%。因此，在电路正常工作时，其衔铁是吸合的。只有当电流降低到某一程度时，继电器释放，输出信号。过电流继电器在电路正常工作时不动作，当电流超过某一整定值时才动作，整定范围通常为 1.1～4 倍额定电流。如图 2-10 所示，当接于主电路的线圈为额定值时，它所产生的电磁引力不能克服反作用弹簧的作用力，继电器不动作，常闭触点闭合，维持电路正常工作。一旦通过线圈的电流超过额定值，线圈电磁力将大于弹簧反作用力，静铁心吸引衔铁使其动作，分断常闭触点，切断控制回路，从而保护了电路和负载。

图 2-10　电流继电器外形

电流继电器的电气图文符号如图 2-11 所示。其型号含义如图 2-12 所示。

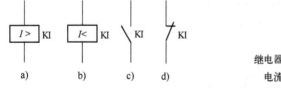

图 2-11　电流继电器的电气图文符号　　　　图 2-12　电流继电器型号含义

a）过电流继电器线圈　b）欠电流继电器线圈　c）常开触点　d）常闭触点

2.1.5　速度继电器

速度继电器是反映转速和转向的继电器，其主要作用是以旋转速度的快慢为指令信号，与接触器配合实现对电动机的反接制动控制，故又被称为反接制动继电器。

码 2-2
速度继电器

　　速度继电器根据电磁感应原理制成，用来在三相交流电动机反接制动转速过零时，自动切除反相序电源。其结构及工作原理如图 2-13 所示。

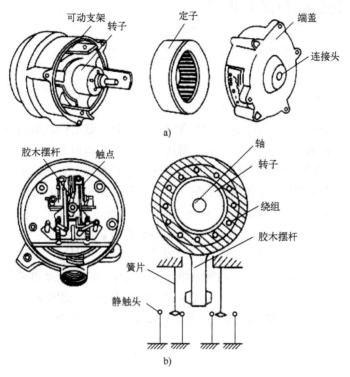

图 2-13　速度继电器结构及工作原理

a）速度继电器结构　b）速度继电器工作原理

　　由图 2-13 可知，速度继电器主要由转子、圆环（笼型空心绕组）和触点三部分组成。转子由一块永久磁铁制成，与电动机同轴相连，用以接收转动信号。当转子（磁铁）旋转时，笼型绕组切割转子磁场产生感应电动势，形成环内电流，此电流与磁铁磁场相互作用，产生电磁转矩，圆环在此力矩的作用下带动胶木摆杆克服弹簧力而顺着转子转动的方向摆动，并拨动触点改变其通断状态（在胶木摆杆左右各设一组切换触点，分别在速度继电器正转和反转时发生作用）。当调节弹簧弹性力时，可使速度继电器在不同转速时切换触点的通断状态。

　　常用的速度继电器有 JY1 和 JFZ0 两种类型，一般速度继电器的动作转速不低于 120r/min，复位转速约在 100r/min 以下，工作时允许的转速高达 1000～3600r/min。由速度继电器的正转和反转切换触点动作，来反映电动机转向和速度的变化。

　　速度继电器的电气图文符号如图 2-14 所示。其型号含义如图 2-15 所示。

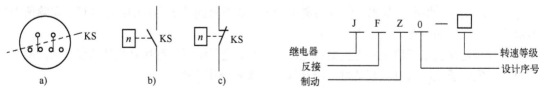

图 2-14　速度继电器的电气图文符号

a）转子　b）常开触点　c）常闭触点

图 2-15　速度继电器的型号含义

2.2 电动机的起动方法及原理

三相异步电动机的起动方法有两种，即直接起动和减压起动。

2.2.1 直接起动

直接起动是最简单的起动方法。起动时用闸刀、磁力起动器或接触器将电动机定子绕组直接接到电源上，即全压起动，如图 1-61 所示。直接起动时，起动电流很大，一般是电动机额定电流的 5～7 倍。熔断器的额定电流一般选取为电动机额定电流的 2.5～3.5 倍。

对于小型笼型异步电动机，如果电源容量足够大，应尽量采用直接起动方法。对于某一电网，需要多大容量的电动机才允许直接起动，可按经验公式来确定，即：

$$K_I = \frac{I_S}{I_N} \leqslant \frac{1}{4}\left[3 + \frac{电源总容量（kVA）}{电动机额定功率（kW）}\right]$$

式中，I_S 为起动电流，I_N 为电动机的额定电流，K_I 为电动机的起动电流倍数。K_I 小于电网允许的启动电流倍数时，才允许直接起动，否则应采取减压起动。一般电机功率在 10kW 以下的电动机都可以直接起动。随电网容量的加大，允许直接起动的电动机容量也变大。

2.2.2 减压起动

电动机直接起动时的较大起动电流，一方面在电源和线路上产生很大压降，影响同一电网中的其他设备正常运行，如电灯亮度减弱，电动机的转速降低、保护欠电压继电器动作从而切断运转中的电气设备电源等；另一方面较大的起动电流使电动机的绕组发热，特别是频繁起动的电动机，发热更为严重，这样会使电动机中的绝缘材料变脆，加快绕组绝缘漆老化，从而缩短电动机的使用寿命。

鉴于上述诸多原因，较大容量的电动机在起动时需采用减压起动。减压起动是指电动机在起动时降低加在定子绕组的电压，起动结束后加以额定电压运行的起动方式。

减压起动虽然能降低电动机的起动电流，但由于电动机的转矩与电压的平方成正比，因此减压起动时电动机的起动转矩也减小较多，故此法一般适用于电动机空载或轻载起动。笼型异步电动机减压起动的方法有以下几种。

1. 定子串接电抗器或电阻的减压起动

方法：起动时，将电抗器或电阻接入定子绕组，从而起到减压的目的；起动后，切除所串的电抗器或电阻，电动机在全压下正常运行。

三相异步电动机定子边串入电抗器或电阻起动时，定子绕组实际所加电压降低，从而减小了起动电流。但定子边串入电阻起动时，能耗较大，实际应用不多。

2. Y-△减压起动

方法：起动时将定子绕组接成Y形（星形），起动结束运行时将定子绕组改接成△形（三角形），其接线图如图 2-16 所示。对于运行时定子绕组为Y形的笼型异步电动机则不能采用Y-△减压起动方法。

Y-△起动时的起动电流 I_S' 与直接起动时的起动电流 I_S 的关系如何呢？注意：起动电流是指电路电流而不是指定子绕组的电流。

设电动机直接起动时，定子绕组接成△形，如图 2-17a 所示，每相绕组所加电压大小 $U_1=U_N$，电流为 $I_\triangle$，则电源输入的线电流为 $I_S = \sqrt{3}\,I_\triangle$。

若采用Y形起动时，如图 2-17b 所示，每相绕组所加电压为 $U_1' = \dfrac{U_1}{\sqrt{3}} = \dfrac{U_N}{\sqrt{3}}$，电流为 $I_S' = I_Y$，则：

$$\frac{I_S'}{I_S} = \frac{I_Y}{\sqrt{3}I_\triangle} = \frac{U_N/\sqrt{3}}{\sqrt{3}U_N} = \frac{1}{\sqrt{3}} \times \frac{1}{\sqrt{3}} = \frac{1}{3}$$

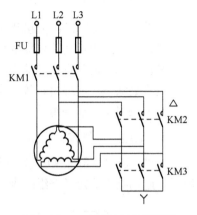

图 2-16　Y-△减压起动原理图

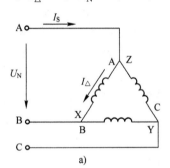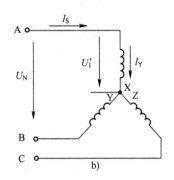

图 2-17　Y-△起动电流分析图

a) 直接起动（△接法）　b) 减压起动（Y接法）

所以：

$$I_S' = \frac{1}{3} I_S$$

该公式为起动电流比公式，由此可知，Y-△起动时，对供电变压器造成冲击的起动电流是直接起动时起动电流的 1/3。

Y-△起动时起动转矩 T_S' 与直接起动时的起动转矩 T_S 的关系又如何呢？

因为：

$$\frac{T_S'}{T_S} = \left(\frac{U_1'}{U_1}\right)^2 = \left(\frac{U_N/\sqrt{3}}{U_N}\right)^2 = \frac{1}{3}$$

所以：

$$T_S' = \frac{1}{3} T_S$$

即Y-△起动时的起动转矩也为直接起动时起动转矩的 1/3。

Y-△起动比定子串电抗器或电阻起动性能好，且方法简单，价格便宜，因此在轻载或空载情况下，应优先采用。我国使用Y-△起动方法的电动机的额定电压是 380V，绕组采用△接法。

3. 自耦变压器减压起动

方法：自耦变压器也称起动补偿器。起动时将电源接在自耦变压器的一次绕组，一次绕组接电动机，起动结束后切除自耦变压器，将电源直接加到电动机上运行。

减压起动电流是直接起动电流的 $1/K^2$，起动转矩也降至 $1/K^2$，K 为自耦变压器的变比，即一次绕组匝数除以二次绕组匝数，大于 1。

该方法对于定子绕组是 Y 形或 △ 形接法都可以使用，其缺点是设备体积大，投资较大。

4. 延边三角形减压起动

方法：延边三角形减压起动原理图如图 2-18 所示，起动时电动机定子接成 △ 形，如图 2-18a 所示，起动结束后定子绕组改为 △ 形接法，如图 2-18b 所示。

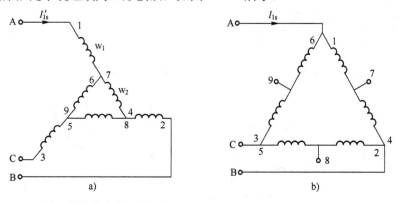

图 2-18　延边三角形减压起动原理图

a) 起动接法　b) 运行接法

如果将延边三角形看成一部分为 Y 形接法，另一部分为 △ 形接法，则 Y 形部分比重越大，起动时电压降得越多。根据分析和试验可知，Y 形和 △ 形的抽头比例为 1：1 时，电动机每相电压是 264V；抽头比例为 1：2 时，每相绕组的电压为 290V。可见可采用不同的抽头比来满足不同负载特性的要求。

延边三角形起动的优点是节省金属，重量轻；缺点是内部接线复杂。绕线式异步电动机的减压起动主要有转子串接电阻器起动和转子串接频敏变阻器起动。因篇幅所限，此处不再详细介绍。

2.3　案例 6　电动机的减压起动控制

1. 目的

1）掌握时间继电器的作用及电气图文符号。

2）掌握电动机起动的常用起动方法。

3）熟练掌握 Y-△ 减压起动的工作原理、控制电路的连接与装调。

2. 任务

电动机的 Y-△ 减压起动控制，电动机功率一般大于 10kW 都要求减压起动，Y-△ 减压起动因控制电路简单、控制系统性价比高而得到广泛使用。

3．步骤

电动机减压起动时定子绕组的星形和三角形的连接靠交流接触器的主触点来完成,切换时间由时间继电器来控制,一般其切换时间为 3~5s,根据电动机功率可做适当调整,功率越大,起动时间越长。

（1）电动机丫-△减压起动控制电路

本案例中主电路的设计是：交流接触器 KM1 主触点引入三相交流电源,交流接触器 KM2 主触点将电动机的定子绕组接成三角形,交流接触器 KM3 主触点将电动机的定子绕组接成星形；控制电路的设计是：起动时交流接触器 KM1、KM3 线圈得电,将定子绕组接成星形,同时时间继电器线圈得电开始定时；延时时间到后交流接触器 KM1、KM2 线圈得电,将定子绕组接成三角形,电动机起动完成。起动完成时交流接触器 KM3 线圈必须失电,否则将会发生电源三相短路,当然此时时间继电器不需要得电,故需将其线圈断电。设计时相应的保护环节必须考虑,具体电路连接如图 2-19 所示。

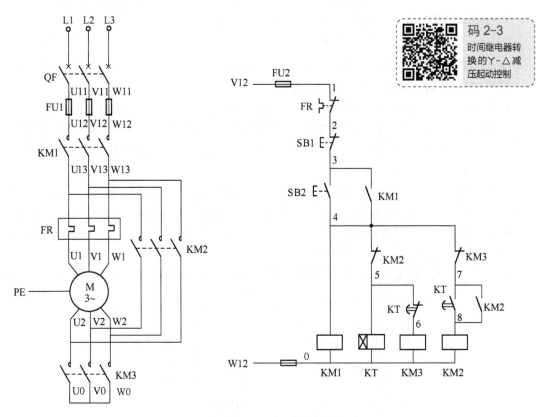

码 2-3
时间继电器转换的丫-△减压起动控制

图 2-19 电动机丫-△减压起动控制电路

控制电路工作原理为：

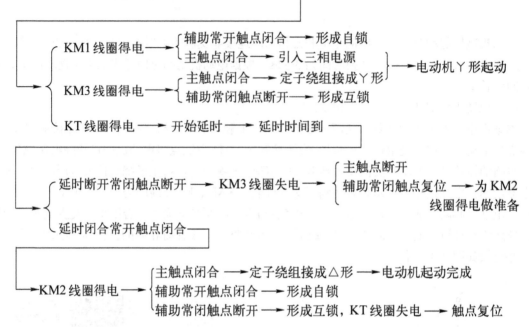

起动：合上断路器QF，按下起动按钮SB2

KM1线圈得电 →
- 辅助常开触点闭合 → 形成自锁
- 主触点闭合 → 引入三相电源
} → 电动机丫形起动

KM3线圈得电 →
- 主触点闭合 → 定子绕组接成丫形
- 辅助常闭触点断开 → 形成互锁

KT线圈得电 → 开始延时 → 延时时间到

延时断开常闭触点断开 → KM3线圈失电 →
- 主触点断开
- 辅助常闭触点复位 → 为 KM2 线圈得电做准备

延时闭合常开触点闭合

KM2线圈得电 →
- 主触点闭合 → 定子绕组接成△形 → 电动机起动完成
- 辅助常开触点闭合 → 形成自锁
- 辅助常闭触点断开 → 形成互锁，KT 线圈失电 → 触点复位

停止：按下停止按钮 SB1，控制电路断开，交流接触器 KM1、KM2 线圈失电，电动机停止运行。

（2）ST3P 系列时间继电器时间的设定

时间继电器动作的时间需要根据需要进行调整，在设定 ST3P 系列时间继电器时间时，首先要看清正面两个拨码开关的位置，它们决定时间继电器的最大计时范围（从时间继电器侧面的时间设定图上可以看出两个拨码所在位置对应的最大计时范围），根据计时时间转动旋钮，调至所需时间处。

（3）定子绕组首尾端的判别

当电动机接线板损坏，定子绕组的 6 个线头分不清楚时，不可盲目接线，以免引起电动机内部故障，因此必须分清 6 个线头的首尾端后才能接线。首先用万用表电阻档分别找出三相绕组的各相两个线头，然后给各相绕组假设编号为 U1 和 U2、V1 和 V2、W1 和 W2，再用下述方法进行判别。

1）用 36V 交流电源和白炽灯判别。

① 把 V1 和 U2 连接起来，在 U1 和 V2 线头上接一只交流 36V 的白炽灯，如图 2-20 所示。

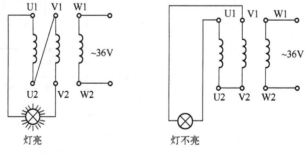

图 2-20　用 36V 交流电源与白炽灯判别首尾端

② 在 W1 和 W2 两线头上接上交流 36V 电源，如果白炽灯发亮，说明线头 U1、U2、V1、V2 的编号正确。如果白炽灯不亮，则把 U1、U2 或 V1、V2 中任意两个线头的编号对调一下即可。

③ 再按上述方法对 W1 和 W2 两线头进行判别。

2）用万用表判别。

① 按图 2-21 所示接线，用手转动电动机转子，如万用表指针不动，则证明假设的编号是正确的；若指针有偏转，说明其中有一相首尾端假设编号不对，应逐相对调并重测，直至正确为止。

② 也可以按图 2-22 所示接法，合上开关瞬间，若万用表指针摆向大于零的一边，则接电池正极的线头与万用表负极所接的线头同为首端或尾端；若指针反向摆动，则接电池正极的线头与万用表正极所接的线头同为首端或尾端。再将电池和开关接另一相两个线头，进行测试即可。

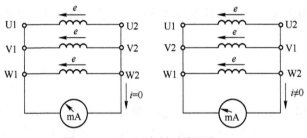 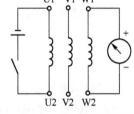

图 2-21　用万用表判别首尾端（一）　　　　图 2-22　用万用表判别首尾端（二）

（4）电气元器件选用

元器件及仪表的选用如表 2-1 所示。

表 2-1　元器件及仪表的选用

序号	名称	型号及规格	数量	备注
1	三相笼型异步电动机	Y132M-4（370W）	1	
2	断路器	DZ47-63	1	
3	熔断器	RT18-32	5	25A 的 3 个、2A 的 2 个
4	按钮	LAY37（Y090）	2	绿色为起动，红色为停止
5	热继电器	JR16B-20/3	1	
6	交流接触器	CJX1-9/22	3	
7	时间继电器	ST3P A-D	1	时间调为 3s
8	接线端子	DT1010	2	
9	万用表	MF47	1	

4. 拓展

设计可手动提前切换的丫-△减压起动控制电路。要求当时间继电器损坏时可手动提前切换丫-△起动过程，且当三角形接触器触点熔焊时电动机不得起动。

2.4　电动机的调速方法及原理

在近代工业生产中，为提高生产率和保证产品质量，常要求生产机械能在不同的转速下进行工作。虽然三相异步电动机的调速性能远不如直流电动机，但随着电力电子技术的发展，交流调速应用日益广泛，在许多领域有取代直流调速系统的趋势。

调速是指在生产机械负载不变的情况下，人为地改变电动机定、转子电路中的有关参数，来实现速度变化的目的。

异步电动机的转速关系式为：

$$n = n_0(1-s) = \frac{60f}{p}(1-s)$$

可以看出，异步电动机调速可分以下三大类：

1）改变定子绕组的磁极对数 p 的变极调速。

2）改变供电电网的频率 f 的变频调速。

3）改变电动机的转差率 s 的变转差调速。此方法又分改变电压调速、绕线式电动机转子串电阻调速和串级调速三种。

2.4.1 变极调速

在电源频率不变的条件下，改变电动机的极对数，电动机的同步转速 n_0 就会发生变化，从而改变电动机的转速。若极对数减少一半，同步转速就提高一倍，电动机转速也几乎升高一倍。T68 卧式镗床主轴电动机的调速方法就是选用双速电动机进行的变极调速。

变极一般采用反向变极法，即通过改变定子绕组的接法，使其半相绕组中的电流反向流通，极数就可以改变。这种因极数改变而使其同步转速发生相应变化的电动机，称为多速电动机。其转子均采用笼型转子，因其感应的极数能自动与定子变化的极数相适应。

下面以 U 相绕组为例来说明变极原理。先将其两半相绕组 $1U_1$-$1U_2$ 与 $2U_1$-$2U_2$ 采用顺向串联，绕组中电流方向如图 2-23 所示。显然，此时产生的定子磁场是四极的。

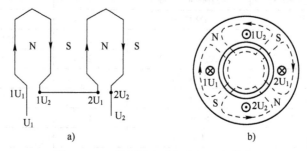

图 2-23　三相四极电动机定子 U 相绕组

a) 两绕组顺向串联　b) 在绕组中产生的磁场

若将 U 相绕组中的半相绕组 $1U_1$-$1U_2$ 反向，再将两绕组串联，如图 2-24a 所示；或将两绕组反向并联，如图 2-24b 所示。改变接线方法后的电流方向如图 2-24c 所示。显然，此时产生的定子磁场是二极的。

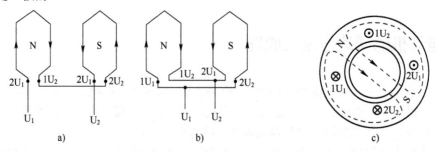

图 2-24　三相二极电动机定子 U 相绕组

a) 两绕组反向串联　b) 两绕组反向并联　c) 在绕组中产生的磁场

多极电动机定子绕组联接方式常用的有两种：一种是从星形改成双星形，写成Y/YY，如图 2-25 所示。该方法可保持电磁转矩不变，适用于起重机、传输带运输等恒转矩的负载。另一种是从三角形改成双星形，写成△/YY，如图 2-26 所示。该方法可保持电动机的输出功率基本不变，适用于金属切削机床类的恒功率负载。上述两种接法都可使电动机极数减少一半。注意：在绕组改接时，为了使电动机转向不变，应把绕组的相序改接一下。

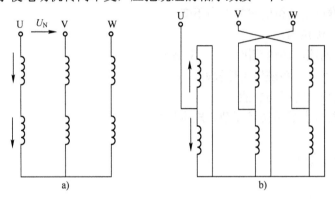

图 2-25　异步电动机Y-YY变极调速接线图

a) 绕组的Y型接法　b) 绕组的YY型接法

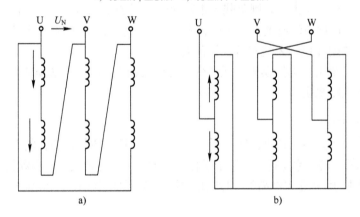

图 2-26　三相异步电动机△-YY变极调速图

a) 绕组的△型接法　b) 绕组的YY型接法

变极调速所需设备简单、体积小、重量轻，具有较硬的机械特性，稳定性好。但这种调速是有级调速，且绕组结构复杂、引出头较多，调速级数少。

2.4.2　变频调速

随着晶闸管整流和变频技术的迅速发展，异步电动机的变频调速应用日益广泛，有逐步取代直流调速的趋势，它主要用于拖动泵类负载，如通风机、水泵等。

由公式 $n_0 = \dfrac{60f}{p}$ 可知，在定子绕组极对数 p 一定的情况下，旋转磁场的转速 n_0 与电源频率 f 成正比，所以连续地调节频率就可以平滑地调节异步电动机的转速。

在变频调速中，定子电势方程式为：

$$U_1 \approx E_1 = 4.44 f_1 w_1 K_{w1} \varphi_m$$

式中，w_1—定子绕组每相匝数；K_{w1}—定子绕组的绕组系数。

可以看出，当降低电源频率 f_1 调速时，若电源电压 U_1 不变，则磁通 φ_m 将增加，使铁心饱和，从而导致励磁电流和铁损耗的大量增加，电动机温升过高，这是不允许的。因此在变频调速的同时，为保持磁通 φ_m 不变，就必须降低电源电压，使 U_1/f_1 为常数。另在变频调速中，为保证电动机的稳定运行，应维持电动机的过载能力不变。

变频调速的主要优点为：

1）能平滑无级调速、调速范围广、效率高。

2）因特性硬度不变，系统稳定性较好。

3）可以通过调频改善起动性能。

变频调速的主要缺点是系统较复杂、成本较高。

2.4.3 变转差率调速

1. 改变定子电压调速

此法适用于笼型异步电动机。对于转子电阻大、机械特性曲线较软的笼型异步电动机，如所加在定子绕组上的电压发生改变，则负载转矩对应于不同的电源电压，可获得不同的工作点，从而获得不同的转速。这种电动机的调速范围很宽，缺点是低压时机械特性太软，转速变化大，可采用带速度负反馈的闭环控制系统来解决该问题。

过去都采用定子绕组串电抗器来实现改变电源电压调速，这种方法损耗较大，目前已广泛采用晶闸管交流调压电路来实现。

2. 转子串电阻调速

此法适用于绕线式异步电动机。转子所串电阻越大，运行段机械特性的斜率越大，转速下降越厉害。若转速越低，转差率 s 越大，转子损耗就越大，可见低速运行时电动机效率并不高。

转子串电阻调速的优点是方法简单，主要用于中、小容量的绕线式异步电动机，如桥式起重机等。

3. 串级调速

所谓串级调速，就是在异步电动机的转子回路串入一个三相对称的附加电势，其频率与转子电势相同，改变附加电势的大小和相位，就可以调节电动机的转速。它适用于绕线式异步电动机。若附加电势与转子感应电势相位相反，则转子转矩就减小，使得电动机转速降低，这就是低同步串级调速；若附加电势与转子感应电势相位相同，则转子转矩就增大，使得电动机转速升高，这就是超同步串级调速。

串级调速性能比较好，过去由于附加电势的获得比较难，长期以来没能得到推广。近年来，随着晶闸管技术的发展，串级调速有了广阔的发展前景。现已日益广泛用于水泵和风机的节能调速，以及不可逆轧钢机、压缩机等很多生产机械。

2.5 电动机的制动方法及原理

电动机的制动有机械制动和电气制动之分。

2.5.1 机械制动

机械制动是指利用机械装置使电动机在电源切断后能迅速停转。机械制动除电磁抱闸制动外,还有电磁离合器制动。

电磁抱闸制动器断电制动在起重机械上被广泛采用。其特点是能够准确定位,同时可防止电动机突然断电时重物的自行坠落。当重物起吊到一定高度时,按下停止按钮,电动机和电磁抱闸制动器的线圈同时断电,闸瓦立即抱住闸轮,电动机立即制动停转,重物随之被准确定位。如果电动机在工作时,电路发生故障而突然断电,电磁抱闸制动器同样会使电动机迅速制动停转,从而避免重物自行坠落。

电磁离合器型制动器分为断电制动型和通电制动型两种,其中断电制动型的工作原理是:当制动电磁铁的线圈得电时,制动器的闸瓦与闸轮分开,无制动作用;当线圈失电时,制动器的闸瓦紧紧抱住闸轮制动。通电制动型的工作原理是:当制动电磁铁的线圈得电时,闸瓦紧紧抱住闸轮制动;当线圈失电时,制动器的闸瓦与闸轮分开,无制动作用。

2.5.2 电气制动

电气制动是指使电动机所产生的电磁转矩(制动转矩)和电动机转子的转速方向相反,迫使电动机迅速制动停转。电气制动常用的方法有能耗制动、反接制动和再生发电制动等。

1. 能耗制动

方法:当电动机切断交流电源后,立即在定子绕组中通入直流电,迫使电动机停转的方法称为能耗制动。

原理:能耗制动工作原理如图 2-27 所示。当电动机的定子绕组断开交流电源时,转子由于惯性仍沿原方向运转;立即接通直流电源,接通直流电源后在电动机中产生一个恒定的磁场,这样做惯性运转的转子因切割磁力线而在转子绕组中产生感应电动势和感应电流(右手定则可以判断感应电流方向)。转子的感应电流又和恒定的磁场相互作用产生电磁转矩(左手定则可以判断电磁力的方向,从而得到电磁转矩的方向),此电磁转矩的方向正好与电动机的转向相反,使电动机受制动而迅速停转。由于制动方法是通过在一次绕组中通入直流电以消耗转子惯性运转的动能来进行制动的,所以称为能耗制动。

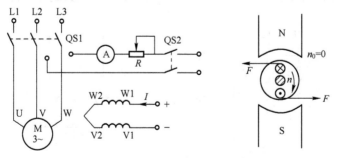

图 2-27 能耗制动工作原理图

能耗制动结束后,应立即断开直流电,否则容易烧毁电动机。因为电动机绕组的阻抗为 $Z = R + j\omega L$,通交流电源时阻抗以感抗为主,此时通过绕圈电流较小,而接直流电源时,绕组的阻抗无感抗只有电阻,且电阻值较小,这时流过绕组中的电流较大,长时间通电容易烧毁电动机绕组。因此，能耗制动结束后，应立即断开直流电源，时间可以手动控制（手动断开直流电源，如图 2-28b 所示），或由时间继电器控制，如图 2-28c 所示。图 2-28 所示控制电路的工作原理请读者自行分析。能耗控制也可以通过速度继电器来控制。

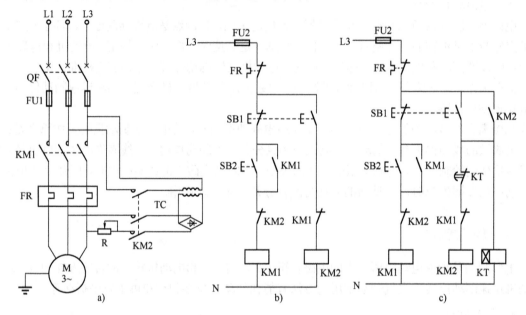

图 2-28　能耗制动控制电路

a) 能耗制动主电路　b) 手动控制能耗制动控制电路　c) 时间继电器控制能耗制动控制电路

能耗制动的优点是制动力强，制动较平稳。缺点是需要一套专门的直流电源供制动用。

2. 反接制动

方法：切断电动机定子绕组原电源后，立即投入反相序电源，当转速接近零时再将反相序电源断开。

原理：电动机脱离原电源后，转子仍沿原方向转动，当接通反相电源时，旋转磁场方向改变，此时转子将以 n_0+n 的相对速度沿原转动方向切割旋转磁场，在转子绕组中产生感应电流，此时产生的电磁转矩与运转的转子转向相反，从而阻碍转子运转，使其迅速停转。其制动工作原理图如图 2-29 所示。

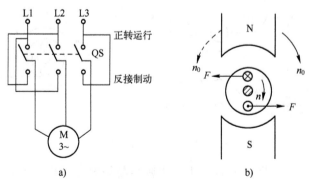

图 2-29　反接制动工作原理图

a) 反接制动主电路　b) 反接制动产生制动力

当转子停止运转时，立即切断反相电源，否则电动机会反向起动，为防止反向起动，常利用速度继电器来自动、及时地切断电源。

反接制动的优点是制动迅速。缺点是制动准确性差，制动过程中冲击强烈，易损坏传动零件，制动能量消耗较大，不宜经常使用。因此，反接制动一般适用于制动要求迅速、系统惯性较大、不经常起动与制动的场合，如铣床、镗床、中型车床的主轴制动。

3. 再生发电制动

再生发电制动又称回馈制动，其工作原理如图 2-30 所示。当起重机械在高处放下重物时，电动机的转速小于同步转速，此时电动机处于电动运行状态。但由于重力的作用，在重物的下降过程中，会使电动机的转速大于同步转速，这时电动机处于发电运行状态，转子相对于旋转磁场切割磁力线的运行方向发生了改变，其转子电流和电磁转矩的方向都与电动运行时相反，会限制重物的下降速度，重物不至于下降过快，保证了设备和人身安全。

再生发电制动的优点是一种比较经济的制动方法。制动时不需要改变电路即可从电动机运行状态自动转入发电制动状态，把机械能转换成电能，再回馈到电网中，其节能效果非常显著。它的缺点是应用范围窄，仅当电动机转速大于同步转速时才能实现发电制动。所以常用于在位能负载作用下的起重机械和多速异步电动机由高速转为低速时的情况。

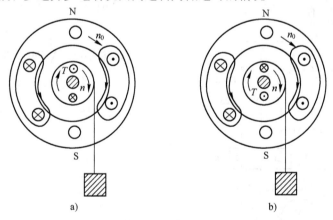

图 2-30 再生发电制动的工作原理图

a) 电动运行状态 b) 发电运行状态

2.6 案例 7 电动机的调速控制

1. 目的

1）掌握电动机的调速方法与原理。

2）掌握双速电动机的调速控制工作原理。

3）掌握电动机调速电路的连接与装调。

2. 任务

电动机的调速控制，T68 卧式镗床在加工零件时要求主轴旋转速度可调，使用的是双速电动机，即有高速和低速两档之分。

3. 步骤

有些机床设备中电动机采用的是双速电动机,根据加工零件的材质或工艺要求电动机能双速运行。如镗床主轴电动机,当高、低速行程开关未受压时,电动机为低速运行,若受压时则先低速起动,然后高速运行。

（1）高、低双速电动机直接起动的控制电路

高、低速直接起动控制采用按钮和接触器双重互锁方式,使高、低速相应接触器不会同时动作,如图 2-31 所示。工作原理为:合上 QF,若按下低速起动按钮 SB2,接触器 KM1 线圈得电,电动机低速绕组（U1、V1、W1）通电,电动机低速运转;若按下高速起动按钮 SB3,接触器 KM2 线圈得电,电动机高速绕组（U2、V2、W2）通电,电动机高速运转。按钮 SB1 为双速电动机停止按钮。

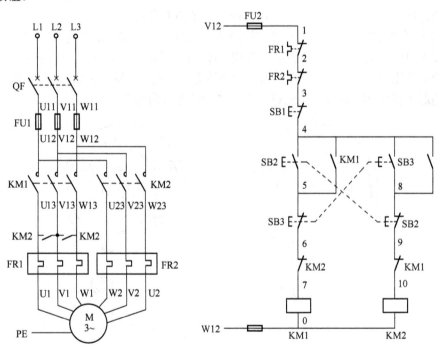

图 2-31　高、低双速电动机直接起动的控制电路

（2）低速起动高速运行的控制电路

很多机床的主轴电动机由于功率较大,起动时要求减压起动,对于可调速的双速电动机来说,时常需要低速起动高速运行。图 2-32 的设计能满足上述要求,即双速电动机采用△联结的低速起动,由时间继电器延时 5s 后,自动加速后投入丫丫联结的运行,通过中间继电器 KA 使电路进行自锁。

工作原理为:合上 QF,按下起动按钮 SB2,时间继电器 KT、中间继电器 KA 和接触器 KM1线圈同时得电,接触器 KM1 辅助常开触点闭合实现自锁,同时中间继电器 KA 的常开触点闭合,实现整个电路的自锁,接触器 KM1 主触点的闭合,使得双速电动机为△形接法,开始低速起动。因接触器 KM1 辅助常闭触点断开实现了互锁,同时时间继电器 KT 的瞬动常闭触点断开又进一步保证了互锁作用,使得 KM2 线圈无法得电,确保主电路工作在△形接法下;当时间继电器 KT 延时时间到,延时常闭触点断开,接触器 KM1 及时间继电器 KT 的线圈失电,接触器 KM1 的常闭触点及时间继电器 KT 的瞬动常闭触点复位,使得接触器 KM2 线圈得电,主触点和辅助常开触点的闭合使双速电

动机的绕组接成丫丫形，电动机进入正常运行状态。按下停止按钮 SB1，控制电路被切断，接触器 KM2 和时间继电器 KT 线圈失电，所有触点全部复位，主电路被切断，双速电动机停止运行。

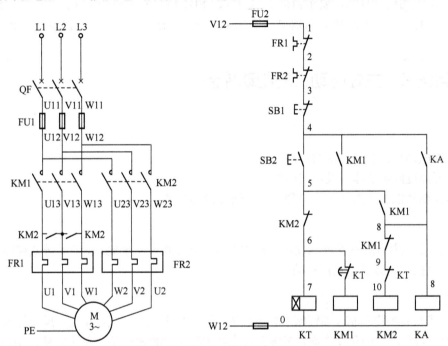

图 2-32　双速电动机自动变速控制电路

（3）双速电动机丫丫的联结

图 2-32 主电路中，双速电动机的丫丫形联结采用的是接触器 KM2 的辅助常开触点。在小容量双速电动机的控制电路中，丫丫形联结可采用接触器的辅助常开触点，当其触点数量不足时可直接使用中间继电器常开触点进行丫丫形联结；当电动机功率较大即主电路中电流较大时，或接触器 KM2 的辅助常开触点容量不足，则须用接触器的主触点进行丫丫形联结，这时可在接触器 KM2 的线圈处并联一个同规格的接触器，以增加接触器触点数量。

（4）电气元器件选用

元器件及仪表的选用如表 2-2 所示。

表 2-2　元器件及仪表的选用

序号	名称	型号及规格	数量	备注
1	双速电动机	YS-50 2/4	1	40/25W
2	断路器	DZ47-63	1	
3	熔断器	RT18-32	5	25A 的 3 个、2A 的 2 个
4	按钮	LAY37（Y090）	2	绿色为起动，红色为停止
5	热继电器	JR16B-20/3	2	
6	交流接触器	CJX1-9/22	2	
7	时间继电器	ST3P A-D	1	时间调为 5s
8	中间继电器	JZC1-44	1	线圈电压为交流 380V
9	接线端子	DT1010	2	
10	万用表	MF47	1	

4. 拓展

双速电动机的起动控制，要求当按下起动按钮 SB1 时，双速电动机先低速起动，5s 后高速运行；当按下起动按钮 SB2 时，双速电动机高速起动并运行；当按下停止按钮时，电动机停止。

2.7 案例 8 主轴电动机的制动控制

1. 目的

1）掌握电动机的制动方法与原理。

2）掌握速度继电器作用及电气图文符号。

3）掌握制动控制电路的工作原理、电路的连接与装调。

2. 任务

电动机的制动控制，在此要求使用反接制动方法实现电动机的制动，T68 卧式镗床主轴电动机就是采用反接制动方法停止运行的。

3. 步骤

有些机床设备的电动机（如镗床主轴电动机）制动采用反接制式，并且正反转均要求反接制动，从便于学习和理解的角度考虑，本案例首先对主轴电动机进行单向反接制动控制设计，然后进行双向反接制动设计。

（1）单向反接制动的控制电路

反接制动结束时要求立即切断反相序电源，否则电动机会反向起动。为了实现较为精确的制动控制，本案例采用速度继电器作为制动结束检测元器件，即当速度继电器触点复位时认为反接制动结束，此时迅速切断反相电源，具体控制电路如图 2-33 所示。

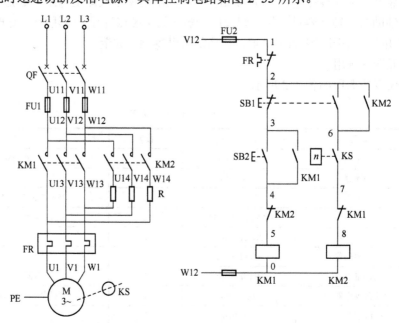

图 2-33 电动机单向反接制动控制电路

　　电动机的单向反接制动控制电路原理：合上断路器 QF，接下起动按钮 SB2，接触器 KM1 线圈得电，电动机起动并运行，当速度达到 120r/min 以上时，速度继电器常开触点闭合为反接制动做准备；当需要停车时，按下停止按钮 SB1，其常闭触点断开，接触器 KM1 线圈失电，同时 SB1 的常开触点闭合，接触器 KM2 线圈得电，主触点闭合后引入反相电源，同时接入反接制动电阻 R，进行反接制动，当转速迅速下降至 100r/min 以下时，速度继电器常开触点复位而断开，接触器 KM2 线圈失电，主触点断开切断了主电路的反相电源，反接制动结束。

　　（2）双向反接制动的控制电路

　　图 2-34 为具有反接制动电阻的正/反向反接制动控制电路，KM1 为正向电源接触器，KM2 为反向电源接触器，KM3 为短接电阻接触器，电阻 R 为反接制动电阻，同时也具有限制起动电流作用，即定子串电阻减压起动。

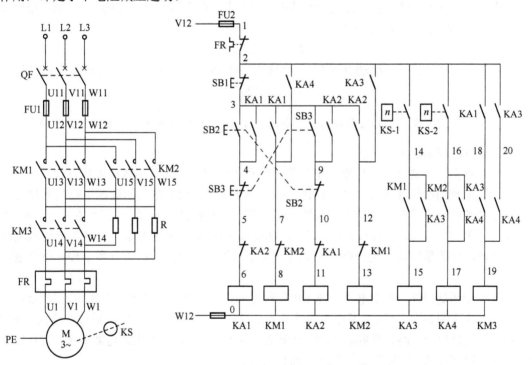

图 2-34　电动机双向反接制动控制电路

　　电路分析：正向起动时，KM1 得电，电动机串电阻 R 后限流起动。起动结束，KM1、KM3 同时得电，短接电阻 R，电机全压运行。制动时，KM1、KM3 断电，KM2 得电，电源反接，电动机串入制动电阻 R 后进入反接制动状态。转速接近为零时，KM2 自动断电。

　　正向运行及反接制动控制原理：

　　1）合上断路器 QF，按下正转起动按钮 SB2，中间继电器 KA1 线圈通电并自锁，其常闭触点打开，互锁中间继电器 KA2 线圈回路，KA1 常开触点闭合，使接触器 KM1 线圈通电，KM1 的主触点闭合使定子绕组经电阻 R 接通正序三相电源，电动机开始减压起动。此时虽然中间继电器 KA3 线圈电路中 KM1 常开辅助触点已闭合，但是 KA3 线圈仍无法通电。因为速度继电器 KS-1 的正转常开触点尚未闭合，当电动机转速上升到一定值时，KS 的正转常开触点 KS-1 闭合，中间继电器 KA3 通电并自锁，这时由于 KA1、KA3 等中间继电器的常开触点 KS-1 均处于闭合状态，接触器 KM3 线圈通电，于是电阻 R 被短接，定子绕组直接加以额定电压，全压运行，电动机转速上升到稳定的工作转速，KM2 线圈上方的 KA3 常开触点闭合，为 KM2 线圈得电做准备（即为反接制动做准备）。

2）在电动机正常运行的过程中，若是按下停止按钮 SB1，则 KA3、KM1、KM3 三个线圈相继失电。由于此时电动机转子的惯性转速仍然很高，速度继电器 KS-1 的正转常开触点尚未复原，中间继电器 KA3 仍处于工作状态，所以接触器 KM1 常闭触点复位后，接触器 KM2 线圈便通电，其常开主触点闭合。使定子绕组经电阻 R 获得反相序的三相交流电源，对电动机进行反接制动。转子速度迅速下降。当其转速小于 100r/min 时，KS-1 的正转常开触点恢复断开状态，KA3 线圈失电，接触器 KM2 释放，反接制动过程结束。

电动机反向起动和制动停车过程与上述正转时相似。

（3）反接制动电阻的选取

在电源电压 380V 时，若要使反接制动电流等于电动机直接起动电流的 1/2，则三相电路应串入的电阻 R（Ω）值可按经验公式选取：

$$R \approx 1.5 \times 220/I_{st}$$

若使反接制动电流等于起动电流 I_{st}，则每相应串接入的电阻 R（Ω）值可按经验公式选取：

$$R \approx 1.3 \times 220/I_{st}$$

 注意：如果反接制动时只在电源两相中串接电阻，则电阻值应加大，分别取上述值的 1.5 倍。

（4）电气原理图的快速识读

电气原理图由功能文字说明框、电气控制图和图区编号三部分组成，如图 1-77 所示。若能掌握电气原理图的快速识读方法，在读图时能做到事半功倍。电气原理图中都配有功能文字说明框，能帮助用户读图。功能文字说明框是指图上方标注的"电源开关""主轴电动机""冷却电动机"等文字符号，该部分在电路中的作用是说明对应区域下方电气元器件或控制电路的功能，使读者能清楚地知道某个电气元器件或某部分控制电路的功能，以利于理解整个电路的工作原理。

电气控制图是指位于机床电气原理图中间位置的控制电路，主要由主电路和控制电路组成，是机床电气原理图的核心部分。其中主电路是指电源到电动机绕组的大电流通过的路径；控制电路包括各电动机控制电路、照明电路、信号电路及保护电路等，主要由继电器和接触器线圈、触点、按钮、照明灯和控制变压器等电气元器件组成。

此外，电气控制图中接触器和继电器线圈与触点的从属关系应用附图表示。即在电气控制图中接触器和继电器线圈下方，给出触点的图形符号，并在其下面标注相应触点的索引代号，对未使用的触点用"×"标注，有时也采用省去触点图形符号的表示方法。

对于接触器 KM，附图中各栏的含义如表 2-3 所示。

表 2-3　接触器 KM 附图中各栏的含义

左栏	中栏	右栏
主触点 所在图区号	辅助常开 触点所在图区号	辅助常闭 触点所在图区号

对于继电器 KA 或 KT，附图中各栏的含义如表 2-4 所示。

表 2-4　继电器 KA 或 KT 附图中各栏的含义

左栏	右栏
常开触点 触点所在图区号	常闭触点 触点所在图区号

图区编号是指电气控制图下方标注的"1""2""3"等数字符号，其作用是将电气控制图部分进行分区，以便在识图时能快速、准确地检索所需要找的电气元器件在图中的位置。此外，图区编号也可以设置在电气控制图的上方，图区编号数的多少根据控制图的大小或实际情况而编定。

（5）元器件选用

元器件及仪表的选用如表 2-5 所示。

表 2-5　元器件及仪表的选用

序号	名称	型号及规格	数量	备注
1	双速电动机	YS-50 2/4	1	40/25W
2	断路器	DZ47-63	1	
3	熔断器	RT18-32	5	25A 的 3 个、5A 的 2 个
4	按钮	LAY37（Y090）	3	绿、黄色为起动，红色为停止
5	热继电器	JR16B-20/3	1	
6	交流接触器	CJX1-9/22	3	
7	速度继电器	JY1-500V	1	
8	中间继电器	JZC1-44	4	线圈电压为交流 380V
9	制动电阻	10Ω/500W	3	
10	接线端子	DT1010	2	
11	万用表	MF47	1	

4. 拓展

当转换开关处在"时间"操作模式下，按下停止按钮时电动机以时间原则进行反接制动；若处在"速度"操作模式下，按下停止按钮时电动机以速度原则进行反接制动。

2.8　执行电器

在机床设备中常用的执行电器有电磁铁、电磁阀和电磁制动器，它们都是基于电磁机构的工作原理进行工作的。

2.8.1　电磁铁

电磁铁主要由励磁线圈、铁心和衔铁三部分组成，其结构和电磁机构类似。当励磁线圈通电后便产生磁场和电磁力，衔铁被吸合，把电磁能转换为机械能，带动机械装置完成一定的动作。

根据励磁电流的不同，电磁铁分为直流电磁铁和交流电磁铁。电磁铁的主要技术数据有：额定行程、额定吸力和额定电压等。选用电磁铁时应该考虑以上技术数据。

电磁铁的电气符号及实物如图 2-35 所示。

图 2-35 电磁铁电气符号及实物

2.8.2 电磁阀

电磁阀是用来控制流体的自动化基础元器件，属于执行器，并不限于液压、气动。用在工业控制系统中调整介质的方向、流量、速度和其他的参数。电磁阀可以配合不同的电路来实现预期的控制，而控制的精度和灵活性都能够保证。电磁阀有很多种，不同的电磁阀在控制系统的不同位置发挥作用，最常用的是单向阀、安全阀、方向控制阀和速度调节阀等。

电磁阀线圈通电后，靠电磁吸力的作用把阀芯吸起，从而使管路接通，反之管路被阻断。

电磁阀有多种形式，从原理上可分为直动式、分步直动式和先导式。电磁阀的电气符号及实物如图 2-36 所示。

图 2-36 电磁阀电气符号及实物

1. 直动式

原理：常闭型通电时，电磁线圈产生电磁力把敞开件从阀座上提起，阀门打开；断电时，电磁力消失，弹簧把敞开件压在阀座上，阀门敞开。常开型与此相反。

特点：其在真空、负压、零压时能正常工作，但通径一般不超过 25mm。

2. 分步直动式

原理：它是一种直动和先导式相结合的元器件，当入口与出口没有压差时，通电后，电磁力直接把先导小阀和主阀关闭件依次向上提起，阀门打开。当入口与出口达到启动压差时，通电后，电磁力推开先导小阀，主阀下腔压力上升，上腔压力下降，从而利用压差把主阀向上推开；断电时，先导阀利用弹簧力或介质压力推动关闭件，向下移动，使阀门关闭。

特点：在零压差或真空、高压时均可动作，但功率较大，必须水平安装。

3. 先导式

原理：通电时，电磁力把先导孔打开，上腔室压力迅速下降，在敞开件周围形成上低下高的压差，流体压力推动敞开件向上移动，阀门打开；断电时，弹簧力把先导孔敞开，入口压力通过旁通孔迅速在关阀件周围形成下低上高的压差，流体压力推动敞开件向下移动，敞开阀门。

特点：体积小，功率低，流体压力范围上限较高，可任意安装（需定制）但必须满足流体压差条件。

2.8.3　电磁制动器

电磁制动器的作用是使旋转的运动迅速停止，即电磁刹车或电磁抱闸。电磁制动器分为盘式制动器和块式制动器，一般都是由制动器、电磁铁、摩擦片或闸瓦等组成。这些制动器都是利用电磁力把高速旋转的轴抱死，实现快速停车。其特点是制动力矩大、反应速度极快、安装简单、价格低廉，但容易使旋转的设备损坏。所以一般在扭矩不大、制动不频繁的场合使用。

电磁制动器的电气符号及实物如图 2-37 所示。

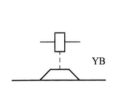

图 2-37　电磁制动器电气符号及实物

2.9　习题与思考

1. 中间继电器的主要用途是什么？与交流接触器相比有何异同之处？在什么情况下可用中间继电器代替接触器起动电动机？

2. 什么是欠压、失压保护？利用什么电器可以实现欠电压、失电压保护？

3. 电动机的起动电流很大，当电动机起动时，热继电器是否会动作？为什么？

4. 电动机正反转控制电路中，为什么要采用互锁？当互锁触点接错后，会出现什么现象？

5. 什么是三相异步电动机的起动？

6. 三相异步电动机直接起动有何危害？

7. 什么是三相异步电动机的减压起动？有哪几种常用的方法？

8. 三相异步电动机的调速方法有哪些？

9. 三相异步电动机的制动方法有哪些？

10. 画出具有双重互锁的异步电动机正、反转控制电路。

11. 设计一个控制电路，要求第一台电动机起动 10s 后，第二台电动机自动起动。运行 5s

后，第一台电动机停止并同时使第三台电动机自行起动，再运行 15s 后，电动机全部停止。

12．为两台异步电动机设计一个控制电路，其要求如下：

1）两台电动机互不影响地独立工作。

2）能同时控制两台电动机的起动与停止。

3）当一台电动机发生故障时，两台电动机均停止。

13．有一台四级带传动运输机，分别由 M1、M2、M3、M4 四台电动机拖动，其动作顺序如下：

1）要求按 M1→M2→M3→M4 顺序起动。

2）要求按 M4→M3→M2→M1 顺序停车。

3）上述动作要求有一定时间间隔。

14．设计一小车运行的控制电路，小车由异步电动机拖动，其动作程序如下：

1）小车由原位开始前进，到终端后自动停止。

2）在终端停留 2min 后自动返回原位停止。

3）要求能在前进或后退途中的任意位置停止或起动。

15．现有一双速电动机，试按下述要求设计控制电路：

1）分别用两个按钮操作电动机的高速起动和低速起动，用一个总停按钮操作电动机的停止。

2）起动高速时，应先接成低速然后经延时后再换接到高速。

3）应有短路保护与过载保护。

第3章 PLC 基本指令及编程应用

本章重点介绍 PLC 的一些基础知识、S7-200 SMART PLC 硬件及连接、编程及仿真软件的使用、基本指令（位逻辑指令、定时器指令、计数器指令）及其应用。通过 4 个案例介绍 PLC 控制电动机的典型应用，在案例中融入 PLC 的编程规则、程序调试的方法、中级维修电工技能认证的相关内容。通过本章学习，读者能掌握 S7-200 SMART PLC 硬件的组态及 I/O 线路的连接，基本指令的应用，项目的创建、编辑、下载及调试方法。

3.1 PLC 简介

3.1.1 PLC 的产生与定义

1. PLC 的产生

码 3-1
PLC 的产生与发展

20 世纪 60 年代，当时的工业控制主要是由继电器-接触器组成的控制系统。继电器-接触器控制系统存在着设备体积大，调试维护工作量大，通用及灵活性差，可靠性低，功能简单等缺点，不具有现代工业控制所需要的数据通信、网络控制等功能。

1968 年，美国通用汽车制造公司（GM）为了适应汽车型号的不断翻新，试图寻找一种新型的工业控制器，以解决继电器-接触器控制系统普遍存在的问题。因而设想把计算机的功能完备、灵活及通用等优点和继电器控制系统的简单易懂、操作方便、价格便宜等优点结合起来，制成一种适合于工业环境的通用控制装置，并把计算机的编程方法和程序输入方式加以简化，使不熟悉计算机的人也能方便地使用。

1969 年，美国数字设备公司（DEC）根据通用汽车公司的要求首先研制成功第一台可编程序控制器，称之为"可编程序逻辑控制器"（Programmable Logic Controller，PLC），并在通用汽车公司的自动装配线上试用成功，从而开创了工业控制的新局面。

2. PLC 的定义

PLC 是可编程序逻辑控制器的英文缩写，随着科技的不断发展，现已远远超出逻辑控制功能，应称之为可编程序控制器（Programmable Controller，PC），为了与个人计算机（Personal Computer，PC）相区别，故仍将可编程序控制器简称为 PLC。几款常见的 PLC 如图 3-1 所示。

图 3-1　几款常见的 PLC

1985 年国际电工委员会对 PLC 做了如下定义："可编程序控制器是一种数字运算操作的电子系统，专为工业环境下应用而设计。它作为可编程序的存储器，用来在其内部存储并执行逻辑运算、顺序控制、定时、计数和算术运算等操作指令，并通过数字式、模拟式的输入和输出，控制各种类型的机械或生产过程。可编程序控制器及其有关设备，都应按易于使工业控制系统形成一个整体，易于扩充其功能的原则设计。"

3.1.2 PLC 的特点及发展

1. PLC 的特点

1）编程简单，容易掌握。

梯形图是使用最多的 PLC 编程语言，其电路符号和表达式与继电器电路原理图相似，梯形图语言形象直观，易学易懂，熟悉继电器电路图的电气技术人员很快就能学会用梯形图语言，并用来编制用户程序。

2）功能强，性价比高。

PLC 内有成百上千个可供用户使用的编程元件，有很强的功能，可以实现非常复杂的控制功能。与相同功能的继电器控制系统相比，具有很高的性价比。

3）硬件配套齐全，用户使用方便，适应性强。

PLC 产品已经标准化、系列化和模块化，配备有品种齐全的各种硬件装置供用户选用，用户能灵活方便地进行系统配置，组成不同功能、不同规模的系统。硬件配置确定后，可以通过修改用户程序，方便快速地适应工艺条件的变化。

4）可靠性高，抗干扰能力强。

传统的继电器控制系统使用了大量的中间继电器、时间继电器，由于触点接触不良，容易出现故障。PLC 用软元件代替大量的中间继电器和时间继电器，PLC 外部仅剩下与输入和输出有关的少量硬件元件，因触点接触不良造成的故障大为减少。

5）系统的设计、安装、调试及维护工作量少。

由于 PLC 采用了软元件来取代继电器控制系统中大量的中间继电器、时间继电器等器件，控制柜的设计、安装和接线工作量大为减少。同时，PLC 的用户程序可以先模拟调试通过后再到生产现场进行联机调试，这样可减少现场的调试工作量，缩短设计、调试周期。

6）体积小、重量轻、功耗低。

复杂的控制系统使用 PLC 后，可以减少大量中间继电器和时间继电器的使用，PLC 的体积较小，且结构紧凑、坚固、重量轻、功耗低。并且由于 PLC 的抗干扰能力强，易于装入设备内部，是实现机电一体的理想控制设备。

2. PLC 的发展趋势

PLC 自问世以来，经过几十年的发展，在机械、冶金、化工、轻工、纺织等行业得到了广泛的应用，在美、德、日等工业发达的国家已成为重要的产业之一。

目前，世界上有 200 多个生产 PLC 的厂家，主要有：美国的 AB 公司、通用电气（GE）公司等；日本的三菱（MITSUBISHI）公司、富士（FUJI）公司、欧姆龙（OMRON）公司、松下电工公司等；德国的西门子（SIEMENS）公司等；法国的 TE 公司、施耐德（SCHNEIDER）公司等；韩国的三星（SAMSUNG）公司、LG 公司等；我国的中国科学院自动化研究所的

PLC-008、北京联想计算机集团公司的 GK-40、上海机床电器厂的 CKY-40、上海香岛机电制造有限公司的 ACMY-S80 和 ACMY-S256、无锡华光电子工业有限公司的 SR-10 和 SR-20/21、以及汇川和信捷的 PLC 等。

PLC 的发展趋势主要有：

1）产品规模向大、小两个方向发展。中、高档 PLC 向大型、高速、多功能方向发展；低档 PLC 向小型、模块化结构发展，增加了配置的灵活性，降低了成本。

2）PLC 在闭环过程控制中应用日益广泛。

3）集中控制与网络连接能力加强。

4）不断开发出适应各种不同控制要求的特殊 PLC 控制模块。

5）编程语言趋向标准化。

6）发展容错技术，不断提高可靠性。

7）追求软硬件的标准化。

> ★虽然中国 PLC 的研发起步晚，但随着科技迅速发展也涌现了诸多国内品牌的 PLC，如无锡的信捷 PLC、台湾的台达 PLC、深圳的汇川 PLC 等。在实现设备自动化解决方案前提下，建议读者优先选择国内品牌 PLC，因为 PLC 的编程逻辑是相通的，而且其产品性价比较高，支持本土化产品的发展和壮大。

3.1.3　PLC 的分类及应用

1. PLC 的分类

PLC 发展很快，类型很多，可以从不同的角度进行分类。

1）按控制规模分：微型、小型、中型和大型。

微型 PLC 的 I/O 点数一般在 64 点以下，其特点是体积小、结构紧凑、重量轻和以开关量控制为主，有些产品具有少量模拟量信号处理能力。

小型 PLC 的 I/O 点数一般在 256 点以下，除开关量 I/O 外，一般都有模拟量控制功能和高速控制功能。有的产品还有多种特殊功能模板或智能模块，有较强的通信能力。

中型 PLC 的 I/O 点数一般在 1024 点以下，指令系统更丰富，内存容量更大，一般都有可供选择的系列化特殊功能模板，有较强的通信能力。

大型 PLC 的 I/O 点数一般在 1024 点以上，软、硬件功能极强，运算和控制功能丰富。具有多种自诊断功能，一般都有多种网络功能，有的还可以采用多 CPU 结构，具有冗余能力等。

2）按结构特点分：整体式、模块式。

整体式 PLC 多为微型、小型，特点是将电源、CPU、存储器、I/O 接口等部件都集中装在一个机箱内，结构紧凑、体积小、价格低和安装简单，输入/输出点数通常为 10～60 点。

模块式 PLC 是将 CPU、输入和输出单元、电源单元以及各种功能模块集成一体。各模块结构上相互独立，构成系统时，则根据要求搭配组合，灵活性强。

3）按控制性能分：低档机、中档机和高档机。

低档 PLC 具有基本的控制功能和一般运算能力，工作速度比较低，能带的输入和输出模块数量比较少，输入和输出模块的种类也比较少。

中档 PLC 具有较强的控制功能和较强的运算能力，它不仅能完成一般的逻辑运算，也能完成比较复杂数据运算，工作速度比较快。

高档 PLC 具有强大的控制功能和较强的数据运算能力，能带的输入和输出模块数量很多，输入和输出模块的种类也很全面。这类 PLC 不仅能完成中等规模的控制工程，也可以完成大规模的控制任务。在联网中一般作为主站使用。

2. PLC 的应用

1）数字量控制。

PLC 用"与""或""非"等逻辑控制指令来实现触点和电路的串、并联，代替继电器进行组合逻辑控制、定时控制与顺序逻辑控制。

2）运动量控制。

PLC 使用专用的运动控制模块，对直线运行或圆周运动的位置、速度和加速度进行控制，可以实现单轴、双轴、三轴和多轴位置控制。

3）闭环过程控制。

闭环过程控制是指对温度、压力和流量等连续变化的模拟量的闭环控制。PLC 通过模拟量 I/O 模块，实现模拟量和数字量之间的相互转换，并对模拟量实行闭环的 PID 控制。

4）数据处理。

现代的 PLC 具有数学运算，数据传送、转换、排序和查表，位操作等功能，可以完成数据的采集、分析与处理。

5）通信联网。

用 PLC 可以实现 PLC 与外设、PLC 与 PLC、PLC 与其他工业控制设备、PLC 与上位机、PLC 与工业网络设备等之间通信，实现远程的 I/O 控制。

3.1.4　PLC 的结构与工作过程

1. PLC 的组成

PLC 一般由 CPU（中央处理器）、存储器和输入/输出接口三部分组成，PLC 的结构框图如图 3-2 所示。

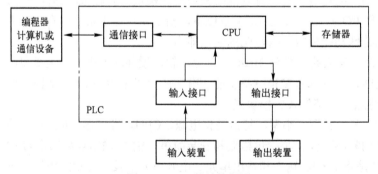

图 3-2　PLC 的结构框图

（1）CPU

CPU（中央处理器）的功能是完成 PLC 内所有的控制和监视操作。CPU 一般由控制器、运算器和寄存器组成。CPU 通过控制总线、地址总线和数据总线与存储器、输入/输出接口电路连接。

（2）存储器

在 PLC 中有两种存储器：系统程序存储器和用户程序存储器。

系统程序存储器是用来存放由 PLC 生产厂家编写好的系统程序，并固化在 ROM 内，用户不能直接更改。存储器中的程序负责解释和编译用户编写的程序、监控 I/O 接口的状态、对 PLC 进行自诊断、扫描 PLC 中的用户程序等。用户程序存储器是用来存放用户根据控制要求而编制的应用程序。目前大多数 PLC 采用可随时读写的快闪存储器（Flash）作为用户程序存储器，它不需要后备电池，掉电时数据也不会丢失。

用户程序存储器属于随机存储器（RAM），主要用于存储中间计算结果和数据、系统管理，主要包括 I/O 状态存储器和数据存储器。

（3）输入/输出接口

PLC 的输入/输出接口是 PLC 与工业现场设备相连接的端口。PLC 的输入和输出信号可以是开关量或模拟量，其接口是 PLC 内部弱电信号和工业现场强电信号联系的桥梁。接口主要起到隔离保护作用（电隔离电路使工业现场和 PLC 内部进行隔离）和信号调整作用（把不同的信号调整成 CPU 可以处理的信号）。

2．PLC 的工作过程

PLC 是采用循环扫描的工作方式，其工作过程主要分为三个阶段：输入采样阶段、程序执行阶段和输出刷新阶段，PLC 的工作过程如图 3-3 所示。

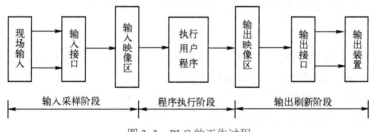

图 3-3　PLC 的工作过程

（1）输入采样阶段

PLC 在开始执行程序之前，首先按顺序将所有输入端子信号读入到寄存输入状态的输入映像区中存储，这一过程称为采样。PLC 在运行程序时，所需要的输入信号不是取现时输入端子上的信息，而是取输入映像寄存器中的信息。在本工作周期内这个采样结果的内容不会改变，只有到下一个输入采样阶段才会被刷新。

（2）程序执行阶段

PLC 按顺序进行扫描，即从上到下、从左到右地扫描每条指令，并分别从输入映像寄存器、输出映像寄存器以及辅助继电器中获得所需的数据进行运算和处理。再将程序执行的结果写入到输出映像寄存器中保存。但这个结果在全部程序未被执行完毕之前不会送到输出端子上。

（3）输出刷新阶段

在执行完用户所有程序后，PLC 将输出映像区中的内容送到寄存输出状态的输出锁存器中进行输出，驱动用户设备。

PLC 重复执行上述三个阶段，每重复一次的时间称为一个扫描周期。PLC 在一个工作周期中，输入采样阶段和输出刷新阶段的时间一般为毫秒级，而程序执行时间因用户程序的长度而不同，一般容量为 1KB 的程序扫描时间为 10ms 左右。

3.1.5 PLC 的编程语言

PLC 有 5 种编程语言：梯形图（Ladder Diagram，LD，LAD）、指令表语言（Instruction list，IL）[也称为语句表语言（Statement List，STL）]、功能块图（Function Black Diagram，FBD）、顺序功能图（Sequential Function Chart，SFC）、结构文本（Structured Text，ST）。最常用的是梯形图和语句表。

码 3-2
PLC 的编程语言

码 3-3
PLC 与继电器控制系统的异同

1. 梯形图

梯形图是使用最多的 PLC 图形编程语言。梯形图与继电器控制系统的电路图相似，具有直观易懂的优点，很容易被工程技术人员所熟悉和掌握。梯形图程序设计语言具有以下特点：

1）梯形图由触点、线圈和用方框表示的功能块组成。

2）梯形图中触点只有常开和常闭，触点可以是 PLC 输入点接的开关，也可以是 PLC 内部继电器的触点或内部寄存器、计数器等的状态。

3）梯形图中的触点可以任意串、并联，但线圈只能并联不能串联。

4）内部继电器、寄存器等均不能直接控制外部负载，只能作中间结果使用。

5）PLC 是按循环扫描事件，沿梯形图先后顺序执行，在同一扫描周期中的结果留在输出状态寄存器中，所以输出点的值在用户程序中可以当作条件使用。

2. 语句表

语句表是使用助记符来书写程序的，又称为指令表，类似于汇编语言，但比汇编语言通俗易懂，属于 PLC 的基本编程语言。它具有以下特点：

1）利用助记符号表示操作功能，容易记忆，便于掌握。

2）在编程设备的键盘上就可以进行编程设计，便于操作。

3）一般 PLC 程序的梯形图和语句表可以互相转换。

4）部分梯形图及另外几种编程语言无法表达的 PLC 程序，只有使用语句表才能编程。

3. 功能块图

功能块图采用类似于数学逻辑门电路的图形符号，逻辑直观、使用方便。该编程语言中的方框左侧为逻辑运算的输入变量，右侧为输出变量，输入、输出端的小圆圈表示"非"运算，方框被"导线"连接在一起，信号从左向右流动，图 3-4 的控制逻辑与图 3-5 相同。图 3-4 所示为梯形图与语句表，图 3-5 所示为功能块图。功能块图程序设计语言有如下特点：

1）以功能模块为单位，从控制功能入手，使控制方案的分析和理解变得容易。

2）功能模块是用图形化的方法描述功能，它的直观性大大方便了设计人员的编程和组态，有较好的操作性。

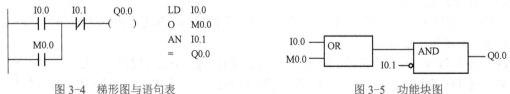

图 3-4 梯形图与语句表　　　　　　　图 3-5 功能块图

3）对控制规模较大、控制关系较复杂的系统，其控制功能的关系可以用功能块图较清楚地表达出来，因此，编程和组态时间可以缩短，调试时间也能减少。

4. 顺序功能图

顺序功能图也称为流程图或状态转移图，是一种图形化的功能性说明语言，专门用于描述工业顺序控制程序，使用它可以对具有并行、选择等复杂结构的系统进行编程。顺序功能图程序设计语言有如下特点：

1）以功能为主线，条理清楚，便于对程序操作的理解和沟通。

2）对大型的程序，可分工设计，采用较为灵活的程序结构，可节省程序设计时间和调试时间。

3）常用于系统规模较大、程序关系较复杂的场合。

4）整个程序的扫描时间较其他程序设计语言编制的程序扫描时间要大大缩短。

5. 结构文本

结构文本是一种高级的文本语言，可以用来描述功能、功能块和程序的行为，还可以在顺序功能流程图中描述步、动作和转换的行为。结构文本程序设计语言有如下特点：

1）采用高级语言进行编程，可以完成较复杂的控制运算。

2）需要有计算机高级程序设计语言的知识和编程技巧，对编程人员要求较高。

3）直观性和易操作性较差。

4）常用于采用功能模块等其他语言较难实现的一些控制功能的实现。

3.1.6 S7-200 SMART PLC 硬件及接线

本书以西门子 S7-200 SMART 系列小型 PLC 为主要讲授对象。S7-200 SMART 是 S7-200 的升级换代产品，它继承了 S7-200 的诸多优点，指令与 S7-200 基本相同。增加了以太网端口与信号板，保留了 RS-485 端口，增加了 CPU 的 I/O 点数。S7-200 SMART 共有 10 种 CPU 模块，分为经济型（2 种）和标准型（8 种），以适合不同应用现场。

S7-200 SMART 硬件主要由 CPU 模块、数字量扩展模块、模拟量扩展模块、信号板等。在购买西门子产品时只需提供订货号即可。西门子 S7-200 SMART 系列产品的硬件订货号说明如图 3-6 所示。

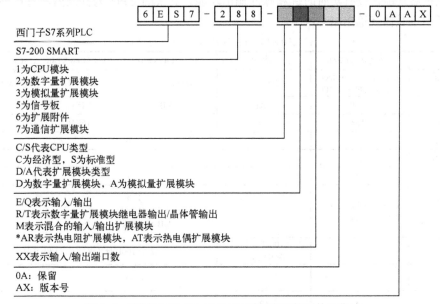

图 3-6 西门子 S7-200 SMART 系列产品的硬件订货号

1. CPU 模块

本书以 CPU SR40 为主要介绍对象，其模块如图 3-7 所示。模块通过导轨固定卡口固定于导轨上，上方为数字量输入接线端子、以太网通信端口和供电电源接线端子；下方为数字量输出接线端子；左下方为 RS-485 通信端口；右下方为存储卡插槽；正面有选择器件（信号板或通信板）接口、多种 CPU 运行及状态指示灯 LED（主要有输入/输出指示灯，运行状态指示灯 RUN、STOP 和 ERROR，以太网通信指示灯等）；右侧方有插针式连接器，便于连接扩展模块。

码 3-4
CPU 模块简介

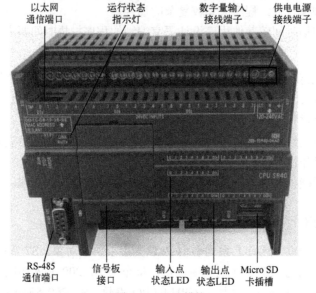

图 3-7　CPU 模块

（1）CPU 模块的技术规范

S7-200 SMART 各 CPU 模块的简要技术规范如表 3-1 所示。经济型 CPU CR40/CR60 的价格便宜，无扩展功能，没有实时时钟和脉冲输出功能。其余的 CPU 为标准型，有扩展功能。脉冲输出仅适用于晶体管输出型 CPU。

表 3-1　S7-200 SMART 各 CPU 模块的简要技术规范

特　性	CPU CR40/CR60	CPU SR20/ST20	CPU SR30/ST30	CPU SR40/ST40	CPU SR60/ST60
本机数字量 I/O 点数	CR40：24DI/16DO CR60：36DI/24DO	12DI/8DO	18DI/12DO	24DI/16DO	36DI/24DO
用户程序区	12KB	12KB	18KB	24KB	30KB
用户数据区	8KB	8KB	12KB	16KB	20KB
扩展模块数	—	6			
通信端口数	2	2~3			
信号板	—	1			
高速计数器 单相高速计数器 双相高速计数器	共 4 个 单相、100kHz、4 个 A/B 相、50kHz、2 个	共 4 个 单相、200kHz、4 个 A/B 相、50kHz、2 个			
最大脉冲输出频率	—	2 个 100kHz（仅针对 ST20）	2 个 100kHz（仅针对 ST30/ ST40）		
实时时钟，可保持 7 天		有			
脉冲捕捉输入点数	14	12	14		

可断电保持的存储区为 10KB（B 是字节的简称），各 CPU 的过程映像输入（I）、过程映像输出（Q）和位存储器（M）分别为 256 点，主程序、每个子程序和中断程序的临时局部变量为 64B。CPU 有两个分辨率为 1ms 的定时中断定时器，有 4 个上升沿和 4 个下降沿中断，可选信号板 SB DT04 有两个上升沿中断和两个下降沿中断。可使用 8 个 PID 回路。

布尔运算指令执行时间为 0.15μs，实数数学运算指令执行时间为 3.6μs。子程序和中断程序最多分别为 128 个。有 4 个累加器，256 个定时器和 256 个计数器。

实时时钟精度为 ±120s/月，保持时间通常为 7 天，25℃时最少为 6 天。

CPU 和扩展模块各数字量 I/O 点的通/断状态用发光二极管（LED）显示，PLC 与外部接线的连接采用可以拆卸的插座型端子板，不需要断开端子板上的外部连线，就可以迅速地更换模块。

（2）CPU 的存储器

PLC 的程序分为操作系统和用户程序。操作系统使 PLC 具有基本的功能，能够完成 PLC 设计者规定的各种工作。操作系统由 PLC 生产厂家设计并固化在 ROM（只读存储器）中，用户不能读取。用户程序由用户设计，它使 PLC 能完成用户要求的特定功能。用户程序存储器的容量以字节为（Byte，简称为 B）单位，有以下三种形式。

随机存取存储器（RAM）：用户程序和编程软件可以读出 RAM 中的数据，也可以改写 RAM 中的数据。RAM 是易失性的存储器，RAM 芯片的电源中断后，储存的信息将会丢失。RAM 的工作速度高、价格便宜、改写方便。在关断 PLC 的外部电源后，可以用锂电池保存 RAM 中的用户程序和某些数据。锂电池可以使用 1～3 年，需要更换锂电池时，由 PLC 发出信号通知用户。S7-200 SMART 不使用锂电池。

只读存储器（ROM）：ROM 的内容只能读出，不能写入。它是非易失性的，它的电源消失后，仍能保存存储器的内容。ROM 用来存放 PLC 的操作系统程序。

电可擦除可编程的只读存储器（E^{2}PROM）：E^{2}PROM 是非易失性的，掉电后它保存的数据不会丢失。PLC 运行时可以读写它，兼有 ROM 的非易失性和 RAM 的随机存取的优点，但是写入数据所需的时间比 RAM 长得多，改写的次数有限。S7-200 SMART 用 E^{2}PROM 来存储用户程序和需要长期保存的重要数据。

（3）CPU 的存储区

1）输入过程映像寄存器（I）。

在每个扫描过程的开始，CPU 对物理输入点进行采样，并将采样值存于输入过程映像寄存器中。

输入过程映像寄存器是 PLC 接收外部输入的数字量信号的窗口。PLC 通过光电耦合器，将外部信号的状态读入并存储在输入过程映像寄存器中，外部输入电路接通时对应的映像寄存器为 ON（1 状态），反之为 OFF（0 状态）。输入端可以外接常开触点或常闭触点，也可以接多个触点组成的串并联电路。在梯形图中，可以多次使用输入端的常开触点和常闭触点。

2）输出过程映像寄存器（Q）。

在扫描周期的末尾，CPU 将输出过程映像寄存器的数据传送给输出模块，再由后者驱动外部负载。如果梯形图中 Q0.0 的线圈"通电"，则继电器型输出模块中对应的硬件继电器的常开触点闭合，使接在标号为 Q0.0 的端子的外部负载通电，反之外部负载断电。输出模块中的每一个硬件继电器仅有一对常开触点，但是在梯形图中，每一个输出位的常开触点和常闭触点都可以多次使用。

3）变量存储器（V）。

变量（Variable）存储器用于在程序执行过程中存入中间结果，或者用来保存与工序或任务有关的其他数据。

4）位存储器（M）。

位存储器（M0.0～M31.7）又称为标志存储器，类似于继电器控制系统中的中间继电器，用来存储中间操作状态或其他控制信息。虽然名为"位存储器区"，但是也可以按字节、字或双字来存取。

5）定时器存储（T）。

定时器相当于继电器系统中的时间继电器。S7-200 SMART 有三种定时器，它们的时间基准增量分别为 1ms、10ms 和 100ms。定时器的当前值寄存器是 16 位有符号整数，用于存储定时器累计的时间基准增量值（1～32 767）。

定时器位用来描述定时器延时动作的触点状态，定时器位为 1 时，梯形图中对应的定时器的常开触点闭合，常闭触点断开；为 0 时则触点的状态相反。

用定时器地址（T 和定时器号）来存取当前值和定时器位，带位操作的指令存取定时器位，带字操作数的指令存取当前值。

6）计数器存储（C）。

计数器用来累计其计数输入端脉冲电平由低到高的次数，S7-200 SMART 提供加计数器、减计数器和加减计数器。计数器的当前值为 16 位有符号整数，用来存放累计的脉冲数（1～32767）。用计数器地址（C 和计数器号）来存取当前值和计数器位。

7）高速计数器（HC）。

高速计数器用来累计比 CPU 扫描速率更快的事件的次数，计数过程与扫描周期无关。其当前值和设定值为 32 位有符号整数，当前值为只读数据。高速计数器的地址由区域标识符 HC 和高速计数器号组成。

8）累加器（AC）。

累加器是可以像存储器那样使用的读/写单元，CPU 提供了 4 个 32 位累加器（AC0～AC3），可以按字节、字和双字来存取累加器中的数据。按字节、字只能存取累加器的低 8 位或低 16 位，按双字能存取全部的 32 位，存取的数据长度由指令决定。

9）特殊存储器（SM）。

特殊存储器为用户提供大量的状态和控制功能，并起到在 CPU 和用户程序之间交换信息的作用，如 SM0.0 一直为 1 状态，SM0.1 仅在执行用户程序的第一个扫描周期为 1 状态。

10）局部存储器（L）。

S7-200 SMART 中主程序、子程序和中断程序统称为程序组织单元（Program Organizational Unit，POU），各 POU 都有自己的 64B 的局部变量表，局部变量仅仅在它被创建的 POU 中有效。局部变量表中的存储器称为局部存储器，它们可以作为暂时存储器，或用于子程序传递它的输入、输出参数。变量存储器（V）是全局存储器，可以被所有的 POU 存取。

S7-200 SMART 给主程序和它调用的 8 个嵌套级别子程序，中断程序和它调用的 4 个嵌套级别子程序各分配 64B 局部存储器。

11）模拟量输入（AI）。

S7-200 SMART 用 A-D 转换器将外界连续变化的模拟量（如压力、流量等）转换为一个字长（16 位）的数字量，用区域标识符 AI、数据长度 W（字）和起始字节的地址来表示模拟量输入的地址，如 AIW16。因为模拟量输入是一个字长，应从偶数字节地址开始存入，模拟量输入值为只读数据。

12）模拟量输出（AQ）。

S7-200 SMART 将一个字长的数字量用 D-A 转换器转换为外界的模拟量，用区域标识符 AQ、数据长度 W（字）和字节的起始地址来表示存储模拟量输出的地址，如 AQW16。因为模拟量输出是一个字长，应从偶数字节开始存放，模拟量输出值是只写数据，用户不能读取模拟量输出值。

13）顺序控制继电器（SCR）。

顺序控制继电器（SCR）用于组织设备的顺序操作，SCR 提供控制程序的逻辑分段，与顺序控制继电器指令配合使用。

14）CPU 存储器的范围。

S7-200 SMART CPU 存储器的范围如表 3-2 所示。

表 3-2　S7-200 SMART CPU 存储器的范围

寻址方式	CPU CR40/CR60	CPU SR20/ST20	CPU SR30/ST30	CPU SR40/ST40	CPU SR60/ST60
位访问（字节.位）	I0.0~31.7　Q0.0~31.7　M0.0~31.7　SM0.0~1535.7　S0.0~31.7　T0~255　C0~255　L0.0~63.7				
	V0.0~8191.7		V0.0~12287.7	V0.0~16383.7	V0.0~20479.7
字节访问	IB0~31　QB0~31　MB0~31　SMB0~1535　SB0~31　LB0~31　AC0~3				
	VB0~8191		VB0~12287	VB0~16383	VB0~20479
字访问	IW0~30　QW0~30　MW0~30　SMW0~1534　SW0~30　T0~255　C0~255　LW0~30　AC0~3				
	VW0~8190		VW0~12286	VW0~16382	VW0~20478
	—		AIW0~110　AQW0~110		
双字访问	ID0~28　QD0~28　MD0~28　SMD0~1532　SD0~28　LD0~28　AC0~3　HC0~3				
	VD0~8188		VD0~12284	VD0~16380	VD0~20476

2. 数字量扩展模块

在本机集成的数字量输入或输出点数不能满足用户要求时，可通过数字量扩展模块来增加其输入或输出点数。数字量扩展模块如表 3-3 所示。

码 3-5
扩展模块及信号板

表 3-3　S7-200 SMART 数字量扩展模块

型　号	输入点数（直流输入）	输出点数
EM DE08	8	—
EM DT08	—	8（晶体管型）
EM DR08	—	8（继电器型）
EM DT16	8	8（晶体管型）
EM DR16	8	8（继电器型）
EM DT32	16	16（晶体管型）
EM DR32	16	16（继电器型）

（1）数字量输入电路

图 3-8 是 S7-200 SMART 的直流输入点的内部电路和外部接线图。图中只画出一路输入电路。1M 是输入点内部输入电路的公共点。S7-200 SMART 可以既可用 CPU 模块提供的 DC

24V 电源，也可以用外部稳压电源提供的 DC 24V 作输入回路电源。CPU 模块提供的 DC 24V 电源，还可以用于外部接近开关、光电开关之类的传感器。CPU 的部分输入点和数字量扩展模块的输入点的输入延迟时间可用编程软件的系统块来设定。

当图 3-8 中的外接触点接通时，光电耦合器中两个反并联的发光二极管中的一个亮，光电晶体管饱和导通，信号经内部电路传送给 CPU 模块；外接触点断开时，光电耦合器中的发光二极管熄灭，光电晶体管截止，信号则无法传送给 CPU 模块。显然，可以改变图 3-8 中输入回路的电源极性。

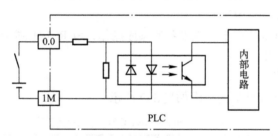

图 3-8　直流输入点的内部电路和外部接线图

图 3-8 中电流从输入端流入，称为漏型输入。将图中的电源反接，电流从输入端流出，称为源型输入。

（2）数字量输出电路

S7-200 SMART 的数字量输出电路的功率元件有驱动直流负载的场效应晶体管（MOSFET）和既可驱动交流负载又可驱动直流负载的继电器，负载电源由外部提供。数字量输出电路一般分为若干组，对每一组的总电流也有限制。

图 3-9 是继电器输出电路，继电器同时起隔离和功率放大作用，每一路只给用户提供一对常开触点。

图 3-10 是使用场效应晶体管（MOSFET）的输出电路。输出信号送给内部电路中的输出锁存器，再经光电耦合器送给场效应晶体管，后者的饱和导通状态和截止状态相当于触点的接通和断开。图中的稳压管用来抑制关断时的过电压和外部浪涌电压，以保护场效应晶体管，场效应晶体管输出电路的工作频率可达 100kHz。

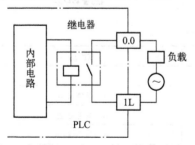

图 3-9　继电器输出电路

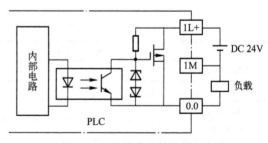

图 3-10　场效应晶体管输出电路

继电器输出模块的使用电压范围广，导通压降小，承受瞬时过电压和过电流的能力较强，但是动作速度较慢，寿命（动作次数）有一定的限制。如果系统输出量的变化不是很频繁，则建议优先选用继电器型的输出模块。继电器输出的开关延时最大为 10ms，无负载时触点的机械寿命为 10 000 000 次，额定负载时触点寿命为 100 000 次。

场效应晶体管输出模块用于直流负载，它的反应速度快、寿命长，但过载能力较差。

3．模拟量扩展模块

在工业控制中，某些输入量（如温度、压力、流量等）是模拟量，某些执行机构（如变频器、电动调节阀等）要求 PLC 输出模拟量信号，而 PLC 的 CPU 只能处理数字量。工业现场采集到的信号经传感器和变送器转换为标准量程的电压或电流，再经模拟量输入模块的 A-D 转换将它们转换成数字量；PLC 输出的数字量经模拟量输出模块的 D-A 转换将其转换成模拟量，再传送给执行机构。

S7-200 SMART 有 5 种模拟量扩展模块，如表 3-4 所示。

表 3-4　S7-200 SMART 模拟量扩展模块

型　　号	描　　述
EM AE04	4 点模拟量输入
EM AQ02	2 点模拟量输出
EM AM06	4 点模拟量输入/2 点模拟量输出
EM AR02	2 点热电阻输入
EM AT04	4 点热电偶输入

（1）模拟量输入模块

模拟量输入模块 EM AE04 有 4 种量程，分别为 0～20mA、±10V、±5V 和±2.5V。电压模式的分辨率为 11 位+符号位，电流模式的分辨率为 11 位。单极性满量程输入范围对应的数字量输出范围为 0～27 648。双极性满量程输入范围对应的数字量输出范围为–27 648～+27 648。

（2）模拟量输出模块

模拟量输出模块 EM AQ02 有两种量程，分别为±10V 和 0～20mA。对应的数字量范围分别为–27 648～+27 648 和 0～27 648。电压输出的分辨率为 10 位+符号位，电流输出的分辨率为 10 位。电压输出时负载阻抗≥1kΩ；电流输出时负载阻抗≤600Ω。

（3）热电阻和热电偶模块

热电阻模块 EM AR02 有两点输入，可以接多种热电阻。热电偶模块 EM AT04 有 4 点输入，可以接多种热电偶。它们的温度测量的分辨为 0.1℃ /0.1°F，电阻测量的分辨率为 15 位+符号位。

4．信号板

S7-200 SMART 有 4 种信号板。1 点模拟量输出信号板 SB AQ01（见图 3-11）的输出量程为±10V 和 0～20mA。电压分辨率分别为 11 位+符号位，电流分辨率为 11 位。

SB DT04（见图 3-12）为两点数字量直流输入/两点数字量场效应晶体管直流输出信号板。

SB CM01（见图 3-13）为 RS-485/RS-232 信号板，可以组态为 RS-485/RS-232 通信端口。

SB BA01 为电池信号板，使用 CR1025 纽扣电池，能维持实时时钟运行大约一年。

5．模块接线

S7-200 SMART PLC 的 CPU 有 10 种规格，接线方式类似，因此，本书仅以 CPU ST40/SR40 为例进行介绍，其余规格的 CPU、扩展模块及信号板的接线请读者参考相关手册。

（1）CPU ST40 的端子接线

CPU ST40 的端子接线如图 3-14 所示。

图 3-11　信号板 SB AQ01　　　　图 3-12　信号板 SB DT04　　　　图 3-13　信号板 SB CM01

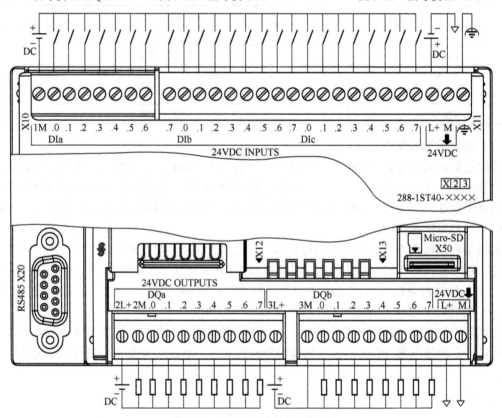

图 3-14　CPU ST40 的端子接线

图 3-14 中左上角"1M"是输入端子的公共端子，与 DC 24V 电源相连接，电源有两种连接方法，对应 PLC 的 PNP 型和 NPN 型接法。当电源的负极性端与公共端子相连接时，为 PNP 型接法（高电平有效，电流流入 CPU 模块，又称漏型输入）；当电源的正极性端与公共端子相连接时，为 NPN 型接法（低电平有效，电流从 CPU 模块流出，又称源型输入）。对于无源开关型元件上述两种连接均可，而有源开关型元件连接时要根据此元件的输出特性来决定采用哪种方式连接，若有多个有源开关型元件作为输入元件时，其输出方式必须一致，因为输入端子只有一个公共端，输入信号的电源连接方式只能为其中一种。

图 3-14 中右上角为 CPU 的工作电源（有向下的箭头），"L+"端子为直流电流的正极性端，"M"端子为直流电流的负极性端，工作电源为 DC 24V。图 3-14 中右下角的"L+"和"M"端子为 DC 24V 的电源输出端子，是 CPU 向外围传感器等元件提供的电源（有向外的箭头）。

图 3-14 中左下角为 RS-485 通信的端口，可与 PC 或其他设备进行串口方式通信。图 3-14 中正面上方为数字量输入端子，共有 3 组，分别为 DIa、DIb 和 DIc，每组 8 个，共 24 个；图 3-14 中正面下方为数字量输出端子，共有 2 组，分别为 DQa 和 DQb，每组 8 个，共 16 个，在输出元件连接时，其 2L+或 3L+必须连接直流电源的正极性端，公共端 2M 或 3M 必须连接直流电源负极性端（不能漏连接），此规格的 CPU 只有源型输出连接方法。

（2）CPU SR40 的端子接线

CPU SR40 的端子接线如图 3-15 所示。

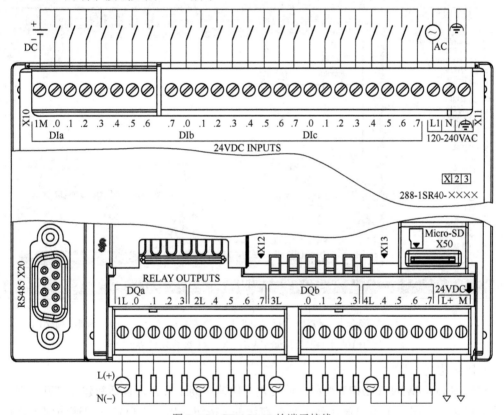

图 3-15　CPU SR40 的端子接线

图 3-15 与图 3-14 相同的部分不再赘述，其不同之处：图 3-15 右上角为 CPU 的供电电源端子，其中"L1"和"N"端是交流电源输入端，"⏚"端为交流电源的接地端，供电电压为交流 120～240V；图 3-15 中正面下方为数字量输出端子，分 4 小组，每组 4 个端子，其电源公共端分别为 1L、2L、3L 和 4L。

3.1.7　编程及仿真软件

1．编程软件

码 3-6
编程软件的安装及介绍

S7-200 SMART 的编程软件 STEP 7-Micro/WIN SMART 为用户开发、编辑和监控应用程序提供了良好的编程环境。为了能快捷高效地开发用户的应用程序，STEP 7-Micro/WIN SMART 软件提供了三种程序编辑器，即梯形图（LAD）、语句表（STL）和逻辑功能图（FBD）。STEP 7-Micro/WIN SMART 编程软件界面如图 3-16 所示。

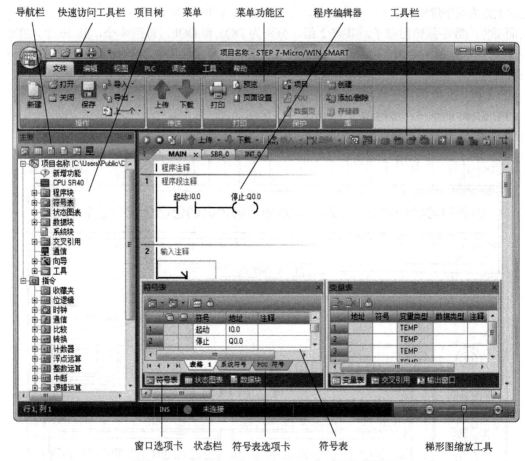

图 3-16 STEP 7-Micro/WIN SMART 编程软件界面

（1）快速访问工具栏

STEP 7-Micro/WIN SMART 编程软件设置了快速访问工具栏，包括新建、打开、保存和打印这几个默认的按钮。单击快速访问工具栏右边的 按钮，出现"自定义快速访问工具栏"菜单，单击"更多命令..."，打开"自定义"对话框，可以增加快速访问工具栏上的命令按钮。

单击界面左上角的"文件"按钮 ，可以简单快速地访问"文件"菜单的大部分功能，并显示出最近打开过的文件。单击其中的某个文件，可以直接打开它。

（2）菜单

STEP 7-Micro/WIN SMART 采用带状式菜单，每个菜单的功能区占的位置较宽。用鼠标右键单击菜单功能区，在出现的快捷菜单中执行"最小化功能区"命令，执行上述命令后在未单击菜单时，不会显示菜单的功能区。单击某个菜单项可以打开和关闭该菜单的功能区。如果勾选了某个菜单项的"最小化功能区"功能，则在打开该菜单项后，可单击该菜单功能区之外的区域（菜单功能区的右侧除外），也能关闭该菜单项的功能区。

（3）项目树与导航栏

项目树用于组织项目。用鼠标右键单击项目树的空白区域，可以用快捷菜单中的"单击打开项目"命令，设置用鼠标单击或双击打开项目中的对象。

图 3-16 的项目树上面的导航栏有符号表、状态图表、数据块、系统块、交叉引用和通信等

6个按钮。单击它们，可以直接打开项目树中对应的对象。

单击项目树中文件夹左边带加减号的小方框，可以打开或关闭该文件夹。也可以用鼠标双击文件夹打开它。用鼠标右键单击项目树中的某个文件夹，可以用快捷菜单中的命令进行打开、插入、选项等操作，允许的操作与具体的文件夹有关。右键单击文件夹中的某个对象，可以进行打开、复制、粘贴、插入、删除、重命名和设置属性等操作，允许的操作与具体的对象有关。

单击"工具"菜单功能区中的"选项"按钮，再单击打开的"选项"对话框左边窗口中的"项目树"，右边窗口的多选框"启用指令树自动折叠"用于设置在打开项目树中的某个文件夹时，是否自动折叠项目树原来打开的文件夹，如图3-17所示。

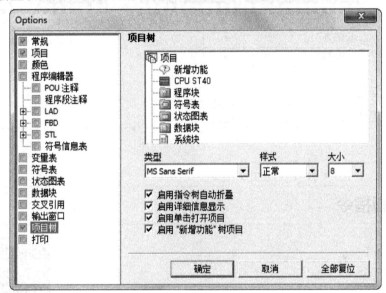

图3-17　项目树文件夹的"自动折叠"功能

将光标放到项目右侧的垂直分界线上，光标变为水平方向的双向箭头 ⬌，按住鼠标左键，移动鼠标，可以拖动垂直分界线，调节项目树的宽度。

（4）状态栏

状态栏位于主窗口底部，提供软件中执行操作的相关信息。在编辑模式，状态栏显示编辑器的信息，例如当前是插入（INS）模式还是覆盖（OVR）模式。可以用键盘上的〈Insert〉键切换这两种模式。此外还显示在线状态信息，包括CPU的状态、通信连接状态、CPU的IP地址和可能的错误等。可以用状态栏右边的梯形图缩放工具放大或缩小梯形图程序。

2. 仿真软件

学习PLC最有效的方法是动手编程并进行上机调试。许多读者由于缺乏实验条件，编写程序事先无法检测其是否正确，编程能力很难迅速提高。PLC的仿真软件是解决这一问题的理想工具，但到目前为止还没有西门子官方仿真软件。

近几年已有一种针对S7-200仿真软件（也可以仿真SMART PLC程序），可以供读者使用。其界面如图3-18所示。

在互联网上搜索"S7-200仿真软件包 V2.0"，即可找到该软件。该软件不需要安装，执行其中的"S7-200.EXE"文件，就可以打开它。单击屏幕中间出现的画面，在密码输入框中输入密码"6596"，即可进入仿真软件。

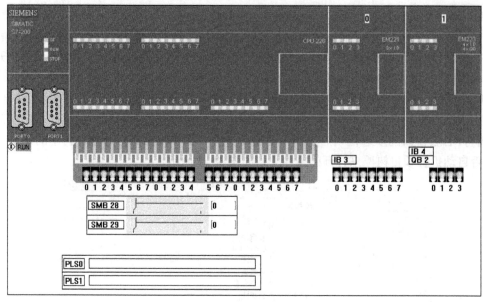

图 3-18　仿真软件界面

3.2　位逻辑指令

3.2.1　触点指令

码 3-7
装载和输出
指令

1. LD 指令

LD（Load）指令称为初始装载指令，其梯形图如图 3-19a 所示，由常开触点和位地址构成。语句表如图 3-19b 所示，由操作码 LD 和常开触点的位地址构成。

LD 指令的功能：常开触点在其线圈没有信号流流过时，触点是断开的（触点的状态为 OFF 或 0）；而线圈有信号流流过时，触点是闭合的（触点的状态为 ON 或 1）。

2. LDN 指令

LDN（Load Not）指令。称为初始装载非指令，其梯形图和语句表如图 3-20 所示。LDN 指令与 LD 指令的区别是常闭触点在其线圈没有信号流流过时，触点是闭合的；当其线圈有信号流流过时，触点是断开的。

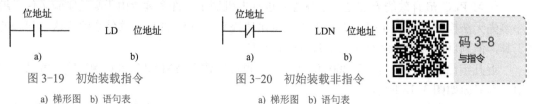

码 3-8
与指令

位地址　　　　　　　　　　　　位地址

　┤├　　　　　LD　位地址　　　　┤/├　　　　　LDN　位地址

a)　　　　　　　b)　　　　　　　a)　　　　　　　b)

图 3-19　初始装载指令　　　　　　图 3-20　初始装载非指令

a) 梯形图　b) 语句表　　　　　　　a) 梯形图　b) 语句表

3. A 指令

A（And）指令又称为"与"指令，其梯形图如图 3-21a 所示，由串联常开触点和位地址组成。语句表如图 3-21b 所示，由操作码 A 和位地址构成。

当 I0.0 和 I0.1 常开触点都接通时，线圈 Q0.0 才有信号流流过；当 I0.0 或 I0.1 常开触点有一个不接通或都不接通时，线圈 Q0.0 就没有信号流流过。即线圈 Q0.0 是否有信号流流过取决于 I0.0 和 I0.1 的触点状态"与"关系的结果。

4. AN 指令

AN（And Not）指令又称为"与非"指令，其梯形图如图 3-22a 所示，由串联常闭触点及其位地址组成。语句表如图 3-22b 所示，由操作码 AN 和位地址构成。AN 指令和 A 指令的区别为串联的是常闭触点。

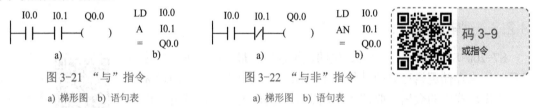

图 3-21　"与"指令　　　　　　图 3-22　"与非"指令

a) 梯形图　b) 语句表　　　　　　a) 梯形图　b) 语句表

码 3-9
或指令

5. O 指令

O（Or）指令又称为"或"指令，其梯形图如图 3-23a 所示，由并联常开触点及其位地址组成。语句表如图 3-23b 所示，由操作码 O 和位地址构成。

当 I0.0 和 I0.1 常开触点有一个或都接通时，线圈 Q0.0 就有信号流流过；当 I0.0 和 I0.1 常开触点都未接通时，线圈 Q0.0 则没有能流流过。即线圈 Q0.0 是否有能流流过取决于 I0.0 和 I0.1 的触点状态"或"关系的结果。

6. ON 指令

ON（Or Not）指令又称为"或非"指令，其梯形图如图 3-24a 所示，由并联常闭触点和其位地址组成。语句表如图 3-24b 所示，由操作码 ON 和位地址构成。与 O 指令的区别为 ON 指令并联的是常闭触点。

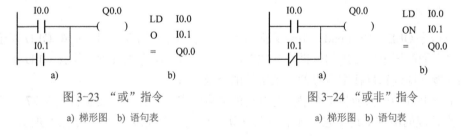

图 3-23　"或"指令　　　　　　图 3-24　"或非"指令

a) 梯形图　b) 语句表　　　　　　a) 梯形图　b) 语句表

3.2.2　输出指令

输出指令（=）对应于梯形图中的线圈，也叫线圈驱动指令，其指令的梯形图如图 3-25a 所示，由线圈和位地址构成。输出指令的语句表如图 3-25b 所示，由操作码=和线圈位地址构成。

输出指令的功能是把前面各逻辑运算的结果作为信号流控制线圈，从而使线圈驱动的常开触点闭合，常闭触点断开。

【例 3-1】　将图 3-26a 所示的梯形图，转换为对应的语句表（见图 3-26b）。

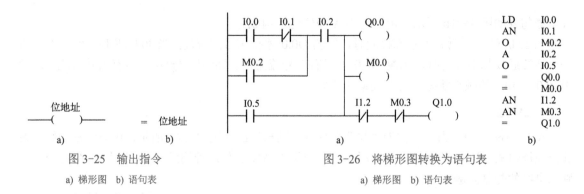

图 3-25 输出指令

a) 梯形图 b) 语句表

图 3-26 将梯形图转换为语句表

a) 梯形图 b) 语句表

3.2.3 逻辑堆栈指令

S7-200 SMART 有一个 32 位的逻辑堆栈，最上面的第一层称为栈顶，用来存储逻辑运算的结果，下面的 31 位用来存储中间运算结果。逻辑堆栈中的数据一般按"先进后出"的原则访问，逻辑堆栈指令只有 STL 指令。

码 3-10
逻辑堆栈指令

执行 LD 指令时，将指令指定的位地址中的二进制数据装载入栈顶。

执行 A（与）指令时，指令指定的位地址中的二进制数和栈顶中的二进制数做"与"运算，运算结果存入栈顶。栈顶之外其他各层的值不变。每次逻辑运算只保留运算结果，栈顶原来的值丢失。

执行 O（或）指令时，指令指定的位地址中的二进制数和栈顶中的二进制数做"或"运算，运算结果存入栈顶。

执行常闭触点对应的 LDN、AN 和 ON 指令时，取出指令指定的位地址中的二进制数据后，先将它取反（0 变为 1，1 变为 0），然后再做对应的装载、与、或操作。

触点的串联或并联指令只能用于单个触点的串联或并联，若想将多个触点并联后进行串联或将多个触点串联后进行并联则需要用逻辑堆栈指令。

1. 或装载指令

或装载指令 OLD（Or Load）指令又称为串联电路块并联指令，用助记符 OLD 表示。它对逻辑堆栈最上面两层中的二进制位进行"或"运算，运算结果存入栈顶。执行 OLD 指令后，逻辑堆栈的深度（即逻辑堆栈中保存的有效数据的个数）减 1。

触点的串并联指令只能将单个触点与其他的触点或电路串并联。要想将图 3-27 中的 I0.3 和 I0.4 的触点组成的串联电路与它上面的电路并联，首先需要完成两个串联电路块内部的"与"逻辑运算（即触点的串联），这两个电路块用 LD 指令来表示电路块的起始触点。前两条指令执行完后，"与"运算的结果 S0=I0.0·I0.1 存放在图 3-28 的逻辑堆栈的栈顶。执行完第三条指令时，将 I0.3 的值压入栈顶，原来在栈顶的 S0 自动下移到逻辑堆栈的第二层，第二层的数据下移到第 3 层，依次下移，逻辑堆栈最下面一层的数据丢失。执行完成第 4 条指令时，"与"运算的结果 S1= I0.3·I0.4 保存在栈顶。

第 5 条 OLD 指令对逻辑堆栈第一层和第二层的"与"运算的结果做"或"运算（将两个串联的电路块并联），并将运算结果 S2=S0+S1 存入逻辑堆栈的栈顶，第 3~32 层中的数据依次向上移动一层。

OLD 指令不需要地址，它相当于需要并联的两块电路右端的一段垂直连线。图 3-28 逻辑堆栈中的×表示不确定的值。

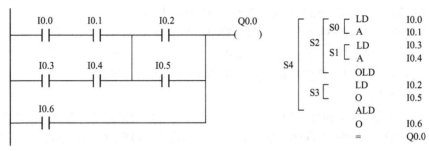

图 3-27　OLD 与 ALD 指令

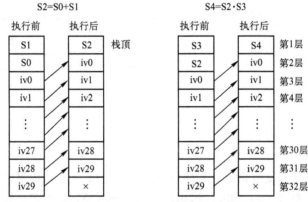

图 3-28　OLD 与 ALD 指令的堆栈操作

2. 与装载指令

与装载指令 ALD（And Load）指令又称为并联电路块串联指令，用助记符 ALD 表示。它对逻辑堆栈最上面两层中的二进制位进行"与"运算，运算结果存入栈顶。图 3-27 的语句表中 OLD 下面的两条指令将两个触点并联，执行指令"LD I0.2"时，将运算结果压入栈顶，逻辑堆栈中原来的数据依次向下一层推移，逻辑堆栈最底层的值被推出丢失。与装载指令 ALD 对逻辑堆栈第一层和第二层的数据做"与"运算（将两个电路块串联），并将运算结果 S4=S2·S3 存入逻辑堆栈的栈顶，第 3～32 层中的数据依次向上移动一层。

将电路块串并联时，每增加一个用 LD 或 LDN 指令开始的电路块的运算结果，逻辑堆栈中将增加一个数据，堆栈深度加 1，每执行一条 OLD 或 ALD 指令，堆栈深度减 1。

3.2.4　取反指令

NOT 指令为触点取反指令（输出反相），在梯形图中用来改变能流的状态。取反触点左端逻辑运算结果为 1 时（即有能流），触点断开能流，反之能流可以通过。其梯形图如图 3-29 所示。

用法：NOT　　（NOT 指令无操作数）

┤NOT├

图 3-29　触点取反指令梯形图

码 3-11
置位/复位指令

3.2.5　置位、复位和触发器指令

1. S 指令

S（Set）指令也称为置位指令，其梯形图如图 3-30a 所示，由置

码 3-12
触发器指令

位线圈、置位线圈的位地址（bit）和置位线圈数目（n）构成。语句表如图 3-30b 所示，由置位操作码、置位线圈的位地址（bit）和置位线圈数目（n）构成。

置位指令的应用如图 3-31 所示，当图中置位信号 I0.0 接通时，置位线圈 Q0.0 有能流流过。当置位信号 I0.0 断开以后，置位线圈 Q0.0 的状态继续保持不变，直到线圈 Q0.0 的复位信号到来，线圈 Q0.0 才恢复初始状态。

```
         bit
——（  S  ）        S    bit, n
         n
   a)              b)
```

图 3-30 置位指令

a) 梯形图 b) 语句表

置位线圈数目从指令中指定的位元件开始，共有 n（1～255）个。如图 3-31 中位地址为 Q0.0，n 为 3，则置位线圈为 Q0.0、Q0.1、Q0.2，即线圈 Q0.0、Q0.1、Q0.2 中同时有能流流过。因此，这可用于数台电动机同时起动运行的控制要求，使控制程序大大简化。

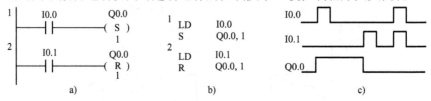

图 3-31 置位、复位指令的应用

a) 梯形图 b) 语句表 c) 时序图

2. R 指令

R（Reset）指令又称为复位指令，其梯形图如图 3-32a 所示，由复位线圈、复位线圈的位地址（bit）和复位线圈数目（n）构成。语句表如图 3-32b 所示，由复位操作码、复位线圈的位地址（bit）和复位线圈数目（n）构成。

复位指令的应用如图 3-31 所示，当图中复位信号 I0.1 接通时，复位线圈 Q0.0 恢复初始状态。当复位信号 I0.1 断开以后，复位线圈 Q0.0 的状态继续保持不变，直到使线圈 Q0.0 的置位信号到来，线圈 Q0.0 才有能流流过。

```
         bit
——（  R  ）        R    bit, n
         n
   a)              b)
```

图 3-32 复位指令

a) 梯形图 b) 语句表

复位线圈数目从指令中指定的位元件开始，共有 n 个。如图 3-31 中若位地址为 Q0.3，n 为 5，则复位线圈为 Q0.3、Q0.4、Q0.5、Q0.6、Q0.7，即线圈 Q0.3～Q0.7 同时恢复初始状态。因此，这可用于数台电动机同时停止运行以及急停情况的控制要求，使控制程序大大简化。

在程序中同时使用 S 和 R 指令，应注意两条指令的先后顺序，使用不当有可能导致程序控制结果错误。在图 3-31 中，置位指令在前，复位指令在后，当 I0.0 和 I0.1 同时接通时，复位指令优先级高，Q0.0 中没有能流流过。相反，在图 3-33 中将置位与复位指令的先后顺序对调，当 I0.0 和 I0.1 同时接通时，置位优先级高，Q0.0 中有能流流过。因此，使用置位和复位指令编程时，哪条指令在后面，则该指令的优先级高，这一点在编程时应引起注意。

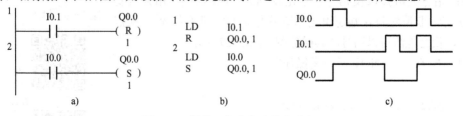

图 3-33 置位、复位指令的优先级

a) 梯形图 b) 语句表 c) 时序图

3. SR 指令

SR 指令也称置位/复位触发器（SR）指令，其梯形图如图 3-34 所示，由置位/复位触发器助记符 SR、置位信号输入端 S1、复位信号输入端 R、输出端 OUT 和线圈的位地址 bit 构成。

【例 3-2】　置位/复位触发器指令的应用（如图 3-35 所示）。当置位信号 I0.0 接通时，线圈 Q0.0 有能流流过。当置位信号 I0.0 断开时，线圈 Q0.0 的状态继续保持不变，直到复位信号 I0.1 接通时，线圈 Q0.0 没有能流流过。

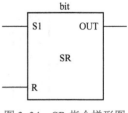

图 3-34　SR 指令梯形图

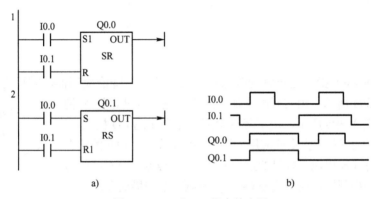

a)

b)

图 3-35　SR 和 RS 指令的应用

a) 梯形图　b) 指令功能图

如果置位信号 I0.0 和复位信号 I0.1 同时接通，则置位信号优先，线圈 Q0.0 有能流流过。

4. RS 指令

RS 指令也称复位/置位触发器（RS）指令，其梯形图如图 3-36 所示，由复位/置位触发器助记符 RS、置位信号输入端 S、复位信号输入端 R1、输出端 OUT 和线圈的位地址 bit 构成。

复位/置位触发器指令的应用如图 3-35 所示，当置位信号 I0.0 接通时，线圈 Q0.0 有能流流过。当置位信号 I0.0 断开时，线圈 Q0.0 的状态继续保持不变，直到复位信号 I0.1 接通时，线圈 Q0.0 没有能流流过。

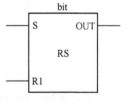

图 3-36　RS 指令梯形图

如果置位信号 I0.0 和复位信号 I0.1 同时接通，则复位信号优先，线圈 Q0.0 无信号流流过。

3.2.6　跳变指令

1. EU 指令

EU（Edge Up）指令是正跳变触点指令（又称为上升沿检测器，或称为正跳变指令，其梯形图如图 3-37a 所示，由常开触点加上升沿检测指令助记符 P 构成。其语句表如图 3-37b 所示，由上升沿检测指令操作码 EU 构成。

图 3-37　上升沿检测指令

a) 梯形图　b) 语句表

【例 3-3】 正跳变触点指令的应用如图 3-38 所示。当 I0.0 的状态由断开变为接通时（即出现上升沿的过程），正跳变触点指令对应的常开触点接通一个扫描周期（T），使得线圈 Q0.1 仅得电一个扫描周期。若 I0.0 的状态一直接通或断开，则线圈 Q0.1 也不得电。

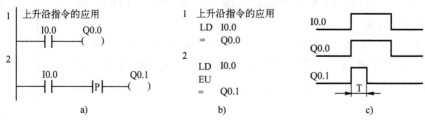

图 3-38 正跳变触点指令的应用

a) 梯形图　b) 语句表　c) 时序图

2. ED 指令

ED（Edge Down）指令是负跳变触点指令（又称为下降沿检测器，或称为负跳变指令），其梯形图如图 3-39a 所示，由常开触点加下降沿检测指令助记符 N 构成。其语句表如图 3-39b 所示，由下降沿检测指令操作码 ED 构成。

$$\dashv N \vdash \qquad ED$$

a) 　 b)

图 3-39 下降沿检测指令

a) 梯形图　b) 语句表

【例 3-4】 负跳变触点指令的应用如图 3-40 所示。当 I0.0 的状态由接通变为断开时（即出现下降沿的过程），负跳变触点指令对应的常开触点接通一个扫描周期，使得线圈 Q0.1 仅得电一个扫描周期。

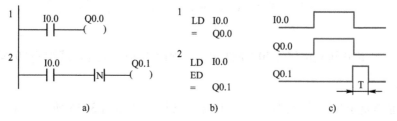

图 3-40 负跳变触点指令的应用

a) 梯形图　b) 语句表　c) 时序图

正跳变触点和负跳变触点指令用来检测触点状态的变化，可以用来启动一个控制程序、启动一个运算过程、结束一段控制等。

注意：1）EU、ED 指令后无操作数。2）正跳变触点和负跳变触点指令不能直接与左母线相连，必须接在常开或常闭触点之后。3）当条件满足时，正跳变触点和负跳变触点指令的常开触点只接通一个扫描周期，接受控制的元件应接在这一触点之后。

【例 3-5】 用一个按钮和 PLC 控制一盏指示灯的点亮和熄灭，按钮连接在 I0.0 端口，指示灯连接在 Q0.0 端口。

方法 1：利用 PLC 的扫描原理实现，其梯形图程序如图 3-41 所示。

控制原理说明：

当按钮 SB 没有按下时，M0.1 线圈得电，其程序段 1 中的常开触点接通，当第一次按下按钮 SB 时，在 PLC 的当前扫描周期里，I0.0 的常开触点接通，M0.0 线圈得电，其程序段 3 中的常开触点接通，而此时的 Q0.0 常闭触点也处在接通状态，此时 Q0.0 线圈得电，指示灯被点亮。在下一次扫描周期里，I0.0 的常闭触点断开，M0.1 线圈失电，其程序段 1 中的常点触点断开，M0.0 线圈得电，其程序段 3 中的常闭触点复位接通，而此时 Q0.0 的常开触点已接通，Q0.0 线圈持续得电，即指示灯仍然被点亮。当松开按钮 SB 时，I0.0 的常开和常闭触点都复位，M0.1 线圈得电，M0.0 线圈失电，此时程序段 3 中的第二行依然有能流流过，即指示灯一直被点亮。

当第二次按下按钮 SB 时，在 PLC 的当前扫描周期里，I0.0 常开触点接通，M0.0 线圈得电，其程序段 3 中的常闭触点断开，此时 Q0.0 线圈失电，指示灯熄灭。在下一次扫描周期里程序执行情况读者可自行分析。

 注意：在 S7-200 或 S7-200 SMART PLC 编程软件中，其梯形图必须编写在三个程序段中。

方法 2：利用跳变指令实现，其梯形图程序如图 3-42 所示。

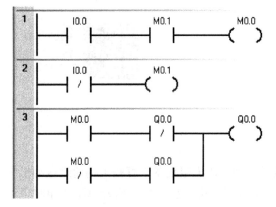

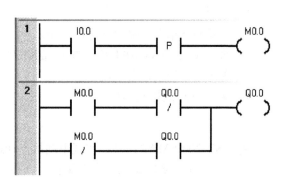

图 3-41　单按钮控制指示灯亮灭梯形图 1　　　　图 3-42　单按钮控制指示灯亮灭梯形图 2

控制原理说明：

当第一次按下按钮 SB 时，I0.0 的常开触点接通，M0.0 线圈接通一个扫描周期，其程序段 2 中的常开触点接通一个扫描周期，此时 Q0.0 的常闭触点也处在接通状态，Q0.0 线圈得电一个扫描周期，指示灯被点亮。当下一次扫描周期到来时，M0.0 的常闭触点接通，Q0.0 的常开触点接通实现自锁，Q0.0 线圈持续得电，指示灯一直被点亮。

当第二次按下按钮 SB 时，I0.0 的常开触点接通，M0.0 线圈又接通一个扫描周期，使得其程序段 2 中的常闭断开，线圈 Q0.0 失电，指示灯熄灭。当下一次扫描周期到来时，M0.0 的常开和常闭触点均复位，Q0.0 的常开触点也均复位，Q0.0 线圈一直处于失电状态，指示灯一直熄灭。

方法 3：利用 SR 触发器指令实现，其梯形图程序如图 3-43 所示。

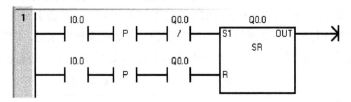

图 3-43　单按钮控制指示灯亮灭梯形图 3

控制原理说明：

当第一次按下按钮 SB 时，I0.0 的常开触点接通，Q0.0 的常闭触点接通，Q0.0 线圈被置位接通，指示灯被一直点亮；当第二次按下按钮 SB 时，I0.0 的常开触点接通，Q0.0 的常开触点接通，Q0.0 线圈被复位，指示灯熄灭。

上述控制方法也常常用于单按钮实现电动机的起停控制中，除上述方法外还可以用 RS 触发器实现，当然还可以使用后续章节中学到的计数器指令、取反指令、移位指令等实现，在此不再赘述。

> ★上述多种方法实现指示灯的亮灭可以看到：在工作和学习过程中，当我们遇到问题或困难时，我们可以勇于面对，从多个角度分析和研究，勇于探索，拓宽思路，可以得到殊途同归的解决办法。

3.3 案例 9 电动机点动运行的 PLC 控制

1. 目的

码 3-14
案例：电动机的
点动运行控制

1）掌握触点指令和输出指令的应用。

2）掌握 S7-200 SMART 输入/输出接线方法。

3）掌握项目的创建及下载方法。

4）掌握 PLC 的控制过程。

2. 任务

使用 S7-200 SMART PLC 实现电动机点动运行控制。在机电设备中有些机构通过电动机驱动实现快速移动需要电动机的点动运行，即按下点动按钮时电动机动作，松开点动按钮时电动机立即停止运行。

3. 内容与步骤

（1）I/O 分配

在 PLC 控制系统中，较为重要的是确定 PLC 的输入和输出元器件。对于初学者来说，经常不清楚哪些元器件应该作为 PLC 的输入，哪些元器件应该作为 PLC 的输出。其实很简单，只要记住一个通俗的原则即可：具有开关类触点的元器件可作为 PLC 的输入，如按钮、开关、接触器等，即发出指令的元器件；需要得电的元器件可作为 PLC 的输出，如接触器、电磁阀、指示灯等，即执行类元器件。

根据本任务要求，接通点动按钮 SB 时，交流接触器 KM 线圈得电，电动机直接起动并运行；松开点动按钮 SB 时，交流接触器 KM 线圈失电，电动机则停止运行。可以看出，发出指令的元件是点动按钮 SB，则 SB 作为 PLC 的输入元件；通过交流接触器 KM 的线圈得失电，其主触点闭合与断开，使得电动机起动或停止，则执行元件为交流接触器 KM，即交流接触器 KM 应作为 PLC 的输出元件。根据上述分析，电动机点动运行 PLC 控制的 I/O 分配表如表 3-5 所示。

表 3-5 电动机点动运行 PLC 控制的 I/O 分配表

输 入		输 出	
输入继电器	元 件	输出继电器	元 件
I0.0	按钮 SB	Q0.0	交流接触器 KM

（2）硬件原理图

根据控制要求，电动机为直接起动，其主电路如图 3-44 所示。而根据表 3-5 可绘制出电动机点动运行控制的 I/O 接线图，如图 3-45 所示。

如不特殊说明，本书均采用 CPU SR40（AC/DC/Relay，交流、直流输入/继电器输出）型西门子 S7-200 SMART PLC。

 注意：对于 PLC 的输出端来说，允许额定电压为 220V，故接触器的线圈额定电压应为 220V 及以下，以适应 PLC 的输出端电压的需要。

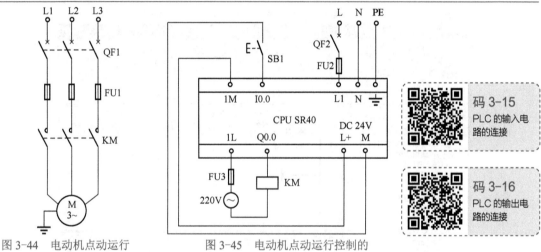

图 3-44　电动机点动运行　　　图 3-45　电动机点动运行控制的
控制的主电路　　　　　　　　　 I/O 接线图

码 3-15
PLC 的输入电路的连接

码 3-16
PLC 的输出电路的连接

（3）硬件连接

主电路连接：首先使用导线将三相断路器 QF1 的出线端与熔断器 FU1 的进线端相连接，其次使用导线将熔断器 FU1 的出线端与交流接触器 KM 主触点的进线端相连接，再使用导线将交流接触器 KM 主触点的出线端与三相电动机 M 的电源输入端相连接，电动机连接成星形或三角形，取决于所选用电动机铭牌上的连接标注（电动机的点动运行不需要热继电器 FR 进行过载保护）。

控制电路连接：在连接控制电路之前，必须断开 S7-200 SMART PLC 的电源。首先按图 3-45 连接好 CPU 的工作电源，然后进行 PLC 的输入端外部连接：使用导线将 PLC 右下角的端子 L+ 与左上角的 1M 相连接，将 PLC 右下角的端子 M 与点动按钮 SB 的进线端相连接，将点动按钮 SB 的出线端与 PLC 输入端 I0.0 相连接（在此，输入信号采用的是 CPU 模块提供的 DC 24V 电源，其中 L+为电源的正极性端、M 为电源的负极性端）。其次进行 PLC 的输出端外部连接：使用导线将交流电源 220V 的相线端 L 经熔断器 FU3 后接至 PLC 输出点内部电路的公共端 1L，将 PLC 输出端 Q0.0 与交流接触器 KM 线圈的进线端 A1 相连接，将交流接触器 KM 线圈的出线端 A2 与交流电源 220V 的零线端 N 相连接。

 注意：S7-200 SMART PLC 的输入端在上方，输出端在下方。

★编者小时候因家中未通电，所观看的电视机采用改接的直流 12V 蓄电池供电，有一次在连接电源时，凭借前几天的经验（左接正右接负）使电视机电源板烧坏（蓄电池被换了位置），便漏看了那晚精彩的电视剧。这个事件说明：我们在连接 PLC 的 CPU 工作电源时，不能凭借自己的经验或想当然的连接，应该看清或读懂标识或有关说明书后再进行操作，否则可能损坏设备的，即谨慎能捕千秋蝉，小心驶得万年船。

（4）创建工程项目

1）创建项目或打开已有的项目。

双击 STEP 7-Micro/WIN SMART 软件图标，启动该编程软件，单击工具栏中的"文件"菜单，选择"保存"，在"文件名"栏对该文件进行命名，在此命名为"电动机的点动运行控制"，然后选择文件保存的位置，最后单击"保存"按钮即可。也可单击"文件"菜单，选择"新建"或单击快速访问工具栏上新建项目按钮生成一个新项目，然后对其命名和保存，如图 3-46 所示。

图 3-46　创建工程项目的窗口

单击快速访问工具栏上的按钮，可以打开已有的项目（包括 S7-200 PLC 的项目）。

2）硬件组态。

硬件组态的任务就是用系统块生成一个与实际的硬件系统相同的系统，组态的模块和信号板与实际的硬件安装的位置和型号最好完全一致。组态元件时还需要设置各模块和信号板的参数，即给参数赋值，这将在后续章节中介绍。

下载项目时，如果项目中组态的 CPU 型号或固件版本号与实际的 CPU 型号或固件版本号不匹配，STEP 7-Micro/WIN SMART 将发出警告信息。可以继续下载，但是如果连接的 CPU 不支持项目需要的资源和功能，将会出现下载错误提示。

打开编程软件时，如果 CPU 的型号与实物不一致，必须将其组态为与实际使用一致的 CPU 型号。可单击导航栏上的"系统块"按钮，或双击项目树中的系统块图标**系统块**，或直接双击项目树中 CPU 的型号，打开系统块，如图 3-47 所示。单击 CPU 所在行的"模块"列单元最右边隐藏的按钮▼，用出现的 CPU 下拉式列表将它改为实际使用的 CPU。单击信号板 SB 所在行的"模块"列单元最右边隐藏的按钮▼，设置信号板的型号。如果没有使用信号板，该行为空白。用同样的方法在 EM0～EM5 所在行设置实际使用的扩展模块的型号。扩展模块在物理空间上必须连续排列，中间不能有空行。

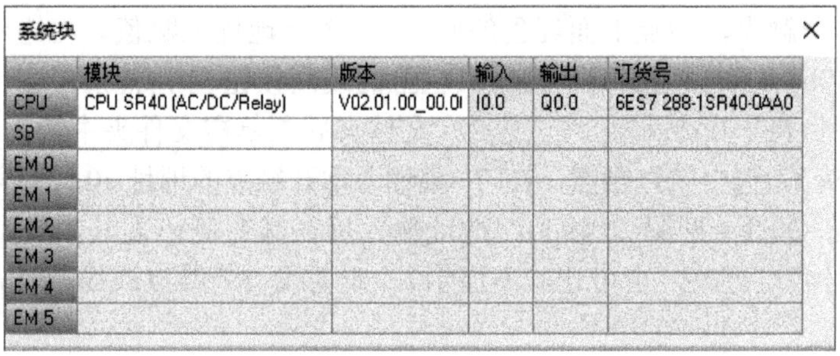

系统块

	模块	版本	输入	输出	订货号
CPU	CPU SR40 (AC/DC/Relay)	V02.01.00_00.0	I0.0	Q0.0	6ES7 288-1SR40-0AA0
SB					
EM 0					
EM 1					
EM 2					
EM 3					
EM 4					
EM 5					

图 3-47　系统块上半部分

此时硬件组态如图 3-48 所示，硬件组态完成后，需对其进行保存。如果想删除模块或信号板，则选中“模块”列的某个单元，按〈Delete〉键删除即可。本任务只需要 CPU 模块即可。

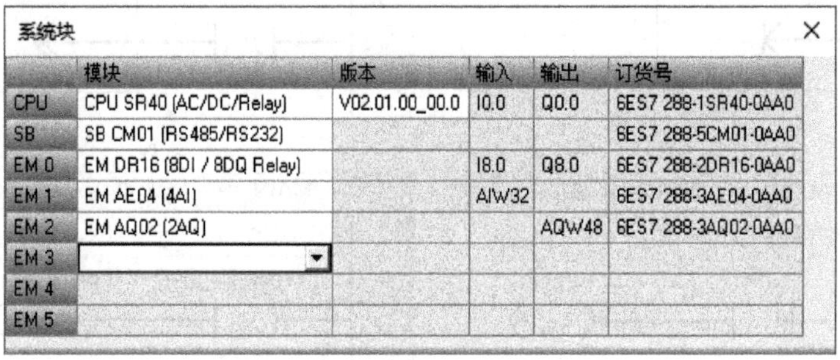

系统块

	模块	版本	输入	输出	订货号
CPU	CPU SR40 (AC/DC/Relay)	V02.01.00_00.0	I0.0	Q0.0	6ES7 288-1SR40-0AA0
SB	SB CM01 (RS485/RS232)				6ES7 288-5CM01-0AA0
EM 0	EM DR16 (8DI / 8DQ Relay)		I8.0	Q8.0	6ES7 288-2DR16-0AA0
EM 1	EM AE04 (4AI)		AIW32		6ES7 288-3AE04-0AA0
EM 2	EM AQ02 (2AQ)			AQW48	6ES7 288-3AQ02-0AA0
EM 3					
EM 4					
EM 5					

图 3-48　硬件组态

码 3-17
CPU 的组态

硬件组态给出了 PLC 输入/输出点的地址，为设计用户程序打下了基础。S7-200 SMART 的地址分配原则与 S7-200 有所不同。S7-200 SMART CPU 有一定数量的本机 I/O，本机 I/O 有固定的地址。而同一个扩展模块或信号板安装的位置不同其地址也不相同，表 3-6 给出了 CPU、信号板和各信号模块的输入、输出的起始地址。在用系统块组态硬件时，STEP 7-Micro/WIN SMART 自动地分配各模块和信号板的地址，如图 3-48 所示，各模块的起始地址读者不需记忆，使用时打开“系统块”后便可知晓。

表 3-6　CPU、信号板和各信号模块的起始 I/O 地址

CPU	信号板	信号模块 0	信号模块 1	信号模块 2	信号模块 3	信号模块 4	信号模块 5
I0.0	I7.0	I8.0	I12.0	I16.0	I20.0	I24.0	I28.0
Q0.0	Q7.0	Q8.0	Q12.0	Q16.0	Q20.0	Q24.0	Q28.0
—	无 AI 信号板	AIW16	AIW32	AIW48	AIW64	AIW80	AIW96
—	AQW12	AQW16	AQW32	AQW48	AQW64	AQW80	AQW96

CPU 分配给数字量 I/O 模块的地址以字节为单位，一个字节由 8 点数字量 I/O 组成，某些 CPU 和信号板的数字量 I/O 点如果不是 8 的整倍数，最后一个字节中未用的位不能分配给 I/O 链中的后续模块。在每次更新输入时，输入模块的输入字节中未用的位被清零。

3）编写程序。

生成新项目后，自动打开主程序 MAIN（OB1），程序段 1 最左边的箭头处有一个矩形光标，如图 3-49a 所示。

单击程序编辑器工具栏上的触点按钮，然后单击出现的对话框中的“常开触点”（或打开项目树中指令列表“位逻辑”文件夹后，单击文件夹中常开触点按钮），在矩形光标所在的位置出现一个常开触点，触点上面红色的问号??.?表示地址未赋值。将矩形光标移动到触点的右边（见图 3-49b），单击程序编辑器工具栏上的线圈按钮 ⟨ ⟩，然后单击出现的对话框中的"输出"（或打开项目树中指令列表"位逻辑"文件夹后，单击文件夹中输出按钮 -( )），生成一个线圈（见图 3-49c）。选中常开触点，在??.?处输入常开触点的地址 I0.0，再选中线圈，在??.?处输入线圈的地址 Q0.0（见图 3-49d），地址输入后在其左侧出现其系统默认的符号名，如 CPU_输入 0（符号名可更改，也可让其不显示）。或生成一个触点或线圈时，当时也可输入相应的地址。

可以将常用的编程元件拖放到指令列表的"收藏夹"文件夹中，在编程时比较方便。

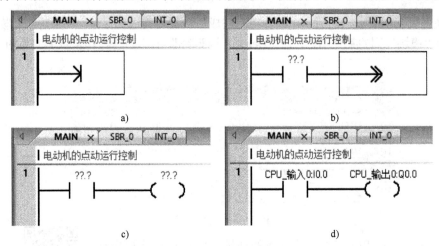

图 3-49　生成梯形图

程序编写后，需要对其进行编译。单击程序编辑器工具栏上的"编译"按钮 🗹，对项目进行编译。如果程序有语法错误，编译后在编辑器下面出现的输出窗口将会显示错误的个数、每个错误的原因和错误在程序中的位置。用鼠标双击某一条错误，将会打开出错的程序块，用光标指示出错的位置。必须改正程序中所有的错误才能下载。编译成功后，显示生成的程序和数据块的大小。

如果没有编译程序，在下载之前编程软件将会自动地对程序进行编译，并在输出窗口显示编译的结果。

（5）项目下载

CPU 通过以太网与运行 STEP 7-Micro/WIN SMART 的计算机进行通信。计算机直接连接单台 CPU 时，可以使用标准的以太网电缆，也可以使用交叉以太网电缆。下载之前需先进行正确的通信设置，保证成功下载。

1）CPU 的 IP 设置。

打开"系统块"对话框（如图 3-50 所示），自动选中模块列表中的 CPU 和左边窗口中的"通信"节点，在右边窗口设置 CPU 的以太网端口和 RS-485 端口参数。

为了使信息能在以太网上准确快捷地传送到目的地，连接到以太网的每台设备必须拥有一个唯一的 IP 地址。

如果选中多选框"IP 地址数据固定为下面的值，不能通过其他方式更改"，输入的是静态 IP 信息（CPU 默认 IP 是 192.168.2.1）。只能在"系统块"对话框中更改 IP 信息并将它下载到 CPU 中。

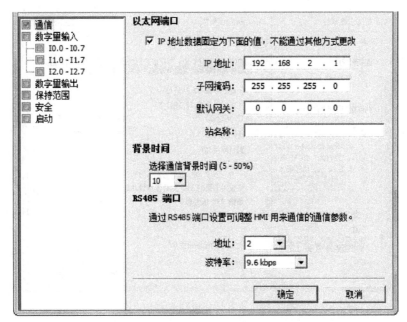

图 3-50　"系统块"的"通信"参数设置

码 3-18
项目创建及
下载

如果未选中上述多选框，此时的 IP 地址信息为动态信息。可以在"通信"对话框中更改 IP 信息，或通过用户程序中的 SIP_ADDR 指令更改 IP 地址信息。静态和动态 IP 地址信息均存储在永久存储器中。

子网掩码的值通常为 255.255.255.0，CPU 与编程设备的 IP 地址中的子网掩码应完全相同。同一个子网中各设备的子网内的地址不能重叠。如果在同一个网络中有多个 CPU，除了一台 CPU 可以保留出厂时默认的 IP 地址，必须将其他 CPU 默认的 IP 地址更改为网络中唯一的 IP 地址，以避免与其他网络用户冲突。

网关（或 IP 路由器）是局域网（LAN）之间的链接器。局域网中的计算机可以使用网关向其他网络发送消息。如果数据的目的地不在局域网内，网关将数据转发给另一个网络或网络组。网关用 IP 地址来传送和接收数据包。网关在此不设置，采用默认即可。

"背景时间"是用于处理通信请求的时间占扫描周期的百分比。增加背景时间将会增加扫描时间，从而减慢控制过程的运行速度，一般采用默认值 10%。

设置完成后，单击"确定"按钮，并自动关闭系统块。需要通过系统块将新的设置下载到 PLC，参数被存储在 CPU 模块的存储器中。

2）计算机网卡的 IP 设置。

如果是 Windows 7 操作系统，用以太网电缆连接计算机和 CPU，打开"控制面板"，单击"查看网络状态任务"，再单击"本地连接"，打开"本地连接状态"对话框，单击"属性"按钮，在"本地连接属性"对话框中（见图 3-51），选中"此连接使用下列项目"列表框中的"Internet 协议版本 4"，单击"属性"按钮，打开"Internet 协议版本 4（TCP/IPv4）属性"对话框。用单选框选中"使用下面的 IP 地址"，输入 PLC 以太网端口默认的子网地址 192.168.2.×，IP 地址的第 4 个字节是子网内设备的地址，可以取 0～255 的某个值，但是不能与网络中其他设备的 IP 地址重叠。单击"子网掩码"输入框，自动出现默认的子网掩码 255.255.255.0。一般不用设置网关的 IP 地址。设置结束后，单击各级对话框中的"确定"按钮，最后关闭"网络连接"对话框。

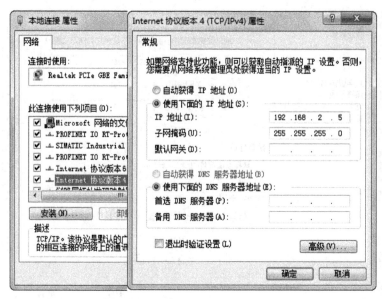

图 3-51 设置计算机网卡的 IP 地址

如果是 Windows 10 操作系统，右击桌面上的"网络"图标，选择"属性"，在打开的"网络和共享中心"对话框中单击"以太网"选择，在打开的"以太网状态"对话框中单击"属性"按钮，在打开的"以太网属性"对话框中选择"Internet 协议版本 4（TCP/IPv4）"，然后单击"属性"按钮，在打开的"Internet 协议版本 4（TCP/IPv4）属性"对话框中选择"使用下面的 IP 地址"，然后设置计算机网卡的 IP 地址和子网掩码。

3）项目下载。

单击工具栏上的"下载"按钮 下载，如果弹出"通信"对话框（见图 3-52），第一次下载时，用"网络接口卡"下拉式列表选中使用的以太网端口。单击"查找 CPU"按钮，应显示出网络上连接的所有 CPU 的 IP 地址，选中需要下载的 CPU，单击"确定"按钮，将会出现"下载"对话框（见图 3-53），用户可以用多选框选择是否下载程序块、数据块和系统块，打钩表示要下载。注意不能下载或上传符号表和状态图表。单击"下载"按钮，开始下载。

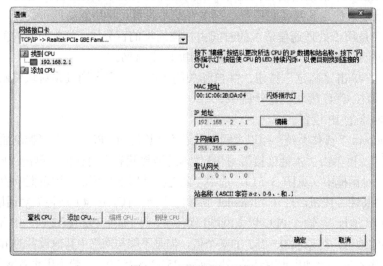

图 3-52 "通信"对话框

下载应在 STOP 模式进行，如果下载时为 RUN 模式，将会自动切换到 STOP 模式，下载结束后自动切换到 RUN 模式。可以用多选框选择下载之前从 RUN 切换到 STOP 模式是否需要提示、下载后从 STOP 模式切换到 RUN 模式是否需要提示、下载成功后是否自动关闭对话框。一般采用图 3-53 中的设置，下载操作最为方便快捷。

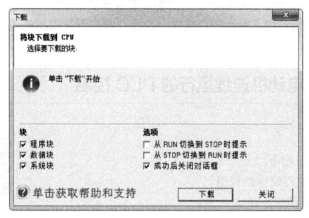

图 3-53　"下载"对话框

（6）调试程序

项目下载完成后，先断开主电路电源，按下点动按钮 SB，使其常开触点接通，观察交流接触器 KM 线圈是否得电？松开点动按钮 SB，使其常开触点断开，观察交流接触器 KM 线圈是否失电？再次按下点动按钮 SB，使其常开触点接通，观察交流接触器 KM 线圈是否再一次得电，松开点动按钮 SB，观察交流接触器 KM 线圈是否失电？若上述现象与控制要求一致，则程序编写正确，且 PLC 外部电路的连接正确。

在程序及控制电路均正确无误后，合上主电路的断路器 QF1，再按上述方法进行调试，如果电动机起停正常，则说明本案例任务实现。

上述通过按钮的控制过程分析如下：如图 3-54 所示（PLC 内部某个端口的输入电路可等效为一个输入继电器的线圈），合上断路器 QF1→接通按钮 SB→输入继电器 I0.0 线圈得电→其常开触点接通→线圈 Q0.0 中有能流流过→输出继电器 Q0.0 线圈得电→其常开触点接通→接触器 KM 线圈得电→其常开主触点接通→电动机起动并运行。

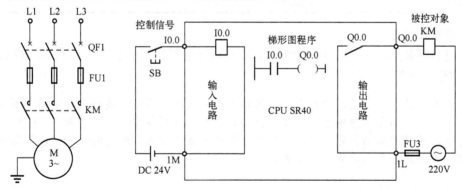

图 3-54　控制过程分析图

松开按钮 SB→输入继电器 I0.0 线圈失电→其常开触点复位断开→线圈 Q0.0 中没有能流流过→输出继电器 Q0.0 线圈失电→其常开触点复位断开→接触器 KM 线圈失电→其常开主触点复

位断开→电动机停止运行。

4. 拓展

训练 1：使用外部直流 24V 电源作为 PLC 的输入信号电源实现本案例。

训练 2：用一个开关控制一盏直流 24V 指示灯的亮灭。

训练 3：用两个按钮实现本案例，要求两个按钮同时按下，电动机才点动运行。

3.4 案例 10 电动机连续运行的 PLC 控制

1. 目的

码 3-19
案例：电动机的
连续运行控制

1）掌握置位和复位指令。

2）掌握 SMART 编程软件的使用。

3）掌握符号表的使用。

2. 任务

使用 S7-200 SMART PLC 实现电动机连续运行控制。大多数机电设备运行都以电动机作为动力源，经常需要电动机连续运行，即按下起动按钮时电动机起动并连续运行，按下停止按钮电动机立即停止运行。当然，电动机在过载时，电动机也应立即停止运行。

3. 内容与步骤

（1）I/O 分配

根据 PLC 输入/输出点分配原则及本案例控制要求，进行 I/O 地址分配，如表 3-7 所示。

表 3-7　电动机连续运行的 PLC 控制 I/O 分配表

输　入		输　出	
输入继电器	元　件	输出继电器	元　出
I0.0	起动按钮 SB1	Q0.0	接触器 KM
I0.1	停止按钮 SB2		
I0.2	热继电器 FR		

（2）硬件原理图

根据控制要求及表 3-7 的 I/O 分配表，电动机连续运行的主电路和 PLC 的 I/O 接线图如图 3-55 和图 3-56 所示。

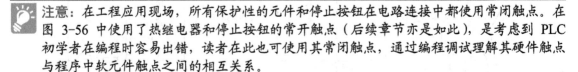
注意：在工程应用现场，所有保护性的元件和停止按钮在电路连接中都使用常闭触点。在图 3-56 中使用了热继电器和停止按钮的常开触点（后续章节亦是如此），是考虑到 PLC 初学者在编程时容易出错，读者在此也可使用其常闭触点，通过编程调试理解其硬件触点与程序中软元件触点之间的相互关系。

（3）创建工程项目

双击 STEP 7-Micro/WIN SMART 软件图标，启动编程软件，按案例 9 中的方法新建一个项目，并命名为电动机的连续运行控制。硬件组态过程同案例 9，但不需要扩展模块，后续案例若未做特殊说明的，均与本案例相同。

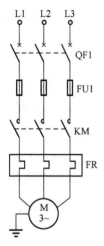
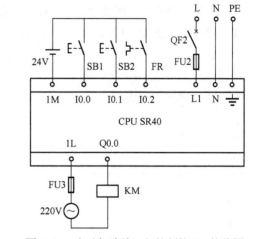

图 3-55　电动机连续运行控制的主电路　　　图 3-56　电动机连续运行控制的 I/O 接线图

（4）编辑符号表

如果在较为复杂的控制系统中使用的输入/输出点较多，在阅读程序时每个输入/输出点对应的元器件不易熟记，而使用符号表则会大大提高阅读和调试程序的便利性。S7-200 SMART 提供符号表功能，可以用符号表来定义地址或常数的符号。可以为存储器类型 I、Q、M、SM、AI、AQ、V、S、C、T、HC 创建符号表。在符号表中定义的符号属于全局变量，可以在所有程序组织单元（POU）中使用它们，也可以在创建程序之前或创建之后定义符号。

1）打开符号表。

单击导航栏最左边的"符号表"图标，或双击项目树的"符号表"文件夹中的图标，可以打开符号表。新建项目的"符号表"文件夹中，有"表格 1""系统符号""POU 符号"和"I/O 符号"四个符号表，如图 3-57 所示。可以右键单击"符号表"文件夹中的对象，用快捷菜单中的命令删除或插入 I/O 符号表和系统符号表。

2）专用符号表。

系统符号：单击符号表窗口下面的"系统符号"选项卡，可以看到各特殊存储器（SM）的符号、地址和功能，如图 3-58 所示。

图 3-57　符号表——表格 1　　　　　　　图 3-58　符号表——系统符号

POU 符号：单击符号表窗口下面的"POU 符号"选项卡，可以看到项目中主程序、子程序、中断程序的默认名称（见图 3-59），该表格为只读表格（背景为灰色），不能用它修改 POU 符号。可用鼠标右键单击项目树文件夹中的某个 POU，用快捷菜单中的"重命名"命令修改它的名称。或选中符号表窗口下面的某个符号选项卡，用鼠标右键单击并执行"重命名"命令也可修改它的名称。

I/O 符号：单击符号表窗口下面的"I/O 符号"选项卡，可以看到 CPU 的每个数字量 I/O 点默认的符号（见图 3-60）。例如"CPU 输入_0"，对应的是输入 I0.0。

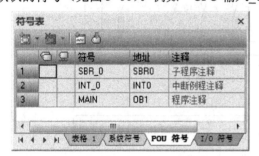

图 3-59　符号表——POU 符号

图 3-60　符号表——I/O 符号

3）生成符号。

"表格 1"是自动生成的用户符号表。在"表格 1"的"符号"列中输入符号名，如"起动按钮"，在"地址"列中输入地址或常数。可以在"注释"列输入最多 79 个字符的注释。符号名最多可以包含 23 个字符，可以使用英文字母、数字、下画线及 ASCII128～255 的扩充字符和汉字。

在为符号指定地址或常数值之前，用绿色波浪下画线表示该符号为未定义符号。在"地址"列中输入地址或常数后，绿色波浪下画线消失。

符号表用⬚图标表示地址重叠的符号（如 VB10 和 VD10），用⬚图标表示未使用的符号。

输入时用红色的文本表示下列语法错误：符号以数字开始、使用关键字作符号或使用无效的地址。红色波浪下画线表示用法无效，如重复的符号名和重复的地址。

若符号表选项卡中存在"I/O 符号"选项，则在地址列中输入地址或常数后，符号下方的绿色波浪下划线不会消失，而且在地址或常数下方会出现红色波浪下画线，此时可删除 I/O 符号表。若想再次显示"I/O 符号"选项卡，则用鼠标右键单击项目树中的"符号表"，执行快捷菜单中的"插入"选项中的"I/O 映射表"命令即可。

 注意：如果用户符号表的地址和 I/O 符号表的地址重叠，可以删除 I/O 符号表。

4）生成用户符号表。

可以创建多个用户符号表，但是不同的符号表不能使用相同的符号名或相同的地址。用鼠标右键单击项目树中的"符号表"，执行快捷菜单中的"插入"选项中的"符号表"命令，可以生成新的符号表。成功插入新的符号表后，符号表窗口底部会出现一个新的选项卡。可以单击这些选项卡来打开不同的符号表。

5）表格的通用操作。

将鼠标的光标放在表格的列标题分界处，光标出现水平方向的双向箭头⬌后，按住鼠标的左键，将列分界线拉至所需的位置，可以调节列的宽度。

用鼠标右键单击表格中的某一单元，执行弹出快捷菜单中的"插入"选项中的"行"命令，可以在所选行的上面插入新的行。将光标置于表格最下面的任意单元后，按键盘的〈↓〉键，在表格的底部将会增添一个新的行。将光标移到某行的"符号"列或"地址"列，按键盘的〈Enter〉键，在当前选中行的下一行将会增添一个新行，并且地址会自动加 1，符号名也在当前行的符号名后面自动增加 1。

按键盘的〈Tab〉键，光标将移至表格右边的下一单元格。单击某个表格，按住〈Shift〉键同时单击另一个单元格，将会同时选中两个所选单元格定义的矩形范围内的所有单元格。

单击最左边的行号，可选中整个行。按住鼠标左键在最左边的行号列拖动，可以选中连续的若干行。按〈Delete〉键可删除选中的行或单元格，可以用剪贴板复制和粘贴选中的对象。

6）在程序编辑器和状态图中定义、编辑和选择符号。

在程序编辑器和状态图中，用鼠标右键单击未连接任务符号的地址。执行弹出快捷菜单中的"定义符号"命令，可以在打开的对话框中定义符号。单击"确定"按钮并关闭对话框。被定义的符号将同时出现在程序编辑器、状态图表和符号表中。

用鼠标右键单击程序编辑器或状态图表中的某个符号，执行快捷菜单中的"编辑符号"命令，可以编辑该符号的地址和注释。用鼠标右键单击某个未定义的地址，执行快捷菜单中的"选择符号"命令，出现"选择符号"列表，可以为变量选用打开的符号表中可用的符号。

可以在程序中指令的参数域输入尚未定义的有效的符号名。这样生成了一组未分配存储区的地址和符号名。单击符号表中的"创建未定义符号表"按钮 ，将这组符号名称传送到新的符号表选项卡，可在这个新符号表中为符号定义地址。

7）符号表的排序。

为了方便在符号表中查找符号，可以对符号表中的符号排序。单击符号列和地址列的列标题，可以改变排序的方式。如单击"符号"所在的列标题，该单元出现向上的三角形，表中的各行按符号升序排列，即按符号的字母或汉语拼音从 A 到 Z 的顺序排列。再次单击"符号"列标题，该单元出现向下的三角形，表中的各行按符号降序排列。也可以单击地址列的列标题，按地址排序。

8）切换地址的显示方式。

在程序编辑器、状态表和数据块中，可以用下述三种方式切换地址的显示方式。

单击"视图"菜单功能区的"符号"区域中的"仅绝对"按钮 、"仅符号"按钮 、"符号：绝对"按钮 ，对应只显示绝对地址、只显示符合名称、同时显示绝对地址和符号名称。

在符号地址显示方式状态下输入地址时，可以输入符号地址或绝对地址，输入后按设置的显示方式显示地址。

单击工具栏上的"切换寻址"按钮 左侧的 ，将在三种显示方式之间进行切换，每单击一次该按钮进行一次切换。单击右侧的 按钮，将会列出三种显示方式供选择。如果为常量值定义了符号，不能按仅显示常量值的方式显示。

使用〈Ctrl+Y〉快捷键，也可以在三种符号显示方式之间切换。

如果符号地址过长，并且选择了显示符号地址或同时显示符号地址和绝对地址，程序编辑器只能显示部分符号名。将鼠标的光标放到这样的符号上，可以在出现的"符号"框中看到显示的符号全称、绝对地址和符号表中的注释。当然可以通过设置程序编辑器的参数来显示符号的全称（单击"工具"菜单功能区的"设置"区域中的"选项"按钮，打开"选项"对话框，如图 3-61 所示。选中"LAD"，可以设置梯形图编辑器中的网络，即矩形光标的宽度、字符的字体、样式和大小等属性）。

在程序编辑器中使用符号时，可以像绝对地址一样，对符号名使用间接寻址的记号&和*。

9）符号信息表。

单击"视图"菜单功能区的"符号"区域中的"符号信息表"按钮 ，或单击工具栏上的该按钮，将会在每个程序段的程序下面显示或隐藏符号信号表。

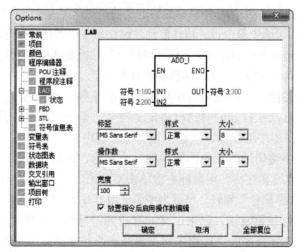

图 3-61 "选项"对话框

显示绝对地址时，单击"视图"菜单功能区的"符号"区域中的"将符号应用到项目"按钮🖐，或单击符号表中的该按钮，或使用〈Shift+F3〉快捷键，将符号表中定义的所有符号名称应用到案例，从显示绝对地址切换到显示符号地址。

10）创建本案例符号表。

按照上述介绍的方法，本案例的符号表如图 3-62 所示。先删除 I/O 符号，然后在表格上添加符号，否则在地址下方会出现红色波浪线。

符号表

			符号	地址	注释
1			起动按钮SB1	I0.0	常开触点
2			停止按钮SB2	I0.1	常开触点
3			过载保护FR	I0.2	常开触点
4			接触器KM	Q0.0	电动机

表格 1 ／ 系统符号 ／ POU Symbols

图 3-62 本案例的符号表

（5）编写程序

根据要求，使用起保停方法编写本案例程序。

按案例 9 介绍的方法完成程序段 1 的第 1 行（正向起停控制）程序的编写，如图 3-63a 所示。下面完成程序自锁环节的编程：将光标移到 I0.0 的常开触点的下面，生成 Q0.0 的常开触点，将光标放到新生成的触点上，单击工具栏上的"插入向上垂直线"按钮🔼，使 Q0.0 的触点与它上面的 I0.0 的触点并联，如图 3-63b 所示。

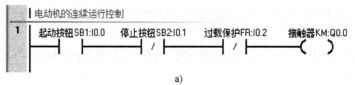

a)

图 3-63 电动机连续运行的 PLC 控制梯形图

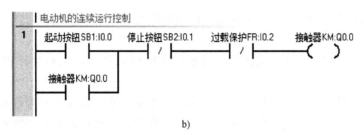

图 3-63　电动机连续运行的 PLC 控制梯形图（续）

图 3-64 为显示符号信息表的本案例梯形图。

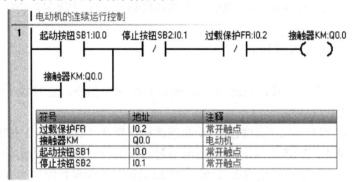

符号	地址	注释
过载保护FR	I0.2	常开触点
接触器KM	Q0.0	电动机
起动按钮SB1	I0.0	常开触点
停止按钮SB2	I0.1	常开触点

图 3-64　电动机连续运行的 PLC 控制梯形图（有符号信息表）

（6）调试程序

按照案例 9 介绍的方法将电动机的连续运行控制程序下载到 CPU 中。首先进行控制电路的调试，然后在程序编写及控制电路连接正确的情况下接通主电路，进行整个系统的联机调试。按下起动按

钮 SB1，观察电动机是否起动并运行，按下停止按钮 SB2，观察电动机是否立即停止运行。再次按下起动按钮 SB1 起动电动机，然后按下热继电器上"测试"按钮，使热继电器触点动作，观察电动机是否立即停止运行，如果电动机的运行状态与控制要求一致，则说明本案例任务实现。

码 3-20
热继电器的使用

 注意：如果在图 3-56 中使用停止按钮和热继电器常闭触点，则在图 3-64 中软元件触点使用其常开触点。读者请注意，程序中所使用的常开或常闭触点应根据 I/O 接线图中所使用的触点类型及程序功能所需要的触点类型来确定。

4. 拓展

训练 1：用 PLC 实现电动机点动和连续运行的控制，要求用一个转换开关、一个起动按钮和一个停止按钮实现其控制功能。

训练 2：用 PLC 实现电动机自动往返的控制，即正向运行时遇到末端行程开关则反向运行，反向运行时遇到首端行程开关则正向运行，如此循环，直至按下停止按钮。

训练 3：两台电动机的同时起停控制，要求使用一个起动按钮和一个停止按钮实现（分别使用两个交流接触器线圈并联和两个输出继电器线圈并联的方法）。

5. 认证

维修电工中级（四级）职业资格考试中，PLC 部分由"实操+笔试"组成，考核时间为 120min，要求考生按照电气安装规范，依据提供的继电器-接触器控制系统的主电路及控制电路

原理图绘制 PLC 的 I/O 接线图，正确完成 PLC 控制电路的安装、接线和调试。

笔试部分涉及：

1）正确识读给定的电路图，将控制电路部分改为 PLC 控制，正确绘制 PLC 的 I/O 接线图并设计 PLC 梯形图。

2）正确使用工具，简述工具的使用注意事项，如电烙铁、剥线钳和螺钉旋具等。

3）正确使用仪表，简述仪表的使用方法，如万用表、钳形电流表和兆欧表等。

4）了解安全、文明生产知识。

操作部分涉及：

1）按照电气安装规范，依据所提供的主电路和绘制的 I/O 接线图正确完成 PLC 控制电路的安装和接线。

2）正确编制程序并输入到 PLC 中。

3）通电试运行。

本部分考核相对简单，主要涉及的指令为 PLC 的位逻辑指令、定时器及计数器指令，现列举部分考题仅供参考。

任务 1：要求用 PLC 实现电动机的点动和连续运行复合（点连复合）控制，所提供的继电器-接触器控制电路如图 3-65 所示，即使用两个起动按钮和一个停止按钮实现电动机的点动和连续运行复合控制功能。请读者根据图 3-65 的电路及控制功能自行绘制 PLC 的 I/O 接线图，并编写相应控制程序。

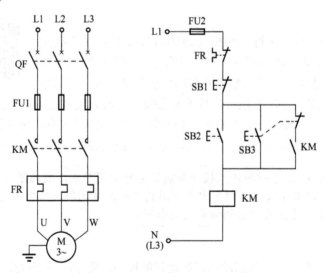

图 3-65　电动机的点连复合控制电路

使用移植法将图 3-65 转换为相应的梯形图，结果按下点动或连续运行按钮电动机均连续运行。原因是继电器-接触器式控制系统与 PLC 的工作原理不同，前者同一元器件的所有触点同时处于受控状态，后者梯形图中各个软继电器都处于周期循环扫描工作状态，即线圈工作和它的触点动作并不同时发生。

 注意：有的考题要求使用一个起动按钮、一个停止按钮和一个转换开关实现点动和连续运行复合控制功能，此 PLC 控制电路请读者自行绘制。

> ★对于 PLC 的初学者来说，改造继电器-接触器系统控制系统时，采用移植法是首选，但也不是百试百中的好方法，如上述采用按钮实现的电动机点连复位控制，就不能采用移植法。可以看到，前人经验可以借鉴，但不能不假思索地套用，否则会出现东施效颦的笑话。

任务 2：要求用 PLC 实现三相异步电动机位置控制，所提供的继电器-接触器控制电路如图 3-66 所示。请根据图 3-66 电路及控制功能自行绘制 PLC 的 I/O 接线图并编写相应控制程序。

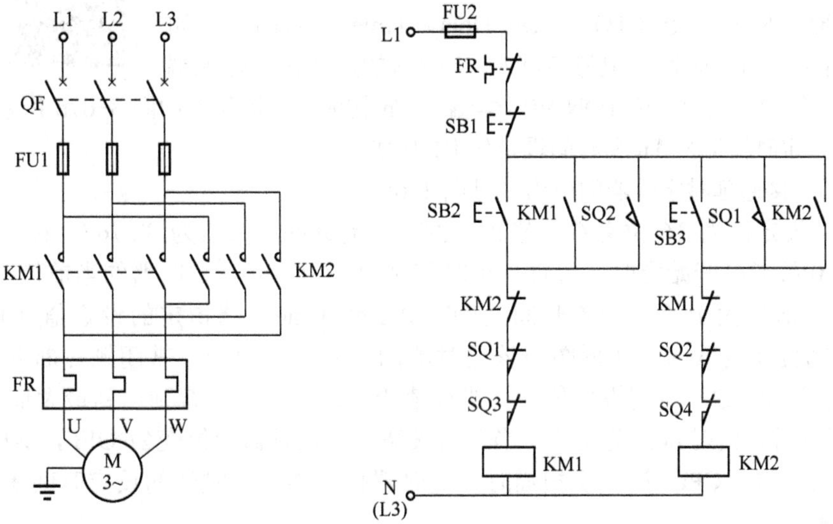

图 3-66　三相异步电动机位置控制电路

3.5 定时器及计数器指令

3.5.1 定时器指令

1. 定时器的分类及分辨率

码 3-21
定时器简介

在继电器-接触器控制系统中，常用时间继电器 KT 作为延时功能使用，在 PLC 控制系统中则不需要使用时间继电器，而使用内部软元件定时器来实现延时功能。S7-200 SMART 提供了 256 个定时器，定时器编号为 T0～T255，定时器共有三种类型，分别是接通延时定时器（TON）、断开延时定时器（TOF）和保持型接通延时定时器（TONR）。定时器有 1ms、10ms 和 100ms 三种分辨率，分辨率取决于定时器的编号（如表 3-8 所示）。输入定时器编号后，在定时器方框的右下角内将会出现定时器的分辨率。

表 3-8　定时器的编号

指 令 类 型	分辨率/ms	定时范围/s	定时器编号
TONR	1	32.767（0.546min）	T0、T64
	10	327.67（5.46min）	T1～T4、T65～T68
	100	3276.7（54.6min）	T5～T31、T69～T95

（续）

指 令 类 型	分辨率/ms	定时范围/s	定时器编号
TON、TOF	1	32.767（0.546min）	T32、T96
	10	327.67（5.46min）	T33～T36、T97～T100
	100	3276.7（54.6min）	T37～T63、T101～T255

2. 接通延时定时器指令

码 3-22
接通延时定时器

接通延时定时器指令（TON，On-Delay Timer）的梯形图如图 3-67a 所示。由定时器助记符 TON、定时器的起动信号输入端 IN、时间设定值输入端 PT 和 TON 定时器编号 Tn 构成。其语句表如图 3-67b 所示，由定时器助记符 TON、定时器编号 Tn 和时间设定值 PT 构成。

【例 3-6】 接通延时定时器的应用（见图 3-68）。

定时器的设定值为 16 位有符号整数（INT），允许的最大值为 32 767。接通延时定时器的输入端 I0.0 接通时开始定时，每过一个时基时间（100ms），定时器的当前值 CV=CV+1，当定时器的当前值大于等于预置时间（PT，Preset Time）端指定的设定值（1～32 767）时，定时器的位变为 ON，梯形图中该定时器的常开触点闭合，常闭触点断开，这时线圈 Q0.0 中就有能流流过。达到设定值后，当前值仍然继续增大，直到达到最大值 32 767。输入端 I0.0 断开时，定时器自动复位，当前值被清零，定时器的位变为 OFF，这时线圈 Q0.0 中就没有能流流过。CPU 第一次扫描时，定时器位清零。定时器的设定时间等于设定值与分辨率的乘积。

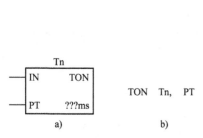

图 3-67 接通延时定时器指令

a) 梯形图 b) 语句表

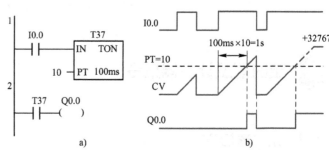

图 3-68 接通延时定时器指令应用

a) 梯形图 b) 时序图

3. 断开延时定时器指令

码 3-23
断开延时定时器

断开延时定时器指令（TOF，OFF-Delay Timer）的梯形图如图 3-69a 所示。由定时器助记符 TOF、定时器的起动信号输入端 IN、时间设定值输入端 PT 和 TOF 定时器编号 Tn 构成。其语句表如图 3-69b 所示，由定时器助记符 TOF、定时器编号 Tn 和时间设定值 PT 构成。

【例 3-7】 断开延时定时器的应用（见图 3-70）。

当接在断开延时定时器的输入端起动信号 I0.0 接通时，定时器的位变成 ON，当前值清零，此时线圈 Q0.0 中有能流流过。当 I0.0 断开后，开始定时，当前值从 0 开始增大，每过一个时基时间（10ms），定时器的当前值 CV=CV+1，当定时器的当前值等于预置值 PT 时，定时器延时时间到，定时器停止计时，输出位变为 OFF，线圈 Q0.0 中则没有能流流过，此时定时器的当前值保持不变，直到输入端再次接通。

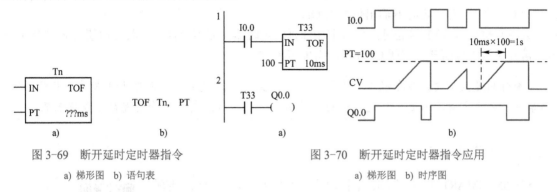

图 3-69　断开延时定时器指令

a) 梯形图　b) 语句表

图 3-70　断开延时定时器指令应用

a) 梯形图　b) 时序图

4. 保持型接通延时定时器指令

保持型接通延时定时器（TONR，Retentive On-Delay Timer）指令的梯形图如图 3-71a 所示。由定时器助记符 TONR、定时器的起动信号输入端 IN、时间设定值输入端 PT 和 TONR 定时器编号 Tn 构成。其语句表如图 3-71b 所示，由定时器助记符 TONR、定时器编号 Tn 和时间设定值 PT 构成。

码 3-24
保持型接通延
时定时器

【例 3-8】　保持型接通延时定时器的应用（见图 3-72）。

其工作原理与接通延时定时器大致相同。当定时器的起动信号 I0.0 断开时，定时器的当前值 CV=0，定时器没有能流流过，不工作。当起动信号 I0.0 由断开变为接通时，定时器开始定时，每过一个时基时间（10ms），定时器的当前值 CV=CV+1。

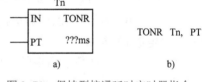

图 3-71　保持型接通延时定时器指令

a) 梯形图　b) 语句表

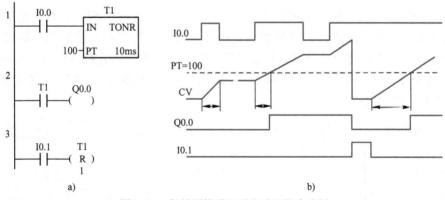

图 3-72　保持型接通延时定时器指令应用

a) 梯形图　b) 时序图

当定时器的当前值等于其设定值 PT 时，定时器的延时时间到，这时定时器的输出位变为 ON，线圈 Q0.0 中有能流流过。达到设定值 PT 后，当前值仍然继续计时，直到达到最大值 32 767 才停止计时。只要 CV≥PT 值，定时器的常开触点就接通，如果不满足这个条件，定时器的常开触点应断开。

保持型接通延时定时器与接通延时定时器不同之处在于，保持型接通延时定时器的 CV 值是可以记忆的。当 I0.0 从断开变为接通后，维持的时间不足以使得 CV 达到 PT 值时，I0.0 又从接通变为断开，这时 CV 可以保持当前值不变；当 I0.0 再次接通时，CV 在保持值的基础上累计，当 CV=PT 值时，定时器输出位变为 ON。

只有复位信号 I0.1 接通时，保持型接通延时定时器才能停止计时，其当前值 CV 被复位清零，常开触点复位断开，线圈 Q0.0 中没有能流流过。

> ★时间是宝贵的。唐朝颜真卿有诗云："三更灯火五更鸡，正是男儿读书时。黑发不知勤学早，白首方悔读书迟。"这首诗同样适用一千多年后的我们，珍惜现在，成就未来。

3.5.2 计数器指令

S7-200 SMART 提供了 256 个计数器，编号为 C0～C255，共有三种计数器，分别为加计数器、减计数器和加/减计数器，不同类型的计数器不能共用同一个计数器号。

码 3-25
加计数器

1. 加计数器指令

加计数器（CTU, Counter Up）指令的梯形图如图 3-73a 所示，由加计数器助记符 CTU、计数脉冲输入端 CU、复位信号输入端 R、设定值 PV 和计数器编号 Cn 构成，编号范围为 0～255。加计数器指令的语句表如图 3-73b 所示，由加计数器操作码 CTU、计数器编号 Cn 和设定值 PV 构成。

【例 3-9】 加计数器指令的应用（见图 3-74）。

加计数器的复位信号 I0.1 接通时，计数器 C0 的当前值 CV=0，计数器不工作。当复位信号 I0.1 断开时，计数器 C0 可以工作。每当一个计数脉冲的上升沿到来时（I0.0

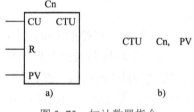

图 3-73 加计数器指令
a) 梯形图 b) 语句表

接通一次），计数器的当前值 CV=CV+1。当 CV 等于设定值 PV 时，计数器的输出位变为 ON，线圈 Q0.0 中有能流流过。若计数脉冲仍然继续，计数器的当前值仍不断累加，直到 CV=32 767（最大）时，才停止计数。只要 CV≥PV，计数器的常开触点接通，常闭触点则断开。直到复位信号 I0.1 接通时，计数器的 CV 复位清零，计数器停止工作，其常开触点断开，线圈 Q0.0 没有能流流过。

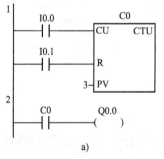
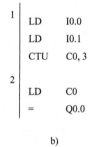
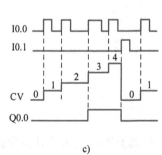

图 3-74 加计数器指令应用
a) 梯形图 b) 语句表 c) 时序图

可以用系统块设置有断电保持功能的计数器的范围。断电后又上电，有断电保持功能的计数器可保持断电时的当前值不变。

★即使是参加全国职业院校技能大赛的学生，在训练中遇到困难时也会产生懈怠的想法。这时应调整心态，迎难而上，不断积累，才会由量变到质变。

2. 减计数器指令

码 3-26
减计数器

减计数器（Counter Down，CTD）指令的梯形图如图 3-75a 所示，由减计数器助记符 CTD、计数脉冲输入端 CD、装载输入端 LD、设定值 PV 和计数器编号 Cn 构成，编号范围为 0～255。减计数器指令的语句表如图 3-75b 所示，由减计数器操作码 CTD、计数器编号 Cn 和设定值 PV 构成。

【例 3-10】 减计数器指令的应用（见图 3-76）。

减计数器的装载输入端信号 I0.1 接通时，计数器 C0 的设定值 PV 被装入计数器的当前值寄存器，此时 CV=PV，计数器不工作。当装载输入端信号 I0.1 断开时，计数器 C0 可以工作。每当一个计数脉冲到来时（即 I0.0 接通一次），计数

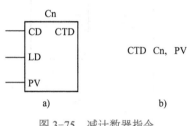

图 3-75 减计数器指令
a) 梯形图 b) 语句表

器的当前值 CV=CV-1。当 CV=0 时，计数器的位变为 ON，线圈 Q0.0 有能流流过。若计数脉冲仍然继续，计数器的当前值仍保持 0。这种状态一直保持到装载输入端信号 I0.1 接通，再一次装入 PV 值之后，计数器的常开触点复位断开，线圈 Q0.0 没有能流流过，计数器才能再次重新开始计数。只有在当前值 CV=0 时，减计数的常开触点接通，线圈 Q0.0 有能流流过。

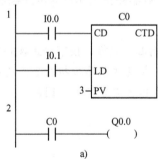
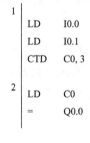
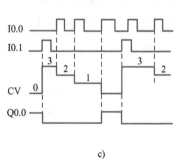

图 3-76 减计数器指令应用
a) 梯形图 b) 语句表 c) 指令功能图

3. 加减计数器指令

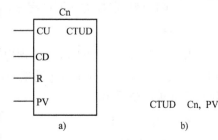

码 3-27
加减计数器

加减计数器（Counter Up/Down，CTUD）指令的梯形图如图 3-77a 所示，由加减计数器助记符 CTUD、加计数脉冲输入端 CU、计数脉冲输入端 CD、复位信号输入端 R、设定值 PV 和计数器编号 Cn 构成，编号范围为 0～255。加减计数器指令的语句表如图 3-77b 所示，由加减计数器操作码 CTUD、计数器编号 Cn 和设定值 PV 构成。

【例 3-11】 加减计数器的应用（见图 3-78）。

加减计数器的复位信号 I0.2 接通时，计数器 C0 的当前值 CV=0，计数器不工作。当复位信号断开时，计数器 C0 可以工作。

图 3-77 加减计数器指令
a) 梯形图 b) 语句表

每当一个加计数脉冲到来时，计数器的当前值 CV=CV+1。当 CV≥PV 时，计数器的常开触点接通，线圈 Q0.0 有能流流过。这时若再来加计数器脉冲，计数器的当前值仍不断地累加，直到 CV=+32767（最大值），如果再有加计数脉冲到来，当前值变为-32768，再继续进行加计数。

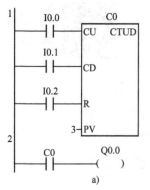
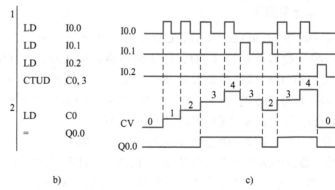

图 3-78　加减计数器指令应用

a) 梯形图　b) 语句表　c) 指令功能图

每当一个减计数脉冲到来时，计数器的当前值 CV=CV-1。当 CV< PV 时，计数器的常开触点复位断开，线圈 Q0.0 没有能流流过。这时若再来减计数脉冲，计数器的当前值仍不断地递减，直到 CV=-32768（最小值），如果再有减计数脉冲到来，当前值变为+32767，再继续进行减计数。

复位信号 I0.2 接通时，计数器的当前值 CV 复位清零，计数器停止工作，其常开触点复位断开，线圈 Q0.0 没有能流流过。

★在学生实操性考核时，经常遇到程序刚下载到 CPU 时能正常运行，按下停止按钮后则不能再次运行，什么原因呢？多数是定时器或计数器未复位，或某些程序段执行后未将触点复位所致（例如用起保停方式编程时，停止电路断开后，未将其触点复位）。因此，考虑问题时需尽可能周全，养成全局意识。

3.6　案例 11　电动机丫-△减压起动的 PLC 控制

1. 目的

1）掌握定时器指令。

2）掌握梯形图的编程规则。

3）掌握使用监控方法调试程序。

2. 任务

使用 S7-200 SMART PLC 实现电动机丫-△减压起动控制，要求有起动和运行指示。电动机功率较大时，需要通过减压起动来降低起动电流，以达保护电动机的目的，丫-△减压起动因性价比高而被广泛采用。

3. 内容与步骤

（1）I/O 分配

根据案例分析可知，电动机丫-△减压起动的 PLC 控制 I/O 分配如表 3-9 所示。

表 3-9 电动机丫-△减压起动的 PLC 控制 I/O 分配表

输　入		输　出	
输入继电器	元 件	输出继电器	元 件
I0.0	起动按钮 SB1	Q0.0	电源接触器 KM1
I0.1	停止按钮 SB2	Q0.1	角形接触器 KM2
I0.2	热继电器 FR	Q0.2	星形接触器 KM3
		Q0.3	星形起动指示 HL1
		Q0.4	角形运行指示 HL2

（2）硬件原理图

根据控制要求及表 3-9 的 I/O 分配表，电动机丫-△减压起动控制主电路及 PLC 的 I/O 接线如图 3-79 和图 3-80 所示。

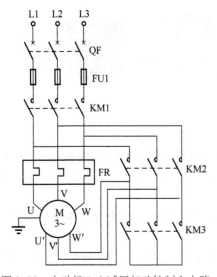

图 3-79　电动机丫-△减压起动控制主电路

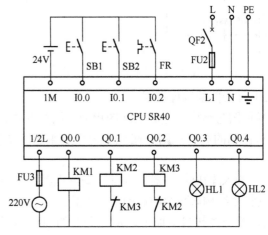

图 3-80　电动机丫-△减压起动控制的 I/O 接线图

（3）创建工程项目

创建一个工程项目，并命名为电动机的丫-△减压起动控制。

（4）编辑符号表

请读者按照 I/O 接线图自行编辑符号表，此处不再赘述。

（5）编写程序

1）编写程序。

主轴电动机减压起动控制梯形图如图 3-81 所示。根据案例 9 和案例 10 介绍的方法完成程序段 1 的编写。在程序段 2 中，先完成程序段 2 的第 1 行，将光标放到 T37 的常闭触点上，单击工具栏上的"插入向下垂直线"按钮，生成带双箭头的折线，然后生成一个线圈 Q0.3；将光标放到角形接触器 KM2 的常闭触点上，单击工具栏上的"插入分支"按钮，生成带双箭头的折线，然后生成一个接通延时定时器 T37（或将光标放到角形接触器 KM2 的常闭触点上，两次单击工具栏上的"插入向下垂直线"按钮，生成带双箭头的折线，再生成一个接通延时定时器 T37）。按上述方法编写程序段 3。

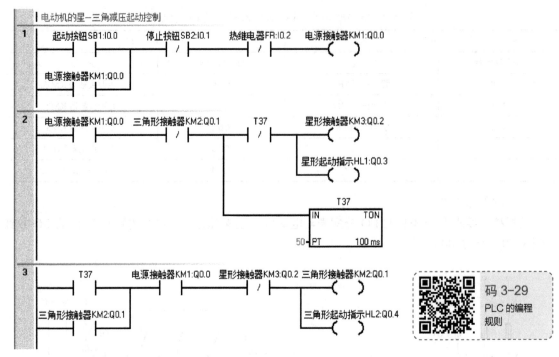

图 3-81 主轴电动机的 Y-△减压起动控制梯形图

2）梯形图的编程规则。

梯形图与继电器控制电路图相近，结构形式、元件符号及逻辑控制功能是类似的，但梯形图具有自己的编程规则。在控制程序越来越复杂的情况，编写程序时必须遵守梯形图的编程规则。

① 输入/输出继电器、内部辅助继电器、定时器等元件的触点可多次重复使用，不需要用复杂的程序结构来减少触点的使用次数。

② 梯形图按自上而下、从左到右的顺序排列。每个继电器线圈为一个逻辑行，即一层阶梯。每一逻辑行开始于左母线，然后是触点的连接，最后终止于继电器线圈，触点不能放在线圈的右边，如图 3-82 所示。

③ 线圈也不能直接与左母线相连。若需要，可以通过专用内部辅助继电器 SM0.0（SM0.0 为 S7-200 SMART 中一直接通特殊存储器位）的常开触点连接，如图 3-83 所示。

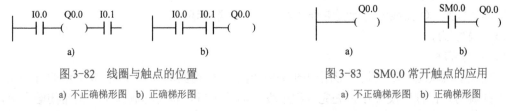

图 3-82 线圈与触点的位置
a) 不正确梯形图 b) 正确梯形图

图 3-83 SM0.0 常开触点的应用
a) 不正确梯形图 b) 正确梯形图

④ 同一编号的线圈在一个程序中使用两次及以上，则为双线圈输出，双线圈输出容易引起误操作（前面的线圈输出无效，只有最后一个线圈输出有效），应避免线圈的重复使用，如图 3-84 所示。

⑤ 在梯形图中，串联触点和并联触点可无限制使用。串联触点多的应放在程序的上面，并联触点多的应放在程序的左面，以减少指令条数，缩短扫描周期，如图 3-85 所示。

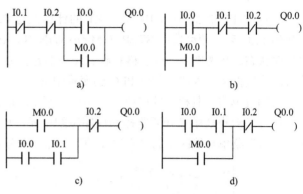

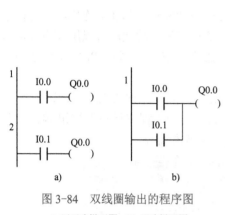

图 3-84　双线圈输出的程序图

a) 不正确梯形图　b) 正确梯形图

图 3-85　合理化的程序设计图

a) 串联触点放置不当　b) 串联触点放置正确

c) 并联触点放置不当　d) 并联触点放置正确

⑥ 遇到不可编程的梯形图时，可根据信号流的流向规则，即自左而右、自上而下，对原梯形图重新设计，以便程序的执行，如图 3-86 所示。

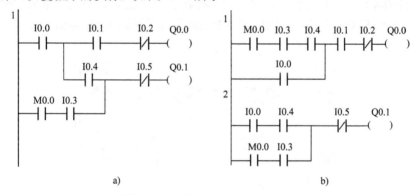

图 3-86　不符合编程规则的程序图

a) 不正确梯形图　b) 正确梯形图

⑦ 两个或两个以上的线圈可以并联输出，如图 3-87 所示。

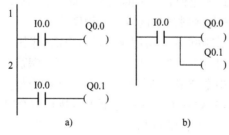

图 3-87　多线圈并联输出程序图

a) 复杂的梯形图　b) 简化的梯形图

（6）调试程序

在工程应用中，用户或调试人员常常需要实时了解程序的运行状态，这时可使用 STEP 7-Micro/WIN SMART 的监视和调试功能。对于初学者来说，掌握程序的监控功能，能快速提高编程的正确性和调试程序的有效性。

运行 STEP 7-Micro/WIN SMART 的计算机与 PLC 之间成功地建立起通信连接，并将程序下载到 PLC 后，便可使用 STEP 7-Micro/WIN SMART 的监视和调试功能。可以用程序编辑器的程序状态、状态图表中的表格和状态图表的趋势视图中的曲线，读取和显示 PLC 中数据的当前值，将数据值写入或强制到 PLC 的变量中去。

可通过单击工具栏上的按钮或"调试"菜单功能区（见图 3-88）的按钮来选择调试工具。

在程序编辑器中打开要监控的程序组织单元，单击工具栏上的"程序状态"按钮 ，或单击"调试"菜单功能区中的"程序监控"按钮，开始启用程序状态监控。

图 3-88 "调试"菜单功能区

如果 CPU 中的程序和打开的项目的程序不同，或者在切换使用的编程语言后启用监控功能，出现"时间戳不匹配"对话框，如图 3-89 所示。单击"比较"按钮，如果经检查确认 PLC 中的程序和打开的项目中的程序相同，对话框中将显示"已通过"。单击"继续"按钮，开始监控。如果 CPU 处于 STOP 模式，将出现对话框询问是否切换到 RUN 模式。如果检查出问题，应重新下载程序。

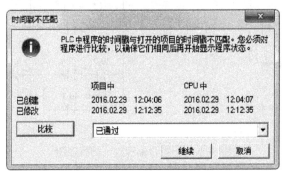

图 3-89 "时间戳不匹配"对话框

PLC 必须处于 RUN 模式才能查看连续的状态更新。不能显示未执行的程序区（如未调用的子程序、中断程序或被 JMP 指令跳过的区域）的程序状态。

在 RUN 模式启动程序状态功能后，将用颜色显示出梯形图中各元件的状态（如图 3-90 所示），左边的垂直"电源线"和与它相连的水平"导线"变为深蓝色。如果有能流流入方框指令的 EN（使能）输入端，且该指令被成功执行时，方框指令的方框变为深蓝色。定时器和计数器的方框为绿色时表示它们包含有效数据。红色方框表示执行指令时出现了错误。灰色表示无能流、指令被跳过、未调用、PLC 处于 STOP 模式。

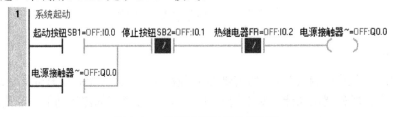

图 3-90 梯形图程序状态的监控

在 RUN 模式启用程序状态监控，将以连续方式采集状态值。"连续"并非意味着实时，而是指编程设备不断地从 PLC 轮询状态信息，并在显示屏上显示，按照通信允许的最快速度更新显示。可能捕获不到某些快速变化的值（如流过边沿检测触点的能流），并在显示屏上显示，或者因为这些值变化太快而无法读取。

开始监控图 3-90 中的梯形图时，各输入点均为 OFF，梯形图中 I0.0 的常开触点断开，I0.1 和 I0.2 的常闭触点接通。按下起动按钮 SB1，梯形图中 Q0.0 的线圈"通电"，Q0.0 的常开触点闭合，Q0.2 和 Q0.3 的线圈"通电"，同时定时器 T37 开始定时（见图 3-91），方框上面 T37 的当前值不断增大。当前值大于或等于预设值 50（5s）时，梯形图中 T37 的常闭触点断开（程序段 2），使得此时梯形图中 Q0.2 和 Q0.3 的线圈"失电"，同时 T37 的常开触点接通（程序段 3），使得梯形图中 Q0.1 和 Q0.4 的线圈"通电"。由于 Q0.1 的线圈"通电"，使得 Q0.1 的常闭触点断开，进而使得定时器 T37 被复位，此时电动机Y-△减压起动完成。启用程序状态监控，可以形象直观地看到触点、线圈的状态和定时器当前值的变化情况。

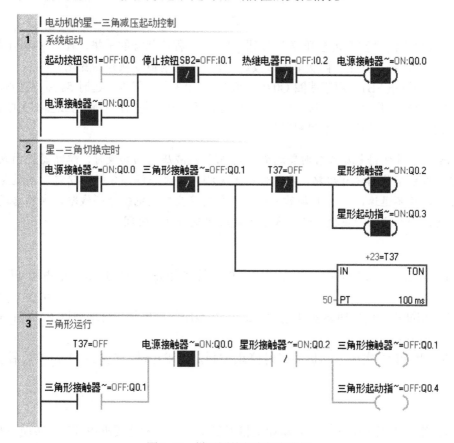

图 3-91　梯形图的程序状态监控

按下停止按钮 SB2，梯形图中 I0.1 的常闭触点断开后马上接通。Q0.0、Q0.1 和 Q0.4 的线圈断电。

如果在调试程序阶段，外部元器件未连接到 PLC 的输入端，则可通过"强制"功能来进行程序的调试。用鼠标右键单击程序状态中的 I0.0，执行出现的快捷菜单中的"强制""写入"等命令，可以在出现的对话框中完成相应的操作。图 3-92 中的 I0.0 已被强制为 ON，在 I0.0 旁边的🔒图标表示它被强制。强制后不能用外接按钮或开关改变 I0.0 的强制值。若想取消强制，则先选择显示强制的操作数，然后单击状态图表工具栏上的"取消强制"按钮🔓，被选择地址的强制图标将会消失。

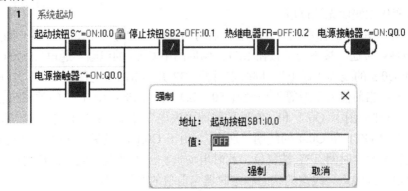

图 3-92 "强制"功能的使用

单击工具栏上的"暂停状态开/关"按钮🔳，暂停程序状态的采集，在Y-△减压起动未切换前 T37 的当前值停止变化。再次单击该按钮，T37 的当前值重新开始变化。

若按下起动按钮 SB1，观察线圈 Q0.0、Q0.2 和 Q0.3 是否得电；延时 5s 后，观察输出线圈 Q0.0、Q0.1 和 Q0.4 是否得电；按下停止按钮 SB2 后，观察是否所有输出线圈都失电；若调试现象与控制要求一致，则说明本案例任务实现。

> ★编者在企业维修机床设备时曾遇到电动机Y-△减压起动切换时，熔断器烧损或断路器跳闸现象。经检查线路没有短路，元器件也未见损坏，再经仔细分析和研究，发现是接触器元件老化，动作不迅速，Y-△切换瞬间触点动作时产生较大电弧使得线路发生短路现象。如何解决上述问题？方法为更换元件，或通过定时器延长切换时间。

4. 拓展

训练 1：采用交流 220V 指示灯实现本案例的控制任务，要求指示灯不占用 PLC 的输出端口。

训练 2：用断电延时定时器实现电动机的Y-△减压起动控制（可增加以下功能：可手动提前进行Y-△的切换）。

训练 3：用 PLC 实现电动机的延时停止控制，要求电动机起动并工作 3h 后自动停止运行。

5. 认证

任务 1：维修电工中级（四级）职业资格考试中，有一考题要求由 PLC 实现三相异步电动机可手动切换的Y-△减压起动的控制，并对其进行装调，所提供的控制电路如图 3-93 所示。

请读者根据图 3-93 所示电路及控制功能自行绘制 PLC 的 I/O 接线图并编写相应控制程序。

任务 2：维修电工中级（四级）职业资格考试中，有一考题为 PLC 控制多台电动机的顺序起停和装调，所提供的控制电路如图 3-94 或图 3-95 所示。

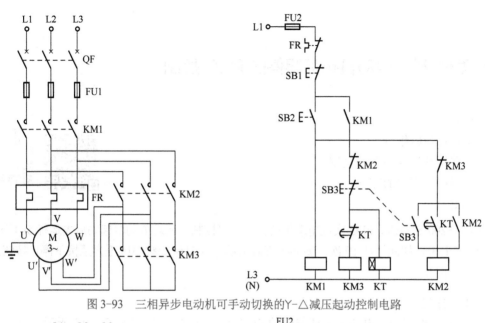

图 3-93　三相异步电动机可手动切换的Y-△减压起动控制电路

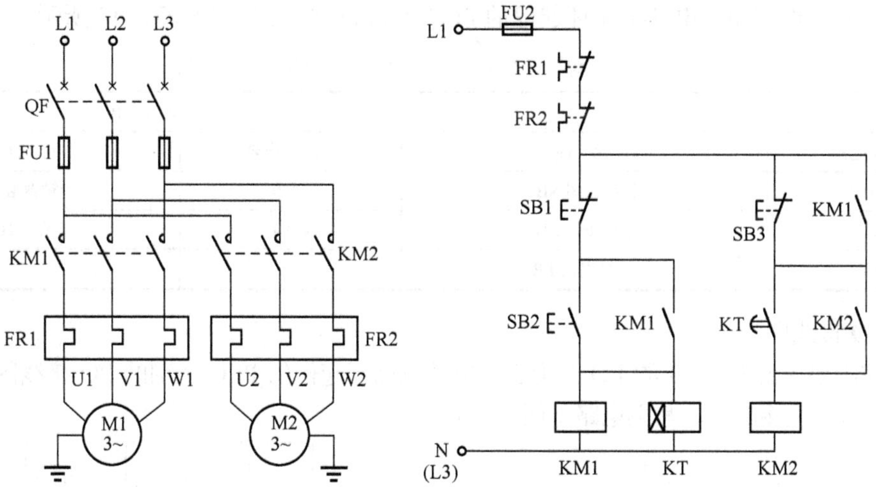

图 3-94　多台电动机顺序起停控制电路一

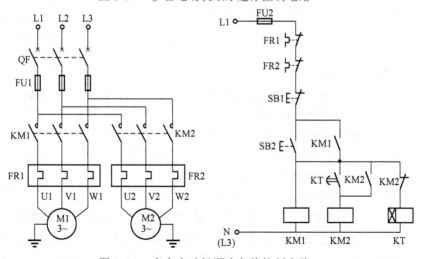

图 3-95　多台电动机顺序起停控制电路二

3.7 案例 12 电动机循环起停的 PLC 控制

1. 目的

1）掌握计数器指令。

2）掌握特殊位存储器的使用。

3）掌握调试程序的方法。

2. 任务

使用 S7-200 SMART PLC 实现电动机的循环起停控制。要求电动机起动后先运行 5s 停止 3s，再运行 5s 停止 3s，如此循环 10 次，循环结束后指示灯以 1Hz 的频率闪烁直至按下停止按钮。

3. 内容与步骤

（1）I/O 分配

根据案例分析可知，电动机循环起停的 PLC 控制 I/O 地址分配如表 3-10 所示。

表 3-10　电动机循环起停的 PLC 控制 I/O 地址分配表

输　入		输　出	
输入继电器	元　件	输出继电器	元　件
I0.0	起动按钮 SB1	Q0.0	接触器 KM
I0.1	停止按钮 SB2	Q0.4	指示灯 HL
I0.2	热继电器 FR		

（2）I/O 接线图

根据控制要求及表 3-10 的 I/O 分配表，电动机循环起停的 PLC 控制的 I/O 接线图如图 3-96 所示。电动机为直接起动，其主电路见图 3-55，在此省略。

（3）创建工程项目

创建一个工程项目，并命名为电动机的循环起停控制。

（4）编写程序

1）特殊存储器 SMB0 和 SMB1。

系统要求，循环结束后指示灯以秒级闪烁，即闪烁周期为 1s。如何产生秒级周期脉冲呢？使用定时器指令便可实现，但以目前所学知识需要两个定时器，这增加了编程工作量。而 S7-200 SMART 提供了多个特殊存储器，它

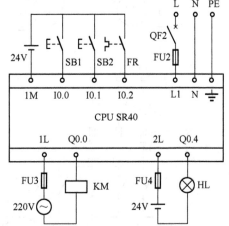

图 3-96　电动机循环起停的 PLC 控制的 I/O 接线图

们具有特殊功能或存储系统的状态变量、有关的控制参数和信息，称之为特殊标志继电器（用"SM"表示）。这些特殊存储器为用户编程提供方便。用户可以通过特殊标志来沟通 PLC 与被控对象之间的信息，如可以读取程序运行过程中设备状态和运算结果的信息，利用这些信息通过程序实现一定的控制动作。用户也可直接设置

某些特殊标志继电器位使设备实现某种功能。在此先学习 SMB0 和 SMB1 两个特殊存储器，它们有SM0.0～SM1.7 的系统状态位，只能读取其中的状态数据，不能改写，SMB0 和 SMB1 特殊存储器位及含义如表 3-11 所示。

表 3-11　SMB0 和 SMB1 特殊存储器位及含义

位号	含　义	位号	含　义
SM0.0	该位始终为 1	SM1.0	操作结果为 0 时置 1
SM0.1	首次扫描时为 1，以后为 0	SM1.1	结果溢出或为非法数值时置 1
SM0.2	数据丢失时保持为 1	SM1.2	结果为负数时置 1
SM0.3	开机上电进行 RUN 时为 1（一个扫描周期）	SM1.3	被 0 除时置 1
SM0.4	时钟脉冲：周期为 1min，30s 闭合/30s 断开	SM1.4	超出表范围时置 1
SM0.5	时钟脉冲：周期为 1s，0.5s 闭合/0.5s 断开	SM1.5	空表时置 1
SM0.6	时钟脉冲：闭合一个扫描周期，断开一个扫描周期	SM1.6	BCD 到二进制转换出错时置 1
SM0.7	指令执行结果溢出或检测到非法数值时，该位为 1	SM1.7	ASCII 到十六进制转换出错时置 1

2）编程。

基于上述特殊存储器位的功能，起停循环 10 次指示灯以秒级闪烁（频率为 1Hz）可用 SM0.5 来实现（读者可使用两个定时器实现，两个定时器可产生任意脉冲波形）。首次开机时可使用 SM0.1 让循环起停的计数器复位。根据要求编写的梯形图如图 3-97 所示。

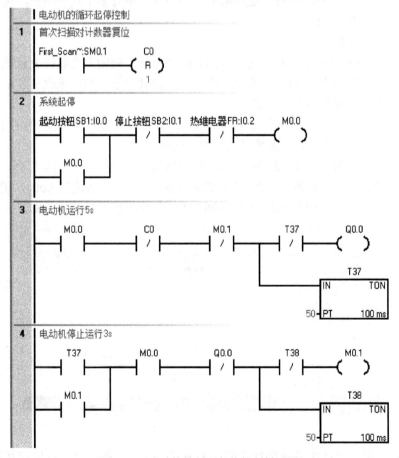

图 3-97　电动机的循环起停控制梯形图

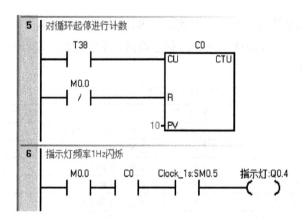

图 3-97　电动机的循环起停控制梯形图（续）

（5）调试程序

S7-200 SMART 既可使用程序状态来监控和调试程序，还可使用状态图表来监控和调试程序。

1）打开和编辑状态图表。

在程序运行时，可以用状态图表来读、写、强制和监控 PLC 中的变量。用鼠标双击项目树的"状态图表"文件夹中的"图表 1"图标，或者单击导航栏上的"状态图表"按钮▦，均可打开状态图表（见图 3-98），并对它进行编辑。如果项目中有多个状态图表，可以用状态图表编辑器底部的标签切换它们。

2）生成要监控的地址。

未起动状态图表的监控功能时，在状态图表的"地址"列输入要监控变量的绝对地址或符号地址，可以采用默认的显示格式，或用"格式"列隐藏的下拉列表来改变显示格式。工具栏上的按钮▢ ▾用来切换地址的显示方式。

定时器和计数器可以分别按位或按字监控。如果按位监控，显示的是它们输出位的 ON/OFF 状态。如果按字监控，显示的是它们的当前值。

选中符号表中的符号单元或地址单元，并将其复制到状态图表的"地址"列，可以快速创建要监控的变量。单击状态图表某个"地址"列的单元格（如 T37）后按〈Enter〉键，可以在下一行插入或添加一个具有顺序地址（如 T38）和相同显示格式的新行（见图 3-98）。

	地址	格式	当前值	新值
1	起动按钮SB1:I0.0	位	2#0	
2	停止按钮SB2:I0.1	位	2#0	
3	热继电器FR:I0.2	位	2#0	
4	接触器KM:Q0.0	位	2#1	
5	T37	位	2#0	
6	T37	二进制	2#0000_0000_0011_0001	
7	T38	二进制	2#0000_0000_0000_0000	

图 3-98　状态图表

按住〈Ctrl〉键，将选中的操作数从程序编辑器拖放到状态图表，可以向状态图表添加条目。此外，还可以从 Excel 电子表格复制数据到状态图表。

3）创建新的状态图表。

可以根据不同的监控任务，创建几个状态图表。用鼠标右键单击项目树中的"状态图表"，执行弹出菜单中的"插入"选项下的"图表"命令，或单击状态图表工具栏上的"插入图表"按钮 ，可以创建新的状态图表。

4）起动和关闭状态图表的监控功能。

与 PLC 的通信连接成功后，打开状态图表，单击工具栏上的"图表状态"按钮 ，该按钮被"按下"（按钮背景变为黄色），表示启动了状态图表的监控功能。编程软件从 PLC 收集状态信息，在状态图表的"当前值"列将会出现从 PLC 中读取的连续更新的动态数据。

启动监控后按下起动按钮 SB1 和停止按钮 SB2，可以看到各个位地址的 ON/OFF 状态和定时器当前值变化的情况。

单击状态图表工具栏上的"图表状态"按钮 ，该按钮"弹起"（按钮背景变为灰色），表示监视功能被关闭，当前值列显示的数据消失。

用二进制格式监控字节、字或双字，可以在一行中同时监控 8 点、16 点或 32 点位变量。

5）单次读取状态信息。

状态图表的监控功能被关闭时，或 PLC 切换到 STOP 模式，单击状态图表工具栏上的"读取"按钮 ，可以获得打开的图表中数值的单次"快照"（状态图表中所有的值更新一次），并在状态图表的"当前值"列显示出来。

6）趋势视图。

趋势视图是用随时间变化的曲线跟踪 PLC 的状态数据（见图 3-99）。单击状态图表工具栏上的"趋势视图"按钮 ，可以在表格与趋势视图之间切换。用鼠标右键单击状态图表内部，然后执行弹出快捷菜单中的"趋势形式的视图"命令，也可以完成同样的操作。

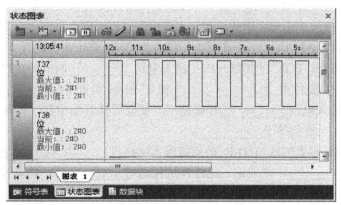

图 3-99　趋势视图

用鼠标右键单击趋势视图，执行弹出快捷菜单中的命令，可以在趋势视图运行时删除被单击的变量行、插入新的行和修改趋势视图的时间基准（即时间轴的刻度）。如果更改了时间基准（0.25s～5min），整个图的数据都被清除，并用新的时间基准重新显示。执行弹出快捷菜单中的"属性"命令，在弹出的对话框中，可以修改单击的行变量的地址和显示格式，以及显示的上限和下限。

启动趋势视图后单击工具栏上的"暂停图表"按钮 可以"冻结"趋势视图。再次单击该按钮将结束暂停。

实时趋势功能不支持历史趋势，即不会保留超出趋势视图窗口中时间范围的趋势数据。

按照上述调试方法，对程序进行调试。按下系统起动按钮 SB1，观察：电动机是否运行 5s 停止 3s 如此循环 10 次，循环 10 次后电动机是否再次起动，指示灯是否以 1Hz 的频率闪烁？如果调试现象与控制要求一致，则说明本案例任务实现（系统调试原则依然是先程序和控制电路，最后再进行主电路联机调试及运行）。

4．拓展

训练 1：用 PLC 实现组合吊灯三档亮度的控制，即按下第 1 次按钮只有 1 盏灯点亮，按下第 2 次按钮有 2 盏灯点亮，按下第 3 次按钮有 3 盏灯点亮，按下第 4 次按钮 3 盏灯全熄灭。

训练 2：用 PLC 实现地下车库有无空余车位显示的控制，设地下车库共有 100 个停车位。要求有车辆入库时，空余车位数少 1，有车辆出库时，空余车位数多 1，当有空余车位时绿灯亮，无空余车位时红灯亮并以秒级闪烁，以提示车库已无空余车位。

训练 3：用定时器和计数器共同实现延时，使电动机起动并工作 3h 后自动停止运行。

3.8 习题与思考

1．美国数字设备公司于_____年研制出世界上第一台 PLC。

2．PLC 主要由_____、_____、_____、_____等组成。

3．PLC 的常用语言有_____、_____、_____、_____、_____等，S7-200 SMART PLC 编程语句为_____、_____、_____。

4．PLC 是通过周期扫描工作方式来完成控制的，每个周期包括_____、_____、_____。

5．输出指令（对应于梯形图中的线圈）不能用于过程映像_____寄存器。

6．特殊存储器位 SM_____在首次扫描时为 ON，SM0.0 一直为_____。

7．接通延时定时器 TON 的使能（IN）输入电路_____时开始定时，当前值大于或等于预设值时其定时器位变为_____，梯形图中常开触点_____，常闭触点_____。使能输入电路_____时被复位，复位后梯形图中其常开触点_____，常闭触点_____，当前值等于_____。

8．保持型接通延时定时器 TONR 的使能输入电路_____时开始定时，使能输入电路断开时，当前值_____。使能输入电路再次接通时_____。必须用_____指令来复位 TONR。

9．断开延时定时器 TOF 的使能输入电路接通时，定时器位立即变为_____，当前值被_____。使能输入电路断开时，当前值从 0 开始_____。当前值等于预设值时，定时器位变为_____，梯形图中其常开触点_____，常闭触点_____，当前值_____。

10．若加计数器的计数输入电路 CU_____、复位输入电路 R_____，计数器的当前值加 1。当前值 CV 大于或等于预设值 PV 时，梯形图中其常开触点_____，常闭触点_____。复位输入电路_____时，计数器被复位，复位后梯形图中其常开触点_____，常闭触点_____，当前值_____。

11．PLC 内部的"软继电器"能提供多少个触点供编程使用？

12．输入继电器有无输出线圈？

13．如何防止正反转直接切换或星–三角切换时短路现象的发生？

14．用 PLC 实现如下功能：用一个转换开关控制两盏直流 24V 指示灯，以示控制系统运行时所处的"自动"或"手动"状态，即向左旋转转换开关，其中一盏灯亮表示控制系统当前处于"自动"状态；向右旋转转换开关，另一盏灯亮表示控制系统当前处于"手动"状态。

15．使用 CPU ST40 的 PLC 实现两地对同一台电动机的起停控制。

16．用 R、S 指令或 RS 指令编程实现电动机的正反转运行控制。

17．要求将热继电器常开或常闭触点作为 PLC 的输入信号实现案例 9 的控制功能。

18．用两个按钮控制一盏直流 24V 指示灯的亮灭，要求按下任意 1 个按钮，指示灯均可点亮。

19．使用 CPU ST40 型 PLC 实现案例 9 的控制任务。

20．使用 SR 和 RS 触发器指令实现案例 10 的控制任务。

21．采用直流 24V 指示灯实现案例 11 的控制任务，要求指示灯占用 PLC 的输出端口。

22．用 PLC 实现两台小容量电动机顺序起动和逆序停止的控制，要求第一台电动机起动 5s 后第二台电动机才能起动；第二台电动机停止 5s 后第一台电动机方能停止。若有任一台电动机过载，两台电动机均立即停止运行。

23．用 PLC 实现小车往复运动控制，要求系统起动后小车前进，行驶 15s，停止 3s，再后退 15s，停止 3s，如此往复运动 20 次，循环结束后指示灯以秒级闪烁 5 次后熄灭（可使用 SM0.5 实现指示灯秒级闪烁功能）。

第4章

PLC 功能与程序控制指令及编程应用

本章重点介绍 S7-200 SMART PLC 的数据类型，数据处理指令（传送指令、比较指令、移位指令、转换时间、时钟指令），运算指令（数学运算指令、逻辑运算指令），程序控制指令（跳转指令、子程序指令、中断指令）及其应用。通过 6 个案例介绍 PLC 灯控的典型应用，在案例中用程序编辑器和状态图表中新值写入与强制给操作数的方法来监控和调试程序。通过本章学习，读者能掌握 S7-200 SMART PLC 常用功能指令及程序控制指令的应用。

4.1 数据类型及寻址方式

1. 数据类型

在 S7-200 SMART 的编程语言中，大多数指令要与具有一定大小的数据对象一起进行操作。不同的数据对象具有不同的数据类型，

码 4-1
存储器的数据
类型

不同的数据类型具有不同的数制和格式选择。对程序中所用的数据可指定一种数据类型。在指定数据类型时，要确定数据大小和数据位结构。

S7-200 SMART 的数据类型有以下几种，字符串、布尔型（0 或 1）、整型和实型（浮点数）等。任何类型的数据都是以一定格式并用二进制的形式保存在存储器内。一位二进制数称为 1 位（bit），包括 "0" 或 "1" 两种状态，表示数据处理的最小单位。可以用一位二进制数的两种不同取值（"0" 或 "1"）来表示开关量的两种不同状态。对应于 PLC 中的编程元件，如果该位为 "1"，表示梯形图中对应编程元件的线圈有信号流流过，其常开触点接通，常闭触点断开。如果该位为 "0"，表示梯形图中对应编程元件的线圈没有信号流流过，其常开触点断开，常闭触点接通。

从数据长度上数据可分为位、字节、字或双字等。8 位二进制数组成 1 字节（Byte），其中第 0 位为最低位（LSB），第 7 位为最高位（MSB）。两个字节组成 1 个字（Word），两个字组成 1 个双字（Double Word）。一般用二进制补码形式表示有符号数，其最高位为符号位。最高位为 0 时表示正数，为 1 时表示负数，最大的 16 位正数为 16#7FFF，16#表示十六进制数。

S7-200 SMART PLC 的基本数据类型及范围如表 4-1 所示。

表 4-1　S7-200 SMART PLC 的基本数据类型及范围

基本数据类型	位　数	范　围
布尔型（Bool）	1	0 或 1
字节型（Byte）	8	0～255
字型（Word）	16	0～65 535
双字型（Dword）	32	0～（$2^{32}-1$）

（续）

基本数据类型	位　数	范　围
整型（Int）	16	$-32\,768\sim+32\,767$
双整型（Dint）	32	$-2^{31}\sim(2^{31}-1)$
实数型（Real）	32	$\pm1.1\,755\,494e\sim\pm3.402\,823e+38$

数据类型为 STRING 的字符串由若干个 ASCII 码字符组成，第一个字节定义字符串的长度（0～254），后面的每个字符占一个字节。变量字符串最多有 255 字节（即长度字节加上 254 个字符）。

2. 寻址方式

S7-200 SMART 每条指令由两部分组成：一部分为操作码，另一部分为操作数。操作码表示指令的功能，操作数指明操作码操作的对象。所谓寻址，就是寻找操作数的过程。S7-200 SMART CPU 的寻址分为三种：立即寻址、直接寻址和间接寻址。

（1）立即寻址

在一条指令中，如果操作数本身就是操作码所需要处理的具体数据，这种操作的寻址方式就是立即寻址。

如：MOVW　16#1234，VW10

该指令为双操作数指令，第一个操作数称为源操作数，第二个操作数称为目的操作数。该指令的功能是将十六进制数 1234 传送到变量存储器 VW10 中，指令中的源操作数 16#1234 即为立即数，其寻址方式就是立即寻址方式。

（2）直接寻址

在一条指令中，如果操作数是以其所在地址形式出现的，这种指令的寻址方式就叫作直接寻址。

如：MOVB　VB40，VB50

该指令的功能是将 VB40 中的字节数据传给 VB50，指令中的源操作数的数值在指令中并未给出，只给出了存储操作数的地址 VB40，寻址时要到该地址中寻找操作数，这种给出操作数地址形式的寻址方式是直接寻址。

1）位寻址方式。

位存储单元的地址由字节地址和位地址组成，如 I1.2，其中区域标识符"I"表示输入，字节地址为 1，位地址为 2，如图 4-1 所示。这种存取方式也称为"字节.位"寻址方式。

2）字节、字和双字寻址方式。

对字节、字和双字数据，直接寻址时需指明区域标识符、数据类型和存储区域内的首字节地址。例如，输入字节 VB10，B 表示字节（B 是 Byte 的缩写），10 为起始字节地址。相邻的两个字节组成一个字，VW10 表示由 VB10 和 VB11 组成的 1 个字，VW10 中的 V 为变量存储区域标识符，W 表示字（W 是 Word 的缩写），10 为起始字的地址。VD10 表示由 VB10～VB13 组成的双字，V 为变量存储区域标识符，D 表示存取双字（D 是 Double Word 的缩写），10 为起始字节的地址。同一地址的字节、字和双字存取操作的比较如图 4-2 所示。

可以用直接方式进行寻址的存储区包括：输入映像存储区 I、输出映像存储区 Q、变量存储区 V、位存储区 M、定时器存储区 T、计数器存储区 C、高速计数器 HC、累加器

AC、特殊存储器 SM、局部存储器 L、模拟量输入映像区 AI、模拟量输出映像区 AQ、顺序控制继电器 S。

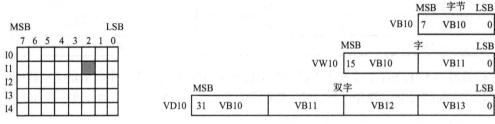

图 4-1　位数据的存放　　　　图 4-2　对同一地址进行字节、字和双字存取操作的比较

（3）间接寻址

在一条指令中，如果操作数是以操作数所在地址的地址形式出现的，这种指令的寻址方式就是间接寻址。操作数地址的地址也称为地址指针。地址指针前加 "*"。

如：MOVW　2010，*VD20

该指令中，*VD20 就是地址指针，在 VD20 中存放的是一个地址值，而该地址值是源操作数 2010 存储的地址。如 VD20 中存入的是 VW0，则该指令的功能是将十进制数 2010 传送到 VW0 地址中。

可以用间接方式进行寻址的存储区包括：输入映像存储区 I、输出映像存储区 Q、变量存储区 V、位存储区 M、顺序控制继电器 S、定时器 T、计数器 C，其中 T 和 C 仅仅对于当前值进行间接寻址，而对独立的位值和模拟量值是不能进行间接寻址的。

使用间接寻址对某个存储器单元读、写时，首先要建立地址指针。指针为双字长，用来存入另一个存储器的地址，只能用 V、L 或 AC 做指针。建立指针必须用双字传送指令（MOVD）将需要间接寻址的存储器地址送到指针中，例如：MOVD &VB200，AC1。指针也可以为子程序传递参数。&VB200 表示 VB200 的地址，而不是 VB200 中的值。

1）用指针存取数据。

用指针存取数据时，操作数前加 "*" 号，表示该操作数为一个指针。图 4-3 中的*AC1 表示 AC1 是一个指针，AC1 是*AC1 所指的地址中的数据。此例中，存于 VB200 和 VB201 的数据被传送到累加器 AC0 的低 16 位。

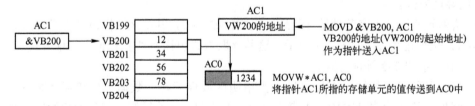

图 4-3　使用指针的间接寻址

2）修改指针。

在间接寻址方式中，指针指示了当前存取数据的地址。连续存取指针所指的数据时，当一个数据已经存入或取出，如果不及时修改指针会出现以后的存取仍使用已用过的地址，为了使存取地址不重复，必须修改指针。因为指针是 32 位的数据，应使用双字指令来修改指针值，例如双字加法或双字加 1 指令。修改时记住需要调整的存储器地址的字节数：存取字节时，指针值加 1；存取字时，指针值加 2；存取双字时，指针值加 4。

4.2　数据处理指令

4.2.1　传送指令

码 4-2
传送指令

1. 数据传送指令

数据传送指令包括字节、字、双字和实数传送指令，其梯形图及语句表如表 4-2 所示。

表 4-2　数据传送指令的梯形图及语句表

梯形图	语句表	指令名称
MOV_B ─EN　　ENO─ ─IN　　OUT─	MOVB　IN, OUT	字节传送指令
MOV_W ─EN　　ENO─ ─IN　　OUT─	MOVW　IN, OUT	字传送指令
MOV_DW ─EN　　ENO─ ─IN　　OUT─	MOVD　IN, OUT	双字传送指令
MOV_R ─EN　　ENO─ ─IN　　OUT─	MOVR　IN, OUT	实数传送指令

字节传送（MOVB）、字传送（MOVW）、双字传送（MOVD）和实数传送（MOVR）指令在不改变原值的情况下，将 IN 中的值传送到 OUT 中。

数据传送指令的操作数范围如表 4-3 所示。

表 4-3　数据传送指令的操作数范围

指令	输入或输出	操作数
字节传送指令	IN	IB、QB、VB、MB、SMB、SB、LB、AC、*VD、*LD、*AC、常数
	OUT	IB、QB、VB、MB、SMB、SB、LB、AC、*VD、*LD、*AC
字传送指令	IN	IW、QW、VW、MW、SMW、SW、T、C、LW、AC、AIW、*VD、*AC、*LD、常数
	OUT	IW、QW、VW、MW、SMW、SW、T、C、LW、AC、AQW、*VD、*AC、*LD
双字传送指令	IN	ID、QD、VD、MD、SMD、SD、LD、HC、&IB、&QB、&VB、&MB、&SMB、&SB、&T、&C、&AIW、&AQW、AC、*VD、*AC、*LD、常数
	OUT	ID、QD、SD、MD、SMD、VD、LD、AC、*VD、*LD、*AC
实数传送指令	IN	ID、QD、SD、MD、SMD、VD、LD、AC、*VD、*LD、*AC、常数
	OUT	ID、QD、SD、MD、SMD、VD、LD、AC、*VD、*LD、*AC

【例 4-1】　字传送指令的应用（如图 4-4 所示）。

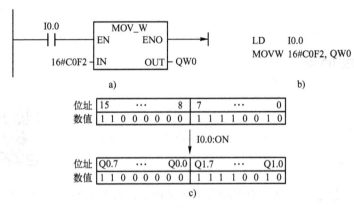

图 4-4　字传送指令的应用

a) 梯形图　b) 语句表　c) 指令功能图

当常开触点 I0.0 接通时，有信号流入 MOVW 指令的使能输入端 EN，字传送指令将十六进制数 C0F2，不经过任何改变传送到输出过程映像寄存器 QW0 中。

2. 块传送指令

块传送指令的梯形图及语句表如表 4-4 所示。

字节块传送指令、字块传送指令和双字块传送指令传送指定数量的数据到一个新的存储区，IN 为数据的起始地址，数据的长度为 N（N 为 1～255）个字节、字或双字，OUT 为新存储区的起始地址。

表 4-4　块传送指令的梯形图及语句表

梯形图	语句表	指令名称
BLKMOV_B EN　ENO IN　OUT N	BMB　IN, OUT, N	字节块传送指令
BLKMOV_W EN　ENO IN　OUT N	BMW　IN, OUT, N	字块传送指令
BLKMOV_D EN　ENO IN　OUT N	BMD　IN, OUT, N	双字块传送指令

块传送指令的操作数范围如表 4-5 所示。

表 4-5　块传送指令的操作数范围

指令	输入或输出	操作数
字节块传送指令	IN	IB、QB、VB、MB、SMB、SB、LB、AC、*VD、*LD、*AC
	OUT	
	N	IB、QB、VB、MB、SMB、SB、LB、AC、*VD、*LD、*AC、常数
字块传送指令	IN	IW、QW、VW、MW、SMW、SW、LW、AIW、AQW、AC、HC、T、C、*VD、*LD、*AC
	OUT	
	N	IB、QB、VB、MB、SMB、SB、LB、AC、*VD、*LD、*AC

（续）

指令	输入或输出	操作数
双字块传送指令	IN	ID、QD、VD、MD、SMD、SD、LD、AC、*VD、*LD、*AC
	OUT	
	N	IB、QB、VB、MB、SMB、SB、LB、AC、*VD、*LD、*AC、常数

3. 字节立即传送指令和交换字节指令

字节立即传送指令和交换字节指令的梯形图及语句表如表 4-6 所示。

表 4-6　字节立即传送指令和交换字节指令的梯形图及语句表

梯形图	语句表	指令名称
MOV_BIR EN　ENO IN　OUT	BIR　IN, OUT	字节立即读指令
MOV_BIW EN　ENO IN　OUT	BIW　IN, OUT, N	字节立即写指令
SWAP EN　ENO IN　OUT	SWAP　IN	交换字节指令

字节立即传送指令和交换字节指令的操作数范围如表 4-7 所示。

表 4-7　字节立即传送指令和交换字节指令的操作数范围

指令	输入或输出	操作数
字节立即读指令	IN	IB、*VD、*LD、*AC
	OUT	IB、QB、VB、MB、SMB、SB、LB、AC、*VD、*LD、*AC
字节立即写指令	IN	IB、QB、VB、MB、SMB、SB、LB、AC、*VD、*LD、*AC、常数
	OUT	QB、*VD、*LD、*AC
交换字节指令	IN	IW、QW、VW、MW、SMW、SW、T、C、LW、AC、*VD、*LD、*AC

字节立即读指令用来读取物理输入 IN 的状态，并将结果写入存储器地址 OUT，但不会更新过程映像寄存器。

字节立即写入指令用以从存储器地址 IN 中读取数据，并将其写入物理输出 OUT 以及相应的过程映像位置。

字节交换指令用于交换字 IN 的最高有效字节和最低有效字节。

> ★ "众人划桨开大船，众人拾柴火焰高。" 从二十大起，中国共产党的中心任务就是团结带领全国各族人民全面建成社会主义现代化强国、实现第二个百年奋斗目标，以中国式现代化全面推进中华民族伟大复兴。

4.2.2　比较指令

比较指令是用于对两个相同数据类型的有符号或无符号数 IN1 和 IN2 进行比较和判断的操作。字节比较操作是无符号的，整数、双整数和实数比较操作都是有符号的。

码 4-3
比较指令

比较运算符包括：等于（= =）、大于或等于（>=）、小于或等于（<=）、大于（>）、小于（<）、不等于（<>）。

比较指令的梯形图及语句表如表 4-8 所示。

表 4-8　比较指令的梯形图及语句表

指令名称	梯形图	语句表
字节比较指令	IN1 —┤==B├— IN2	LDB= IN1, IN2 AB= IN1, IN2 OB= IN1, IN2
	IN1 —┤<>B├— IN2	LDB<> IN1, IN2 AB<> IN1, IN2 OB<> IN1, IN2
	IN1 —┤>=B├— IN2	LDB>= IN1, IN2 AB>= IN1, IN2 OB>= IN1, IN2
	IN1 —┤<=B├— IN2	LDB<= IN1, IN2 AB<= IN1, IN2 OB<= IN1, IN2
	IN1 —┤>B├— IN2	LDB> IN1, IN2 AB> IN1, IN2 OB> IN1, IN2
	IN1 —┤<B├— IN2	LDB< IN1, IN2 AB< IN1, IN2 OB< IN1, IN2
整数比较指令	IN1 —┤==I├— IN2	LDW= IN1, IN2 AW= IN1, IN2 OW= IN1, IN2
	IN1 —┤<>I├— IN2	LDW<> IN1, IN2 AW<> IN1, IN2 OW<> IN1, IN2
	IN1 —┤>=I├— IN2	LDW>= IN1, IN2 AW>= IN1, IN2 OW>= IN1, IN2
	IN1 —┤<=I├— IN2	LDW<= IN1, IN2 AW<= IN1, IN2 OW<= IN1, IN2
	IN1 —┤>I├— IN2	LDW> IN1, IN2 AW> IN1, IN2 OW> IN1, IN2
	IN1 —┤<I├— IN2	LDW< IN1, IN2 AW< IN1, IN2 OW< IN1, IN2
双整数比较指令	IN1 —┤==D├— IN2	LDD= IN1, IN2 AD= IN1, IN2 OD= IN1, IN2
	IN1 —┤<>D├— IN2	LDD<> IN1, IN2 AD<> IN1, IN2 OD<> IN1, IN2
	IN1 —┤>=D├— IN2	LDD>= IN1, IN2 AD>= IN1, IN2 OD>= IN1, IN2
	IN1 —┤<=D├— IN2	LDD<= IN1, IN2 AD<= IN1, IN2 OD<= IN1, IN2

（续）

指令名称	梯形图	语句表
双整数比较指令	IN1 ┤ >D ├ IN2	LDD> IN1, IN2 AD> IN1, IN2 OD> IN1, IN2
	IN1 ┤ <D ├ IN2	LDD< IN1, IN2 AD< IN1, IN2 OD< IN1, IN2
实数比较指令	IN1 ┤==R├ IN2	LDR= IN1, IN2 AR= IN1, IN2 OR= IN1, IN2
	IN1 ┤<>R├ IN2	LDR<> IN1, IN2 AR<> IN1, IN2 OR<> IN1, IN2
	IN1 ┤>=R├ IN2	LDR>= IN1, IN2 AR>= IN1, IN2 OR>= IN1, IN2
	IN1 ┤<=R├ IN2	LDR<= IN1, IN2 AR<= IN1, IN2 OR<= IN1, IN2
	IN1 ┤ >R ├ IN2	LDR> IN1, IN2 AR> IN1, IN2 OR> IN1, IN2
	IN1 ┤ <R ├ IN2	LDR< IN1, IN2 AR< IN1, IN2 OR< IN1, IN2
字符串比较指令	IN1 ┤==S├ IN2	LDS= IN1, IN2 AS= IN1, IN2 OS= IN1, IN2
	IN1 ┤<>S├ IN2	LDS<> IN1, IN2 AS<> IN1, IN2 OS<> IN1, IN2

在梯形图中，比较指令是以常开触点的形式编程的，并在常开触点的中间注明比较参数和比较运算符。当比较的结果为真时，该常开触点闭合。

在功能块图中，比较指令以功能框的形式编程。当比较结果为真时，输出接通。

在语句表中，比较指令与基本逻辑指令 LD、A 和 O 进行组合编程。当比较结果为真时，PLC 将栈顶置 1。

在程序编辑器中，常数字符串参数赋值时必须以英文的双引号字符开始和结束。常数字符串的最大长度为 126 个字符，每个字符占 1 个字节。如果字符串变量从 VB100 开始存放，字符串比较指令中该字符串对应的输入参数为 VB100。字符串变量的最大长度为 254 个字符（字节），可以用数据块初始化字符串。

比较指令的操作数范围如表 4-9 所示。

表 4-9　比较指令的操作数范围

指令	输入或输出	操作数
字节比较指令	IN1、IN2	IB、QB、VB、MB、SMB、SB、LB、AC、*VD、*LD、*AC、常数
	OUT	I、Q、V、M、SM、S、L、T、C、信号流
整数比较指令	IN1、IN2	IW、QW、VW、MW、SMW、SW、LW、AIW、AC、T、C、*VD、*LD、*AC、常数
	OUT	I、Q、V、M、SM、S、L、T、C、信号流

（续）

指令	输入或输出	操作数
双整数比较指令	IN1、IN2	ID、QD、VD、MD、SMD、SD、LD、AC、HC、*VD、*LD、*AC、常数
	OUT	I、Q、V、M、SM、S、L、T、C、信号流
实数比较指令	IN1、IN2	ID、QD、VD、MD、SMD、SD、LD、AC、*VD、*LD、*AC、常数
	OUT	I、Q、V、M、SM、S、L、T、C、信号流
字符串比较指令	IN1	VB、LB、*VD、*LD、*AC、常数字符串
	IN2	VB、LB、*VD、*LD、*AC
	OUT	LAD：能流 FBD：I、Q、V、M、SM、S、T、C、L、逻辑流

【例 4-2】 比较指令的应用（见图 4-5）。

变量存储器 VW10 中的数值与十进制 30 相比较，当变量存储器 VW10 中的数值等于 30 时，常开触点接通，Q0.0 有信号流流过。

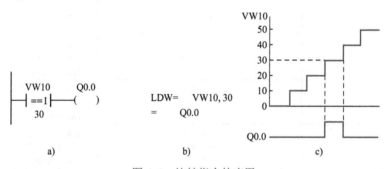

图 4-5 比较指令的应用

a) 梯形图 b) 语句表 c) 指令功能图

★比较和分析是很重要的一种学习方法，我们国家的很多工匠，都将"比较"发挥到极致，做出的产品与标准要求丝毫不差，经他们制作的零件安装到大国利器上不能出现"半点差错"，他们精益求精的精神值得我们学习！

4.2.3 移位指令

码 4-4
移位指令

1. 数据移位指令

移位指令包括左移位（Shift Left，SHL）和右移位（Shift Right，SHR）指令，其梯形图及语句表如表 4-10 所示。

表 4-10 移位指令的梯形图及语句表

梯形图	语句表	指令名称
SHL_B EN ENO IN OUT N	SLB OUT, N	字节左移位指令

（续）

梯形图	语句表	指令名称
SHL_W EN　ENO IN　OUT N	SLW OUT，N	字左移位指令
SHL_DW EN　ENO IN　OUT N	SLD OUT，N	双字左移位指令
SHR_B EN　ENO IN　OUT N	SRB OUT，N	字节右移位指令
SHR_W EN　ENO IN　OUT N	SRW OUT，N	字右移位指令
SHR_DW EN　ENO IN　OUT N	SRD OUT，N	双字右移位指令

移位指令是将输入 IN 中的各位数值向左或向右移动 N 位后，将结果送给输出 OUT 中。移位指令对移出的位自动补 0，如果移动的位数 N 大于或等于最大允许值（对于字节操作为 8位，对于字操作为 16 位，对于双字操作为 32 位），实际移动的位数为最大允许值。如果移位次数大于 0，则溢出标志位（SM1.1）中就是最后一次移出位的值；如果移位操作的结果为 0，则零标志位（SM1.0）置 1。

另外，字节操作是无符号的。对于字和双字操作，当使用符号数据类型时，符号位也被移位。

2. 循环移位指令

循环移位指令包括循环左移位（Rotate Left，ROL）和循环右移位（Rotate Right，ROR）指令，其梯形图及语句表如表 4-11 所示。

表 4-11　循环移位指令的梯形图及语句表

梯形图	语句表	指令名称
ROL_B EN　ENO IN　OUT N	RLB OUT，N	字节循环左移位指令
ROL_W EN　ENO IN　OUT N	RLW OUT，N	字循环左移位指令
ROL_DW EN　ENO IN　OUT N	RLD OUT，N	双字循环左移位指令
ROR_B EN　ENO IN　OUT N	RRB OUT，N	字节循环右移位指令

（续）

梯形图	语句表	指令名称
ROR_W ─EN ENO─ ─IN OUT─ ─N	RRW OUT, N	字循环右移位指令
ROR_DW ─EN ENO─ ─IN OUT─ ─N	RRD OUT, N	双字循环右移位指令

　　循环移位指令将输入值 IN 中各位数值向左或向右循环移动 N 位后，将结果送给输出 OUT 中。循环移位是环形的，即被移出来的位将返回到另一端空出来的位置。如果移动的位数 N 大于或等于最大允许值（对于字节操作为 8 位，对于字操作为 16 位，对于双字操作为 32 位），执行循环移位之前先对 N 进行取模操作（例如对于字移位，将 N 除以 16 后取余数），从而得到一个有效的移位位数。循环移位位数的取模操作结果，对于字节操作是 0～7，对于字操作为 0～15，对于双字操作为 0～31。如果取模操作的结果为 0，则不进行循环移位操作。

　　如果循环移位指令执行时，移出的最后一位的数值会被复制到溢出标志位（SM1.1）中。如果实际移位次数为 0 时，零标志位（SM1.0）置 1。

　　另外，字节操作是无符号的，对于字和双字操作，当使用有符号数据类型时，符号位也被移位。

　　【例 4-3】 移位和循环移位指令的应用（见图 4-6）。

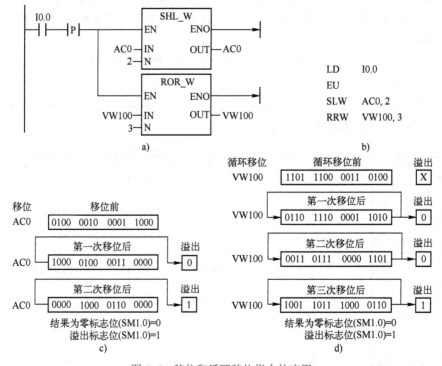

图 4-6　移位和循环移位指令的应用

a) 梯形图　b) 语句表　c) 左移位指令功能图　d) 右移位指令功能图

当 I0.0 接通时，将累加器 AC0 中的数据 0100 0010 0001 1000 向左移动 2 位，变成 0000 1000 0110 0000，同时将变量存储器 VW100 中的数据 1101 1100 0011 0100 向右循环移动 3 位，变为 1001 1011 1000 0110。

移位和循环移位指令的操作数范围如表 4-12 所示。

表 4-12　移位和循环移位指令的操作数范围

指令	输入或输出	操作数
字节左或右移位指令 字节循环左或右移位指令	IN	IB、QB、VB、MB、SMB、SB、LB、AC、*VD、*LD、*AC、常数
	OUT	IB、QB、VB、MB、SMB、SB、LB、AC、*VD、*LD、*AC
	N	IB、QB、VB、MB、SMB、SB、LB、AC、*VD、*LD、*AC、常数
字左或右移位指令 字循环左或右移位指令	IN	IW、QW、VW、MW、SMW、SW、T、C、LW、AC、AIW、*VD、*AC、*LD、常数
	OUT	IW、QW、VW、MW、SMW、SW、T、C、LW、AC、*VD、*AC、*LD
	N	IB、QB、VB、MB、SMB、SB、LB、AC、*VD、*LD、*AC、常数
双字左或右移位指令 双字循环左或右移位指令	IN	ID、QD、VD、MD、SMD、SD、LD、AC、HC、*VD、*AC、*LD、常数
	OUT	ID、QD、VD、MD、SMD、SD、LD、AC、HC、*VD、*AC、*LD
	N	IB、QB、VB、MB、SMB、SB、LB、AC、*VD、*LD、*AC、常数

4.2.4　转换指令

S7-200 SMART 中的主要数据类型包括字节、整数、双整数和实数。主要数制有 BCD 码、ASCII 码、十进制和十六进制等。不同指令对操作数的类型要求不同，因此在指令使用前需要将操作数转化成相应的类型，数据转换指令可以完成这样的功能。数据转换指令包括：数据类型之间的转换、数制之间的转换、数据与码制之间的转换、段码指令、解码与编码指令等。转换指令的梯形图及语句表如表 4-13 所示。

码 4-5
转换指令

表 4-13　转换指令的梯形图及语句表

梯形图	语句表	指令名称
BCD_I EN　ENO IN　OUT	BCDI　OUT	BCD 码转换成整数指令
I_BCD EN　ENO IN　OUT	IBCD　OUT	整数转换成 BCD 码指令
B_I EN　ENO IN　OUT	BTI　IN, OUT	字节转换成整数指令
I_B EN　ENO IN　OUT	ITB　IN, OUT	整数转换成字节指令
I_DI EN　ENO IN　OUT	ITD　IN, OUT	整数转换成双整数指令

（续）

梯形图	语句表	指令名称
DI_I EN ENO IN OUT	DTI IN, OUT	双整数转换成整数指令
DI_R EN ENO IN OUT	DTR IN, OUT	双整数转换成实数指令
ROUND EN ENO IN OUT	ROUND IN, OUT	取整指令
TRUNC EN ENO IN OUT	TRUNC IN, OUT	截断指令
SEG EN ENO IN OUT	SEG IN, OUT	段码指令
DECO EN ENO IN OUT	DECO IN, OUT	解码指令
ENCO EN ENO IN OUT	ENCO IN, OUT	编码指令

（1）BCD 码转换成整数指令

BCD 码转换成整数指令将输入 BCD 码形式的数据转换成整数类型，并且将结果存到输出指定的变量中。输入 BCD 码数据的有效范围为 0～9999。该指令输入和输出的数据类型均为字型。

（2）整数转换成 BCD 码指令

整数转换成 BCD 码指令将输入整数类型的数据转换成 BCD 码形式的数据，并且将结果存到输出指定的变量中。输入整数类型数据的有效范围是 0～9999。该指令输入和输出的数据类型均为字型。

（3）字节转换成整数指令

字节转换成整数指令将输入字节型数据转换成整数型，并且将结果存到输出指定的变量中。字节型数据是无符号的，所以没有符号扩展位。

（4）整数转换成字节指令

整数转换成字节指令将输入整数转换成字节型，并且将结果存到输出指定的变量中。只有 0～255 之间的输入数据才能被转换，超出字节范围会产生溢出。

（5）整数转换成双整数指令

整数转换成双整数指令将输入的整数转换成双整数类型，并且将结果存到输出指定的变量中。

（6）双整数转换成整数指令

双整数转换成整数指令将输入的双整数转换成整数类型，并且将结果存到输出指定的变量中。输出数据如果超出整数范围则产生溢出。

（7）双整数转换成实数指令

双整数转换成实数指令是将输入 32 位有符号整数转换成 32 位实数，并且将结果存到输出指定的变量中。

（8）取整指令

取整指令将 32 位实数值 IN 转换为双精度整数值，并将取整后的结果存入分配给 OUT 的地址中。如果小数部分大于或等于 0.5，该实数值将进位。

（9）截断指令

截断指令将 32 位实数值 IN 转换为双精度整数值，并将结果存入分配给 OUT 的地址中。只有转换了实数的整数部分之后，才会丢弃小数部分。

（10）段码指令

段（Segment）码指令将输入字节（IN）的低 4 位确定的十六进制数（16#0～16#F）转换，生成可以点亮七段数码管各段的代码，并送到输出字节（OUT）指定的变量中。七段数码管上的 a～g 段分别对应于输出字节的最低位（第 0 位）～第 6 位，某段点亮时输出字节中对应的位为 1，反之为 0。段码转换表如表 4-14 所示。

表 4-14　段码转换表

输入的数据		七段码组成	输出的数据							七段码显示
十六进制	二进制		a	b	c	d	e	f	g	
16#00	2#0000 0000		1	1	1	1	1	1	0	0
16#01	2#0000 0001		0	1	1	0	0	0	0	1
16#02	2#0000 0010		1	1	0	1	1	0	1	2
16#03	2#0000 0011		1	1	1	1	0	0	1	3
16#04	2#0000 0100		0	1	1	0	0	1	1	4
16#05	2#0000 0101		1	0	1	1	0	1	1	5
16#06	2#0000 0110		1	0	1	1	1	1	1	6
16#07	2#0000 0111		1	1	1	0	0	0	0	7
16#08	2#0000 1000		1	1	1	1	1	1	1	8
16#09	2#0000 1001		1	1	1	0	0	1	1	9
16#0A	2#0000 1010		1	1	1	0	1	1	1	A
16#0B	2#0000 1011		0	0	1	1	1	1	1	b
16#0C	2#0000 1100		1	0	0	1	1	1	0	C
16#0D	2#0000 1101		0	1	1	1	1	0	1	d
16#0E	2#0000 1110		1	0	0	1	1	1	1	E
16#0F	2#0000 1111		1	0	0	0	1	1	1	F

七段码组成示意：
```
    a
  ┌───┐
 f│   │b
  │ g │
  ├───┤
 e│   │c
  └───┘
    d
```

【例 4-4】 段码指令的应用（见图 4-7）。

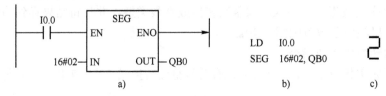

图 4-7 段码指令的应用

a) 梯形图 b) 语句表 c) 数码管显示

（11）解码与编码指令

解码（Decode），又称译码，解码指令根据输入字节 IN 的最低 4 位表示的位号，将输出字节 OUT 对应的位置 1，输出字节的其他位均为 0。

编码（Encode）指令将输入字节 IN 中的最低有效位（有效位的值为 1）的位编号写入输出字节 OUT 的最低 4 位。

 注意：如果要转换的值不是有效的实数值，或者该值过大而无法在输出中表示，则溢出位将置位，且输出不受影响。转换指令的操作数范围如表 4-15 所示。

表 4-15 转换指令的操作数范围

指令	输入或输出	操作数
BCD 码转换成整数指令	IN	IW、QW、VW、MW、SMW、SW、LW、T、C、AIW、AC、*VD、*LD、*AC、常数
	OUT	IW、QW、VW、MW、SMW、SW、LW、T、C、AC、*VD、*LD、*AC
整数转换成 BCD 码指令	IN	IW、QW、VW、MW、SMW、SW、LW、T、C、AIW、AC、*VD、*LD、*AC、常数
	OUT	IW、QW、VW、MW、SMW、SW、LW、T、C、AC、*VD、*LD、*AC
字节转换成整数指令	IN	IB、QB、VB、MB、SMB、SB、LB、AC、*VD、*LD、*AC、常数
	OUT	IW、QW、VW、MW、SMW、SW、LW、T、C、AC、*VD、*LD、*AC
整数转换成字节指令	IN	IW、QW、VW、MW、SMW、SW、LW、T、C、AIW、AC、*VD、*LD、*AC、常数
	OUT	IB、QB、VB、MB、SMB、SB、LB、AC、*VD、*LD、*AC
整数转换成双整数指令	IN	IW、QW、VW、MW、SMW、SW、LW、T、C、AIW、AC、*VD、*LD、*AC、常数
	OUT	ID、QD、VD、MD、SMD、SD、LD、AC、*VD、*LD、*AC
双整数转换成整数指令	IN	ID、QD、VD、MD、SMD、SD、LD、HC、AC、*VD、*LD、*AC、常数
	OUT	IW、QW、VW、MW、SMW、SW、LW、T、C、AC、*VD、*LD、*AC
双整数转换成实数指令	IN	ID、QD、VD、MD、SMD、SD、LD、HC、AC、*VD、*LD、*AC、常数
	OUT	ID、QD、VD、MD、SMD、SD、LD、AC、*VD、*LD、*AC
取整指令	IN	ID、QD、VD、MD、SMD、SD、LD、AC、*VD、*LD、*AC、常数
	OUT	ID、QD、VD、MD、SMD、SD、LD、AC、*VD、*LD、*AC
截断指令	IN	ID、QD、VD、MD、SMD、SD、LD、AC、*VD、*LD、*AC、常数
	OUT	ID、QD、VD、MD、SMD、SD、LD、AC、*VD、*LD、*AC
段码指令	IN	IB、QB、VB、MB、SMB、SB、LB、AC、*VD、*LD、*AC、常数
	OUT	IB、QB、VB、MB、SMB、SB、LB、AC、*VD、*LD、*AC
解码指令	IN	IB、QB、VB、MB、SMB、SB、LB、AC、*VD、*LD、*AC、常数
	OUT	IW、QW、VW、MW、SMW、SW、T、C、LW、AC、AQW、*VD、*LD、*AC
编码指令	IN	IW、QW、VW、MW、SMW、SW、T、C、LW、AC、AIW、*VD、*LD、*AC、常数
	OUT	IB、QB、VB、MB、SMB、SB、LB、AC、*VD、*LD、*AC

★学生编写 PLC 程序时，很多会采用"冒泡排序"法编程，编程工作量相对较大，这时我们再多想想是否还有更好的办法。可以先上网查阅是否存在"排序"指令，若有则一条指令便可解决，省心又省力。

4.2.5 时钟指令

利用时钟指令可以调用系统实时时钟或根据需要设定时钟，这对于实现控制系统的运行监视、运行记录以及所有与实时时间有关的控制等十分方便。常用的时钟操作指令有两种：写实时时钟和读取实时时钟。

1. 写实时时钟指令

写实时时钟指令（Time of Day Write，TODW），在梯形图中以功能框的形式编程，指令名为：SET_RTC（Set Real-Time Clock），其梯形图及语句表如图 4-8 所示。

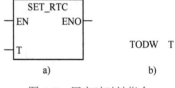

图 4-8 写实时时钟指令
a) 梯形图 b) 语句表

写实时时钟指令，用来设定 PLC 系统实时时钟。当使能输入端 EN 有效时，系统将包含当前时间和日期，用一个 8 字节的缓冲区将装入时钟。操作数 T 用来指定 8 个字节时钟缓冲区的起始地址，数据类型为字节型。

时钟缓冲区的格式如表 4-16 所示。

表 4-16 时钟缓冲区的格式

字节	T	T+1	T+2	T+3	T+4	T+5	T+6	T+7
含义	年	月	日	小时	分钟	秒	0	星期几
范围	00～99	01～12	01～31	00～23	00～59	00～59	0	01～07

2. 读实时时钟指令

读实时时钟指令（Time of Day Read，TODR），在梯形图中以功能框的形式编程，指令名为：READ_RTC（Read Real-Time Clock），其梯形图及语句表如图 4-9 所示。

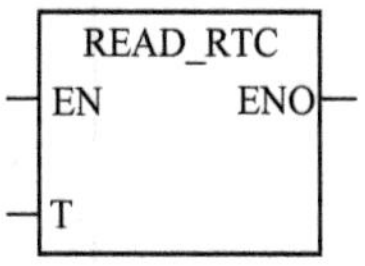

读实时时钟指令，用来读出 PLC 系统实时时钟。当使能输入端 EN 有效时，系统读取当前日期和时间，并把它装入一个 8 字节的缓冲区。操作数 T 用来指定 8 个字节时钟缓冲区的起始地址，数据类型为字节型。缓冲区格式同表 4-16。

图 4-9 读实时时钟指令
a) 梯形图 b) 语句表

3. 读和写扩展实时时钟指令

读扩展实时时钟指令 TODRX 和写扩展实时时钟指令 TODWX 用于读、写实时时钟的夏令时时间和日期。我国不使用夏令时，出口设备可以根据不同的国家对夏令时的时区偏移量进行修正，详见系统手册。

时钟指令使用注意事项：

1）所有日期和时间的值均要用 BCD 码表示。如对于年来说，16#08 表示 2008 年；对于小时来说，16#23 表示晚上 11 点。星期的表示范围是 1～7，1 表示星期日，以此类推，7 表示星期六，0 表示禁用星期。

2）系统检查并核实时钟各值的正确与否，所以必须确保输入的设定数据是正确的。如设置无效日期，系统不予接受。

3）不能同时在主程序和中断程序（或子程序）中使用读、写时钟指令，否则会产生致命错误，中断程序的实时时钟指令将不被执行。

【例 4-5】 把时钟 2016 年 10 月 8 日星期四早上 8 点 16 分 28 秒写入到 PLC 中，并把当前的时间从 VB100～VB107 中以十六进制读出。编写的程序如图 4-10 所示。

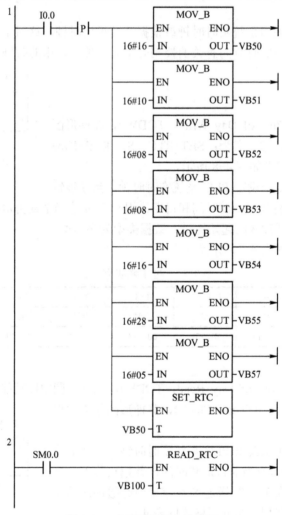

图 4-10 实时时钟指令的应用

4.3 案例 13 天塔之光的 PLC 控制

1. 目的

1）掌握传送指令。

2）掌握使用强制方法调试程序。

2. 任务

使用 S7-200 SMART PLC 实现天塔之光的控制。天塔之光的示意图如图 4-11 所示，要求：按下起动按钮后，内圈灯 L1 点亮 1s→中间圈灯 L2～L4 点亮 1s→外圈灯 L5～L8 点亮 1s→内圈灯 L1 点亮 1s，如此循环直至按下停止按钮。

3. 内容与步骤

（1）I/O 分配

根据案例分析可知，天塔之光的 PLC 控制 I/O 地址分配如表 4-17 所示。

表 4-17　天塔之光的 PLC 控制 I/O 分配表

输　入		输　出	
输入继电器	元　件	输出继电器	元　件
I0.0	起动按钮 SB1	Q0.0～Q0.7	灯 L1～灯 L8
I0.1	停止按钮 SB2		

（2）I/O 接线图

根据控制要求及表 4-17 的 I/O 分配表，天塔之光的 PLC 控制 I/O 接线如图 4-12 所示（电路连接时灯 L2～L8 均为两盏灯）。

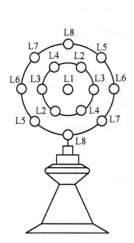

图 4-11　天塔之光示意图

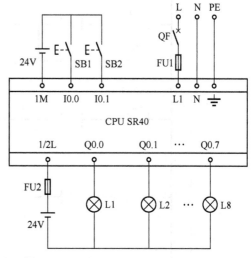

图 4-12　天塔之光 PLC 控制的 I/O 接线图

（3）创建工程项目

创建一个工程项目，名称为天塔之光 PLC 控制。

（4）编写程序

采用传送指令编写的天塔之光 PLC 控制梯形图如图 4-13 所示。

（5）调试程序

S7-200 SMART 还可以在程序编辑器和状态图表中通过将 PLC 变量新的值写入或强制给操作数的方法来监控和调试程序。

1）写入。

写入功能用于将数据写入 PLC 的变量。将变量新的值输入状态图表的"新值"列后（见图 4-14），单击状态图表工具栏上的"写入"按钮，将"新值"列所有新值传送到 PLC。在 RUN 模式时因为用户程序的执行，修改的数值可能很快被程序改写成新的数值，不能用写入功能改写物理输入点（如 I 或 AI 地址）的状态。

图 4-13 天塔之光 PLC 控制的梯形图

状态图表

	地址	格式	当前值	新值
1	停止按钮SB2:I0.1	位	2#1	
2	起动按钮SB1:I0.0	位	2#0	
3	QW1	十六进制	16#0000	
4	QW0	十六进制	16#0013	
5	Q0.7	位	2#0	
6	Q0.6	位	2#0	

图表 1

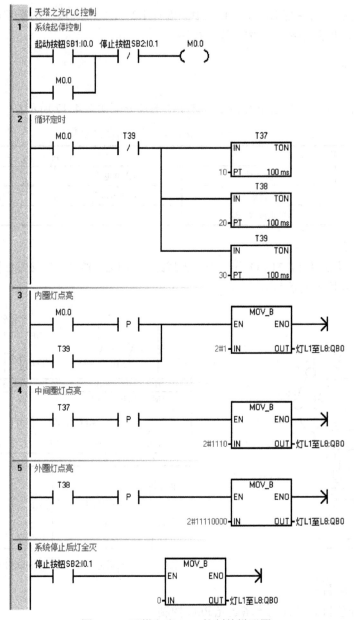

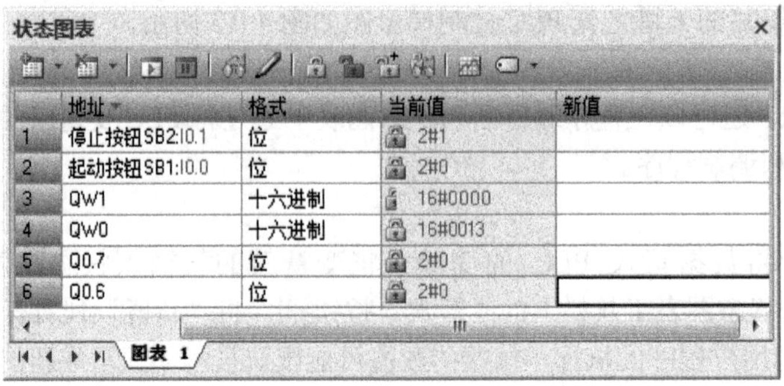

图 4-14 用状态图表强制变量

在程序状态监控时，用鼠标右键单击梯形图中的某个地址（如 M0.2）或语句表中的某个操作数的值，可以用快捷菜单中的"写入"命令和出现的"写入"对话框来完成写入操作。

2）强制。

强制（Force）功能通过强制 V 和 M 地址来模拟逻辑条件，通过强制 I/O 点来模拟物理条件。如可以通过对输入点的强制代替输入端外接的按钮或开关，来调试程序。

可以强制所有的 I/O 点，此外还可以同时强制最多 16 个 V、M、AI 或 AQ 地址。强制功能可以用于 I、Q、V 和 M 的字节、字和双字，只能从偶数字节开始并以字为单位强制 AI 和 AQ。不能强制 I 和 Q 之外的位地址。强制的数据用 CPU 的 E^2PROM 永久性地存储。

在读取输入阶段，强制值当作输入读入；在程序执行阶段，强制数据用于立即读和立即写指令指定的 I/O 点。在通信处理阶段，强制值用于通信的读/写请求；在修改输出阶段，强制数据当作输出写入输出电路。进入 STOP 模式时，输出将变为强制值，而不是系统中设置的值。虽然在一次扫描过程中，程序可以修改强制的数据，但是新扫描开始时，会重新应用强制值。

如果 S7-200 SMART 与其他设备相连时，需谨慎使用写入或强制输出。若使用，可能导致系统出现无法预料的情况，造成设备损坏，**甚至人员伤亡**。

可以用"调试"菜单功能区的"强制"区域中的按钮，或状态图表工具栏上的按钮执行下列操作：强制、取消强制、全部取消强制、读取所有强制。用鼠标右键单击状态表中的某一行，可以用弹出的快捷菜单中的命令完成上述的强制操作。

起动了状态图表监控功能后，用鼠标右键单击 I0.0，执行快捷菜单中的"强制"命令，将它强制为 ON（本案例中相当于按下了起动按钮 SB1）。强制后不能用外接的按钮或开关来改变 I0.0 的强制值。

将要强制的新的值（如 16#0013）输入状态图表中 QW0 的"新值"列，单击状态图表工具栏上的"强制"按钮，QW0 强制为新的值。在当前值的左边出现强制图标。

要强制程序状态或状态图表中的某个地址，可以用鼠标右键单击它，执行快捷菜单中的"强制"命令，然后用出现的"强制"对话框进行强制操作。

黄色的强制图标（一把合上的锁）表示该地址被显式强制，对它取消强制之前用其他方法不能改变此地址的值。

灰色的强制图标（合上的锁）表示该地址被隐式强制。图 4-14 中的 QW0 被显式强制了，Q0.6 和 Q0.7 是 QW0 的一部分，因此它们被隐式强制。

灰色的部分隐式强制图标（半块锁）表示该地址被部分隐式强制。图 4-14 中的 QW0 被显式强制，因为 QW1 的第一个字节 QB1 是 QW0 的第二个字节，QW1 的一部分也被强制。因此 QW1 被部分隐式强制。

3）取消强制。

一旦使用了强制功能，每次扫描都会将强制的数值用于该操作数，直到取消对它的强制。即使关闭 STEP 7-Micro/WIN SMART，或者断开 S7-200 SMART 的电源，都不能取消强制。

不能直接取消对图 4-14 中 Q0.6、Q0.7 和 QW1 的部分隐式强制，必须取消对 QW0 的显式强制，才能同时取消上述的隐式和部分隐式强制。

选择一个被显式强制的操作数，然后单击状态图表工具栏上的"取消强制"按钮，所选择的地址的强制图标将会消失。也可以用鼠标右键单击程序状态或状态图表中被强制的地址，用快捷菜单中的命令取消对它的强制。或单击状态图表工具栏上的"全部取消强制"按钮，可以取消对被强制的全部地址的强制，使用该功能之前不必选中某个地址。

4）读取全部强制。

关闭状态图表监控，单击状态图表工具栏上的"读取所有强制"按钮，状态图表中的当前值列将会显示出已被显式强制、隐式强制和部分隐式强制的所有地址相应的强制图标。

5）STOP 模式下强制。

在 STOP 模式时，可以用状态图表查看操作数的当前值、写入值，以及对其的强制或解除强制。

如果在写入或强制输出点 Q 时，S7-200 SMART 已连接到设备，这些更改将会传送到设备。这可能导致设备出现异常，从而造成设备损坏甚至人员伤亡。**作为一项安全防范措施，必须首先启用"STOP 模式下强制"功能。**

单击"调试"菜单功能区的"设置"区域中的"STOP 模式下强制"按钮，再单击出现的对话框中的"是"按钮确认，才能在 STOP 模式下启用强制功能。

按照上述介绍的方法，首先启动程序监控功能，然后使 I0.0 强制，启动程序后，再取消对 I0.0 的强制（模拟按下起动按钮 SB1 后又释放），再强制又取消强制 I0.1（模拟按下停止按钮 SB2 后又释放），观察天塔之光的点亮形式是否符号控制要求，也可以使用状态图表，直接对 QB0 或 QW0 写入新值，如果调试现象与控制要求一致，则说明本案例功能实现。

4. 拓展

训练 1：用传送指令实现电动机的星-三角减压起动控制。

训练 2：用传送指令实现三组抢答器抢答成功组号的显示。

训练 3：将本案例中天塔之光的点亮方式更改为：内圈灯 L1 点亮 1s→中间圈灯 L2～L4 点亮 1s→外圈灯 L5～L8 点亮 1s→中间圈灯 L2～L4 点亮 1s→内圈灯 L1 点亮 1s，如此往复循环。

4.4 案例 14　交通灯的 PLC 控制

1. 目的

1）掌握比较指令。

2）掌握时钟指令。

码 4-6
案例：交通灯控制

2. 任务

使用 S7-200 SMART PLC 实现交通灯的控制。要求：按下起动按钮后，东西方向亮灯顺序为绿灯亮 25s，闪动 3s，黄灯亮 3s，红灯亮 31s；同时南北方向亮灯顺序为红灯亮 31s，绿灯亮 25s，闪动 3s，黄灯亮 3s。如此循环。无论何时按下停止按钮，交通灯全部熄灭。

3. 内容与步骤

（1）I/O 分配

根据案例分析可知，交通灯的 PLC 控制 I/O 地址分配如表 4-18 所示。

表 4-18　交通灯的 PLC 控制 I/O 分配表

输　入		输　出	
输入继电器	元　件	输出继电器	元　件
I0.0	起动按钮 SB1	Q0.0	东西方向绿灯
I0.1	停止按钮 SB2	Q0.1	东西方向黄灯
		Q0.2	东西方向红灯
		Q0.3	南北方向绿灯
		Q0.4	东西方向黄灯
		Q0.5	东西方向红灯

（2）I/O 接线图

根据控制要求及表 4-18 的 I/O 分配表，交通灯的 PLC 控制 I/O 接线如图 4-15 所示（电路连接时所有交通灯为 2 盏灯）。

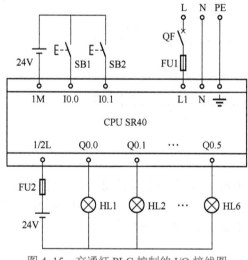

图 4-15　交通灯 PLC 控制的 I/O 接线图

（3）创建工程项目

创建一个工程项目，名称为交通灯 PLC 控制。

（4）编写程序

采用比较指令编写的交通灯 PLC 控制程序如图 4-16 所示。

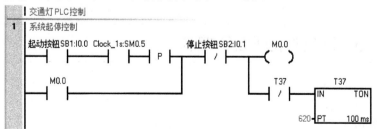

图 4-16　交通灯 PLC 控制的梯形图

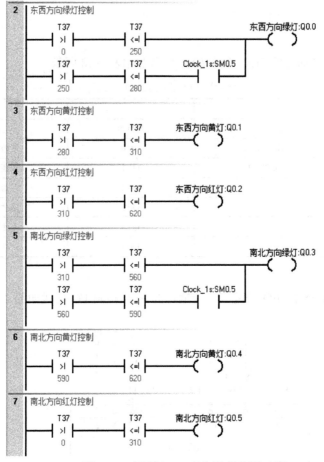

图 4-16　交通灯 PLC 控制的梯形图（续）

（5）调试程序

程序编译无误后下载到 CPU 中，按下起动按钮 SB1，观察东西方向和南北方向的 12 个灯的点亮时间和点亮顺序是否符合控制要求，按下停止按钮 SB2，是否所有交通灯都熄灭。如果调试现象与控制要求一致，则说明本案例任务实现。

4. 拓展

训练 1：用定时器和比较指令实现案例 13 的控制。

训练 2：用多个定时器实现案例 14 的控制。

训练 3：分时段控制的交通灯，要求 6：00～23：00 时间段交通灯的控制方式同案例 14，23：00～6：00 时间段交通灯 4 个方向的黄灯均以 1Hz 的频率闪烁。

4.5　案例 15　跑马灯的 PLC 控制

1. 目的

1）掌握移位指令。

2）掌握循环移位指令。

2．任务

使用 S7-200 SMART PLC 实现跑马灯的控制。要求：按下开始按钮后，第 1 盏灯亮，1s 后第 2 盏灯亮（第 1 盏灭），再过 1s 后第 3 盏灯亮（第 2 盏灭），直到第 8 盏灯亮（每一时刻只有 1 盏灯）；再过 1s 后，第 1 盏灯再次亮起，如此循环。无论何时按下停止按钮，8 盏灯全部熄灭。

3．内容与步骤

（1）I/O 分配

根据案例分析可知，跑马灯的 PLC 控制 I/O 分配如表 4-19 所示。

表 4-19　跑马灯的 PLC 控制 I/O 分配表

输　　入		输　　出	
输入继电器	元　　件	输出继电器	元　　件
I0.0	起动按钮 SB1	Q0.0～Q0.7	灯 HL1～灯 HL8
I0.1	停止按钮 SB2		

（2）I/O 接线图

根据控制要求及表 4-19 的 I/O 分配表，跑马灯 PLC 的控制 I/O 接线如图 4-17 所示。

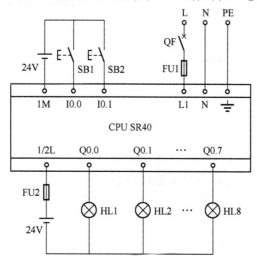

图 4-17　跑马灯 PLC 控制的 I/O 接线图

（3）创建工程项目

创建一个工程项目，名称为跑马灯 PLC 控制。

（4）编写程序

采用移位指令和定时器指令编写的跑马灯 PLC 控制程序如图 4-18 所示。

（5）调试程序

程序编译无误后下载到 CPU 中，按下起动按钮 SB1，观察 8 盏灯的亮灭是否符合控制要求，按下停止按钮 SB2，是否所有灯都熄灭。如果调试结果与控制要求一致，则说明本案例任务实现。

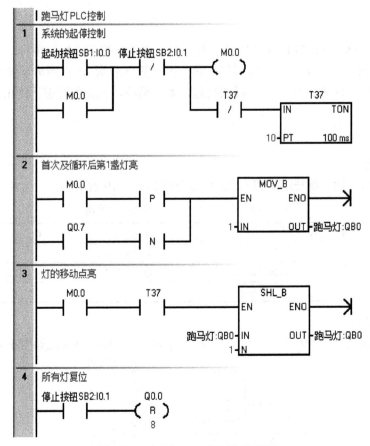

图 4-18　跑马灯 PLC 控制的梯形图

4. 拓展

训练 1：用循环移位指令实现案例 15 的控制。

训练 2：用 SM0.5 和定时器指令实现案例 15 的控制。

训练 3：用移位指令实现单按钮控制电动机的起动和停止。

4.6　运算指令

4.6.1　数学运算指令

数学运算指令主要包括整数和浮点数运算指令。整数运算指令又包括整数、双整数的加、减、乘、除、加 1、减 1 指令，整数乘法运算产生的双整数指令和带余数的整数除法指令；浮点数运算指令又包括浮点数加、减、乘、除、三角函数、自然对数及自然指数、平方根指令等。

1. 整数运算指令

整数运算指令的梯形图及语句表如表 4-20 所示。

表 4-20　整数运算指令的梯形图及语句表

梯形图	语句表	指令名称
ADD_I —EN　　ENO— —IN1　　OUT— —IN2	+I　IN1，OUT	整数加法指令
ADD_DI —EN　　ENO— —IN1　　OUT— —IN2	+D　IN1，OUT	双整数加法指令
SUB_I —EN　　ENO— —IN1　　OUT— —IN2	-I　IN1，OUT	整数减法指令
SUB_DI —EN　　ENO— —IN1　　OUT— —IN2	-D　IN1，OUT	双整数减法指令
MUL_I —EN　　ENO— —IN1　　OUT— —IN2	*I　IN1，OUT	整数乘法指令
MUL_DI —EN　　ENO— —IN1　　OUT— —IN2	*D　IN1，OUT	双整数乘法指令
MUL —EN　　ENO— —IN1　　OUT— —IN2	MUL　IN1，OUT	整数乘法运算产生的 双整数指令
DIV_I —EN　　ENO— —IN1　　OUT— —IN2	/I　IN1，OUT	整数除法指令
DIV_DI —EN　　ENO— —IN1　　OUT— —IN2	/D　IN1，OUT	双整数除法指令
DIV —EN　　ENO— —IN1　　OUT— —IN2	DIV　IN1，OUT	整数除法运算产生的带余数的 整数除法指令
INC_B —EN　　ENO— —IN　　OUT—	INCB　IN	字节加 1 指令
INC_W —EN　　ENO— —IN　　OUT—	INCW　IN	字加 1 指令
INC_DW —EN　　ENO— —IN　　OUT—	INCD　IN	双字加 1 指令

码 4-7
加法指令

码 4-8
减法指令

码 4-9
乘法指令

码 4-10
除法指令

（续）

梯形图	语句表	指令名称
DEC_B —EN ENO— —IN OUT—	DECB IN	字节减 1 指令
DEC_W —EN ENO— —IN OUT—	DECW IN	字减 1 指令
DEC_DW —EN ENO— —IN OUT—	DECD IN	双字减 1 指令

在梯形图中，整数的加、减、乘、除、加 1、减 1 指令分别执行下列运算：

IN1+IN2=OUT、IN1-IN2=OUT、IN1*IN2=OUT、IN1/IN2=OUT、IN+1=OUT、IN-1=OUT

在语句表中，整数的加、减、乘、除、加 1、减 1 指令分别执行下列运算：

IN1+OUT=OUT 、 OUT-IN1=OUT 、 IN1*OUT=OUT 、 OUT/IN1=OUT 、 OUT+1=OUT 、 OUT-1=OUT

（1）整数的加、减、乘、除指令

整数的加、减、乘、除指令将两个 16 位整数进行加、减、乘、除运算，产生一个 16 位的结果，而除法的余数不保留；双整数的加、减、乘、除运算指令将两个 32 位整数进行加、减、乘、除运算，产生一个 32 位的结果，而除法的余数不保留。

（2）整数乘法运算产生的双整数指令

整数乘法运算产生的双整数指令（Multiply Integer to Double Integer，MUL）将两个 16 位整数相乘，产生一个 32 位的结果。在语句表中，32 位 OUT 的低 16 位用作乘数。

（3）整数除法运算产生的带余数的整数除法指令

整数乘法运算产生的带余数的整数除法指令（Divide Integer with Remainder，DIV）将两个 16 位整数相除，产生一个 32 位的结果，其中高 16 位为余数，低 16 位为商。在语句表中，32 位 OUT 的低 16 位用作被除数。

（4）整数运算指令使用说明

1）表 4-20 中指令执行将影响特殊存储器 SM 中的 SM1.0（零）、SM1.1（溢出）、SM1.2（负）、SM1.3（除数为 0）。

2）若运算结果超出允许的范围，溢出位 SM1.1 置 1。

3）若在乘、除法操作中溢出位 SM1.1 置 1，则运算结果不写到输出，且其他状态位均清 0。

4）若除法操作中，除数为 0，则其他状态位不变，操作数也不改变。

5）字节加 1 和减 1 操作是无符号的，字和双字的加 1 和减 1 操作是有符号的。

整数运算指令的操作数范围如表 4-21 所示。

表 4-21 整数运算指令的操作数范围

指令	输入或输出	操作数
整数加、减、乘、除指令	IN1、IN2	IW、QW、VW、MW、SMW、SW、LW、AIW、AC、T、C、*VD、*LD、*AC、常数
	OUT	IW、QW、VW、MW、SMW、SW、LW、AC、T、C、*VD、*LD、*AC
双整数加、减、乘、除指令	IN1、IN2	ID、QD、VD、MD、SMD、SD、LD、AC、HC、*VD、*LD、*AC、常数
	OUT	ID、QD、VD、MD、SMD、SD、LD、AC、*VD、*LD、*AC

（续）

指令	输入或输出	操作数
整数乘法运算产生的双整数指令和带余数的整数除法指令	IN1、IN2	IW、QW、VW、MW、SMW、SW、LW、AIW、AC、T、C、*VD、*LD、*AC、常数
	OUT	ID、QD、VD、MD、SMD、SD、LD、AC、*VD、*LD、*AC
字节加 1 和减 1 指令	IN	IB、QB、VB、MB、SMB、SB、LB、AC、*VD、*LD、*AC、常数
	OUT	IB、QB、VB、MB、SMB、SB、LB、AC、*VD、*LD、*AC
字加 1 和减 1 指令	IN	IW、QW、VW、MW、SMW、SW、LW、AIW、AC、T、C、*VD、*LD、*AC、常数
	OUT	IW、QW、VW、MW、SMW、SW、LW、AC、T、C、*VD、*LD、*AC
双字加 1 和减 1 指令	IN	ID、QD、VD、MD、SMD、SD、LD、AC、HC、*VD、*LD、*AC、常数
	OUT	ID、QD、VD、MD、SMD、SD、LD、AC、*VD、*LD、*AC

2. 浮点数运算指令

浮点数运算指令的输入参数 IN 与输出参数 OUT 均为实数（即浮点数），指令执行后影响零标志 SM1.0、溢出标志 SM1.1 和负数标志 SM1.2。三角函数运算指令用于计算输入参数 IN（角度）的三角函数，结果存放在输出参数 OUT 指定的地址中，输入值是以弧度为单位的浮点数，求三角函数前应先将以度为单位的角度乘以 $\pi/180$（0.017 453 29）换算为弧度单位的数值。浮点数运算指令的梯形图及语句表如表 4-22 所示。

4-11
函数运算指令

表 4-22　浮点数运算指令的梯形图及语句表

梯形图	语句表	指令名称
ADD_R EN　ENO IN1　OUT IN2	+R　IN1, OUT	实数加法指令
SUB_R EN　ENO IN1　OUT IN2	-R　IN1, OUT	实数减法指令
MUL_R EN　ENO IN1　OUT IN2	*R　IN1, OUT	实数乘法指令
DIV_R EN　ENO IN1　OUT IN2	/R　IN1, OUT	实数除法指令
SIN EN　ENO IN　OUT	SIN　IN, OUT	正弦指令
COS EN　ENO IN　OUT	COS　IN, OUT	余弦指令
TAN EN　ENO IN　OUT	TAN　IN, OUT	正切指令
SQRT EN　ENO IN　OUT	SQRT　IN, OUT	平方根指令

（续）

梯形图	语句表	指令名称
LN —EN ENO— —IN OUT—	LN IN, OUT	自然对数指令
EXP —EN ENO— —IN OUT—	EXP IN, OUT	自然指数指令
PID —EN ENO— —TBL —LOOP	PID TBL, LOOP	PID 回路指令

浮点数指令使用说明：

1）实数的加、减、乘、除指令将两个 32 位实数进行加、减、乘、除运算，产生一个 32 位的结果。

2）对于数学函数指令，SM1.1 用于指示溢出错误和非法值。如果 SM1.1 置位，则 SM1.0 和 SM1.2 的状态无效，原始输入操作数不变。如果 SM1.1 未置位，则数学运算已完成且结果有效，并且 SM1.0 和 SM1.2 包含有效状态。

3）平方根指令 SQRT（Square Root）将 32 位正实数 IN 开平方，得到 32 位实数运算结果 OUT。

4）自然对数指令 LN（Natural Logarithm）计算输入值 IN 的自然对数，并将结果存放在输出参数 OUT 中，即 LN(IN)=OUT。求以 10 为底的对数时，应将自然对数值除以 2.302 585（10 的自然对数值）。

5）自然指数指令 EXP（Natural Exponential）计算输入值 IN 的以 e 为底的指数（e 约等于 2.718 28），结果用 OUT 指定的地址存放。该指令与自然对数指令配合，可以实现以任意实数为底、任意实数为指数的运算。

6）PID 回路指令（PID）根据输入和表（TBL）中的组态信息对引用的 LOOP 执行 PID 回路计算。

【例 4-6】 求 3 的 4 次方的值。

$$3^4=EXP(4 \times LN(3.0))= 81.0$$

浮点数运算指令的操作数范围如表 4-23 所示。

表 4-23 浮点数运算指令的操作数范围

指令	输入或输出	操作数
实数加、减、乘、除指令	IN1、IN2	ID、QD、VD、MD、SMD、SD、LD、AC、*VD、*LD、*AC、常数
	OUT	ID、QD、VD、MD、SMD、SD、LD、AC、*VD、*LD、*AC
平方根指令	IN	ID、QD、VD、MD、SMD、SD、LD、AC、*VD、*LD、*AC、常数
	OUT	ID、QD、VD、MD、SMD、SD、LD、AC、*VD、*LD、*AC
三角函数指令	IN	ID、QD、VD、MD、SMD、SD、LD、AC、*VD、*LD、*AC、常数
	OUT	ID、QD、VD、MD、SMD、SD、LD、AC、*VD、*LD、*AC
自然对数和自然指数指令	IN	ID、QD、VD、MD、SMD、SD、LD、AC、*VD、*LD、*AC、常数
	OUT	ID、QD、VD、MD、SMD、SD、LD、AC、*VD、*LD、*AC
PID 回路指令	TBL	VB
	LOOP	常数（0~7）

★前述的加减乘除运算属于数学知识，在数学发展的浩瀚星河中，勾股定理的证明、圆周率的推算等，作为我国古代数学领域取得的成绩，在人类认识和改造世界过程中发挥了重要作用。

4.6.2　逻辑运算指令

码 4-12
逻辑运算指令

逻辑运算指令主要包括字节、字、双字的与、或、异或和取反逻辑运算指令，其梯形图及语句表如表 4-24 所示。

表 4-24　逻辑运算指令的梯形图及语句表

梯形图	语句表	指令名称
WAND_B EN　ENO IN1　OUT IN2	ANDB　IN1，OUT	字节与指令
WAND_W EN　ENO IN1　OUT IN2	ANDW　IN1，OUT	字与指令
WAND_DW EN　ENO IN1　OUT IN2	ANDD　IN1，OUT	双字与指令
WOR_B EN　ENO IN1　OUT IN2	ORB　IN1，OUT	字节或指令
WOR_W EN　ENO IN1　OUT IN2	ORW　IN1，OUT	字或指令
WOR_DW EN　ENO IN1　OUT IN2	ORD　IN1，OUT	双字或指令
WXOR_B EN　ENO IN1　OUT IN2	XORB　IN1，OUT	字节异或指令
WXOR_W EN　ENO IN1　OUT IN2	XORW　IN1，OUT	字异或指令
WXOR_DW EN　ENO IN1　OUT IN2	XORD　IN1，OUT	双字异或指令
INV_B EN　ENO IN　OUT	INVB　OUT	字节取反指令

（续）

梯形图	语句表	指令名称
INV_W —EN ENO— —IN OUT—	INVW OUT	字取反指令
INV_DW —EN ENO— —IN OUT—	INVD OUT	双字取反指令

梯形图中的与、或、异或指令对两个输入量 IN1 和 IN2 进行相应的逻辑运算，运算结果均存放在输出量中；取反指令对输入量的二进制数逐位取反，即二进制数的各位由 0 变为 1，由 1 变为 0，并将运算结果存放在输出量中。

两二进制数逻辑与运算就是有 0 出 0，全 1 出 1；两二进制数逻辑或运算就是有 1 出 1，全 0 出 0；两二进制数逻辑异或运算就是相同出 0，相异出 1。

逻辑运算指令的操作数范围如表 4-25 所示。

表 4-25　逻辑运算指令的操作数范围

指令	输入或输出	操作数
字节与、或、异或指令	IN	IB、QB、VB、MB、SMB、SB、LB、AC、*VD、*LD、*AC、常数
	OUT	IB、QB、VB、MB、SMB、SB、LB、AC、*VD、*LD、*AC
字与、或、异或指令	IN	IW、QW、VW、MW、SMW、SW、LW、AIW、AC、T、C、*VD、*LD、*AC、常数
	OUT	IW、QW、VW、MW、SMW、SW、LW、AC、T、C、*VD、*LD、*AC
双字与、或、异或指令	IN	ID、QD、VD、MD、SMD、SD、LD、AC、HC、*VD、*LD、*AC、常数
	OUT	ID、QD、VD、MD、SMD、SD、LD、AC、*VD、*LD、*AC
字节取反指令	IN	IB、QB、VB、MB、SMB、SB、LB、AC、*VD、*LD、*AC、常数
	OUT	IB、QB、VB、MB、SMB、SB、LB、AC、*VD、*LD、*AC
字取反指令	IN	IW、QW、VW、MW、SMW、SW、LW、AIW、AC、T、C、*VD、*LD、*AC、常数
	OUT	IW、QW、VW、MW、SMW、SW、LW、AC、T、C、*VD、*LD、*AC
双字取反指令	IN	ID、QD、VD、SMD、SD、LD、AC、HC、*VD、*LD、*AC、常数
	OUT	ID、QD、VD、MD、SMD、SD、LD、AC、*VD、*LD、*AC

4.7　案例 16　倒计时的 PLC 控制

1. 目的

1）掌握运算指令。

2）掌握七段数码管的驱动方法。

3）掌握系统块的设置。

2. 任务

使用 S7-200 SMART PLC 实现 9s 倒计时的控制。要求：按下开始按钮后，数码管显示 9，然后数值按每秒递减，减到 0 时停止。无论何时按下停止按钮，数码管都显示当前数值，再次按下开始按钮，数码管依然从数字 9 开始递减。

3. 内容与步骤

（1）I/O 分配

根据案例分析可知，倒计时的 PLC 控制 I/O 分配如表 4-26 所示。

表 4-26　倒计时的 PLC 控制 I/O 分配表

输　入		输　出	
输入继电器	元　件	输出继电器	元　件
I0.0	起动按钮 SB1	Q0.0 ～ Q0.6	七段数码管
I0.1	停止按钮 SB2		

（2）I/O 接线图

根据控制要求及表 4-26 的 I/O 分配表，倒计时的 PLC 控制 I/O 接线如图 4-19 所示（本案例采用共阴极七段数码管）。

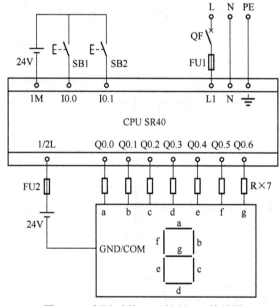

图 4-19　倒计时的 PLC 控制 I/O 接线图

（3）创建工程项目

创建一个工程项目，并命名为倒计时的 PLC 控制。

（4）编写程序

1）编写程序。

采用运算指令及段码指令编写的倒计时 PLC 控制程序如图 4-20 所示。

2）按字符驱动。

在很多 PLC 中没有数据段码指令，那又该如何驱动数码管呢？这时可以采用按字符驱动方式，字符驱动顾名思义就是将要显示的字符翻译成相应的代码（二进制数据）再传送到相应的输出端。如采用共阴极七段数码管，若要显示某段则 PLC 的相应输出端输出"1"便可（一般情况下，a 段与 Q0.0 相连接）。在此，以显示数据"2"为例，要显示数据 2，则七段数码管上的 a、b、d、e、g 段需点亮，即与 a、b、d、e、g 段相连接的 PLC 输出端要输出高电平 1，通过 MOVE 指令输出的相应的二进制数为 2#01011011。如果显示数据"1"，则通过 MOVE 指令输出的二进制数为 2#00000110。

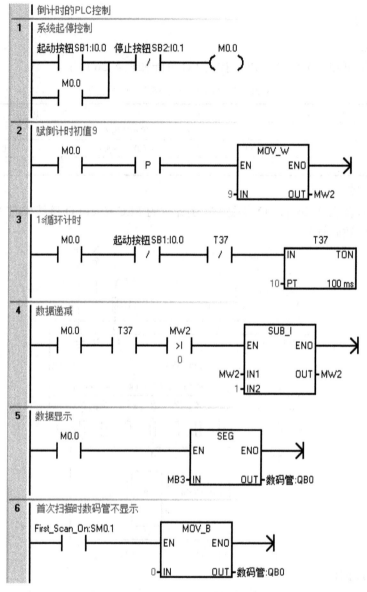

图 4-20　倒计时 PLC 控制的梯形图

3）按段驱动。

数码管的按段驱动，即需要显示哪个数据，哪个数据相应的段都要点亮，如在 M0.0 得电时需要显示数据 0，M0.1 得电时需要显示数据 1，M0.2 得电时需要显示数据 2，可通过如下点动编程的方法实现，如图 4-21 所示（读者在编程时应将本图中的程序编排在第 7 个程序段中）。

4）系统块设置。

如果 PLC 再次上电后，希望某些存储器中的数据保持在断电前的数值，就需要在编程软件中进行系统块的设置。通过系统块可设置很多参数，首先单击导航栏或项目树中的"系统块"按钮，进入系统块设置对话框，选中系统块上面的模块列表中的 CPU，便可设置 CPU 模块的属性。在此只介绍"设置 PLC 断电后的数据保存方式"和"设置起动方式"。

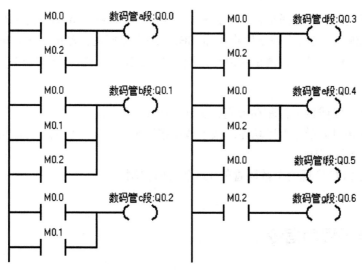

图 4-21 数码管按段驱动的示例程序

① 设置 PLC 断电后的数据保存方式。

单击图 4-22 左边窗口中的"保持范围"节点，可以在右边窗口设置 6 个在电源掉电时需要保持数据的存储区的范围，可以保持全部的 V、M 和 C 存储区，只能保持 TONR（保持型定时器）和计数器的当前值，不能保持定时器和计数器位，上电时它们被置为 OFF。最多可以组态 10KB（1024B）的保持范围。默认的设置是 CPU 未定义保持区域。

断电时 CPU 将指定的保持性存储器的值保存到永久存储器。上电时 CPU 首先将 V、M、C和 T 存储器清零，将数据块中的初始值复制到 V 存储器，然后将保存的保持值从永久存储器复制到 RAM。

本案例因为只需要保护 VB0 中的数据，因此只需将数据区设置为 VB，元素数目设置为 1即可。

② 设置起动方式。

S7-200 SMART 的 CPU 没有 S7-200 那样的模式选择开关，只能用软件工具栏上的按钮来切换 CPU 的 RUN/STOP 模式。单击图 4-22 左边窗口的"起动"节点，可选择上电后的起动模式为RUN、STOP 或 LAST（上一次上电或重起前的工作模式），设置在两种特定的条件下是否允许起动（见图 4-23）。LAST 模式用于程序开发或调试，系统正式投入运行后应选 RUN 模式。

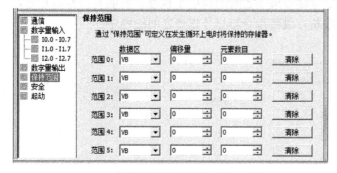

图 4-22 设置断电数据保持的地址范围

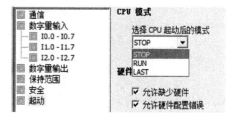

图 4-23 设置 PLC 的起动方式

（5）调试程序

将程序下载到 PLC 中，启动程序监控功能，观察数码管是否有显示，然后按下起动按钮

SB1，观察数码管上显示的数据是否从 9 按秒递减到 0；再次按下起动按钮 SB1，观察数据是否从 9 倒计时，在倒计时过程中按下停止按钮 SB2，观察数据是否停留，然后再次按下起动按钮 SB1，数据是否从 9 倒计时，若调试结果与控制要求一致，则说明本案例任务实现。

4．拓展

训练 1：采用按段或按字符驱动数码管实现案例 16 的控制。

训练 2：对案例 16 增添暂停功能：按下暂停按钮时，数据停止倒计时，再次按下暂停按钮时，数据从当前值继续倒计时。

训练 3：使用 PLC 实现两个数码管的 15s 倒计时控制。

4.8　跳转及子程序指令

4.8.1　跳转指令

跳转使 PLC 的程序灵活性和智能性大大提高，可以使主机根据对不同条件的判断，选择不同的程序段执行。

跳转指令是由跳转指令和标号指令配合实现的。跳转及标号指令的梯形图和语句表如表 4-27 所示，操作数 N 的范围为 0～255。

码 4-13
跳转指令

表 4-27　跳转及标号指令的梯形图和语句表

梯形图	语句表	指令名称
N ——(JMP)	JMP　N	跳转指令
N LBL	LBL　N	标号指令

跳转及标号指令的应用如图 4-24 所示。当触发信号接通时，跳转指令 JMP 线圈有信号流流过，跳转指令使程序流程跳转到与 JMP（Jump）指令编号相同的标号 LBL（Label）处，顺序执行标号指令以下的程序，而跳转指令与标号指令之间的程序不执行。若触发信号断开时，跳转指令 JMP 线圈没有信号流流过，顺序执行跳转指令与标号指令之间的程序。

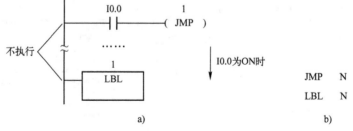

图 4-24　跳转及标号指令的应用

a) 梯形图　b) 语句表

编号相同的两个或多个 JMP 指令可以在同一程序里。但在同一程序中，不可以使用相同编号的两个或多个 LBL 指令。

注意：标号指令前面无需接任何其他指令，即直接与左母线相连。

4.8.2　子程序指令

S7-200 SMART 的控制程序由主程序、子程序和中断程序组成。
STEP 7-Micro/WIN SMART 在程序编辑窗口里为每个 POU（程序组
织单元）提供一个独立的页。主程序总是在第 1 页，后面是子程序和
中断程序。

码 4-14
子程序指令

在程序设计时，经常需要多次反复执行同一段程序，为了简化程序结构、减少程序编写工作
量，在程序结构设计时常将需要反复执行的程序编写为一个子程序，以便多次反复调用。子程序的
调用是有条件的，未调用它时不会执行子程序的功能，因此使用子程序可以减少扫描时间。

在编写复杂的控制程序时，最好把全部控制功能划分为几个符合工艺控制规律的子功能
块，每个子功能块由一个或多个子程序组成。子程序使程序结构简单清晰，易于调试、查错和
维护。在子程序中尽量使用局部变量，避免使用全局变量，这样可以很方便地将子程序移植到
其他项目中。

1. 建立子程序

可通过以下三种方法建立子程序：

1）执行菜单命令"编辑"→插入功能区的"对象"→"子程序"。

2）用鼠标右键单击项目树的"程序块"文件夹，执行弹出的快捷菜单中的命令"插入"→
"子程序"。

3）在程序编辑窗口用鼠标右键单击，执行弹出的快捷菜单中的命令"插入"→"子程序"。

新建子程序后，在指令树窗口可以看到新建的子程序图标，默认的程序名是 SBR_N，编号 N
从 0 开始按递增顺序生成，系统自带一个子程序 SBR_0。一个项目最多可以有 128 个子程序。

单击 POU（程序组织单元）中相应页的图标就可以进入相应的程序单元，在此单击图标
SBR_0 即可进入子程序编辑窗口。双击主程序图标 MAIN 可切换回到主程序编辑窗口。

若子程序需要接收（传入）调用程序传递的参数，或者需要输出（传出）参数给调用程序，可
在子程序中设置参变量。子程序参变量应在子程序编辑窗口的子程序局部变量表中定义。

2. 子程序调用指令

在子程序建立后，可以通过子程序调用指令反复调用子程序。子程序的调用可以带参数，
也可以不带参数。它在梯形图中以指令盒的形式编程。

子程序调用指令 CALL。当使能输入端 EN 有效时，程序执行将转移至编号为 SBR_0 的子
程序。子程序调用及返回指令的梯形图和语句表如表 4-28 所示。

表 4-28　子程序调用及返回指令的梯形图和语句表

梯形图	语句表	指令名称
SBR_N EN	CALL　SBR_N: SBRN	子程序调用指令
——(RET)	CRET	子程序返回指令

3．子程序返回指令

子程序返回指令分两种：无条件返回 RET 和有条件返回 CRET。子程序在执行完时必须返回到调用程序，如无条件返回，则编程人员无需在子程序最后插入任何返回指令，由 STEP 7-Micro/WIN SMART 软件自动在子程序结尾处插入返回指令 RET；若为有条件返回，则必须在子程序的最后插入 CRET 指令。

4．子程序的调用

可以在主程序、其他子程序或中断程序中调用子程序。调用子程序时将执行子程序中的指令，直至子程序结束，然后返回调用它的程序中该子程序调用指令的下一条指令处。

5．子程序的更名

在创建子程序时，默认的子程序名为 SBR_N，如果在一个控制系统中有多个子程序，若均使用默认的名称，不利于用户和维护人员阅读和维护，最好将其名称更改为"见名知意"的名称。可用鼠标右键单击指令树中的子程序的图标，在弹出的快捷菜单中选择"重命名"或"属性"，均可以对其重命名；或用鼠标右键单击指令树中的子程序的图标，按下〈F2〉键，便可重命名；或用鼠标右键单击子程序编辑器窗口最上方的子程序名，在弹出的快捷菜单中选择"属性"，然后进行重命名。

6．子程序嵌套

如果在子程序的内部又对另一个子程序执行调用指令，这种调用称为子程序的嵌套。子程序最多可以嵌套 8 级。

当一个子程序被调用时，系统自动保存当前的堆栈数据，并把栈顶置"1"，堆栈中的其他位置为"0"，子程序占有控制权。子程序执行结束，通过返回指令自动恢复原来的逻辑堆栈值，调用程序又重新取得控制权。

 注意：1）当子程序在一个周期内被多次调用时，不能使用上升沿、下降沿、定时器和计数器指令；2）在中断服务程序调用的子程序中不能再出现子程序嵌套调用。

7．有参子程序

子程序中可以有参变量，带参数的子程序调用扩大了子程序的使用范围，增加了调用的灵活性。子程序的调用过程如果存在数据的传递，则在调用指令中应包含相应的参数。

（1）子程序参数

子程序最多可以传递 16 个参数，参数在子程序的局部变量表中加以定义。参数包含下列信息：变量名（符号）、变量类型和数据类型。

1）变量名。最多用 8 个字符表示，第一个字符不能是数字。

2）变量类型。变量类型是按变量对应数据的传递方向来划分的，可以是传入子程序参数（IN）、传入/传出子程序参数（INI_OUT）、传出子程序参数（OUT）和暂时变量（TEMP）四种类型。

- IN 类型：传入子程序参数。所接的参数可以是直接寻址数据（如 VB100）、间接寻址数据（如 AC1）、立即数（如 16#2344）和数据的地址值（如&VB106）。
- IN_OUT 类型：传入/传出子程序参数。调用时将指定地址的参数值传到子程序，返回时从子程序得到的结果值被返回到同一地址。参数可以采用直接和间接寻址，但立即数（如 16#1234）和地址值（如&VB100）不能作为参数。

- OUT 类型：传出子程序参数。它将从子程序返回的结果值送到指定的参数位置。输出参数可以采用直接和间接寻址，但不能是立即数或地址编号。

- TEMP 类型：暂时变量类型。在子程序内部暂时存储数据，不能用来与主程序传递参数数据。

3）数据类型。局部变量表中还要对数据类型进行声明。数据类型可以是：能流、布尔型、字节型、字型、双字型、整型、双整型和实型。

（2）参数子程序调用的规则

对常数参数必须声明数据类型。例如：如果缺少常数参数的这一描述，常数可能会被当作不同类型使用。

输入或输出参数没有自动数据类型转换功能。例如：局部变量表中声明一个参数为实型，而在调用时使用一个双字，则子程序中的值就是双字。

参数在调用时必须按照一定的顺序排列，首先是输入参数，然后是输入/输出参数，最后是输出参数。

（3）局部变量与全局变量

I、Q、M、V、SM、AI、QI、S、T、C、HC 地址区中的变量称为全局变量。在符号表中定义的上述地址区中的符号称全局符号。程序中的每个 POU，均有自己的由 64 字节的局部（Local）存储器组成的局部变量。局部变量用来定义有使用范围限制的变量，它们只能在它被创建的 POU 中使用。与此相反，全局变量在符号表中定义，在各 POU 中均可使用。

（4）局部变量表的使用

单击"视图"菜单的"窗口"区域中的"组件"按钮，再单击打开的下拉式菜单中的"变量表"，变量表出现在程序编辑器的下面。用鼠标右键单击上述菜单中的"变量表"，可以用出现的快捷菜单命令将变量表放在快速访问工具栏上。

按照子程序指令的调用顺序，将参数值分配到局部变量存储器，起始地址是 L0.0。使用编程软件时，地址分配是自动的。

在语句表中，带参数的子程序调用指令格式为：

CALL 子程序号，参数 1，参数 2，…，参数 n

其中：n=1～16，IN 为传递到子程序中的参数，IN_OUT 为传递到子程序的参数、子程序的结果值返回到的位置，OUT 为子程序结果返回到指定的参数位置。

（5）局部存储器（L）

局部存储器用来存放局部变量。局部存储器是局部有效的。局部有效是指某一局部存储器只在某一程序分区（主程序或子程序或中断程序）中使用。

S7-200 SMART 提供 64 字节的局部存储器，局部存储器可用作暂时存储器或为子程序传递参数之用。可以按位、字节、字、双字访问局部存储器。可以把局部存储器作为间接寻址的指针，但是不能作为间接寻址的存储区。局部存储器 L 的寻址格式同存储器 M 和 V，范围为 LB0～LB63。

4.9 中断指令

码 4-15
中断指令

中断在计算机技术中应用较为广泛。中断功能是用中断程序及时地处理中断事件（如表 4-29 所示），中断事件与用户程序的执行时序无关，有的中断事件不能事先预测何时发生。中断程序不是由用户程序调用，而在中断事件发生时由操作系统调用。中断程序是用户编写的。中断程序应该优化，在执行完某项特定任务后应返回被中断的程序。应使中断程序尽量短小，以减少中断程序的执行时间，减少对其他事件处理的延迟，否则可能引起主程序控制的设备操作异常。设计中断程序时应遵循"越短越好"的原则。

表 4-29　中断事件描述

优先级分组	中断事件号	中断描述	优先级分组	中断事件号	中断描述
通信（最高）	8	端口 0 接收字符	I/O（中等）	7	I0.3 下降沿
	9	端口 0 发送字符		36*	信号板输入 0 下降沿
	23	端口 0 接收信息完成		38*	信号板输入 1 下降沿
	24*	端口 1 接收信息完成		12	HSC0 当前值=预置值
	25*	端口 1 接收字符		27	HSC0 输入方向改变
	26*	端口 1 发送字符		28	HSC0 外部复位
I/O（中等）	0	I0.0 上升沿		13	HSC1 当前值=预置值
	2	I0.1 上升沿		16	HSC2 当前值=预置值
	4	I0.2 上升沿		17	HSC2 输入方向改变
	6	I0.3 上升沿		18	HSC2 外部复位
	35*	信号板输入 0 上升沿		32	HSC3 当前值=预置值
	37*	信号板输入 1 上升沿	基于时间（最低）	10	定时中断 0（SMB34）
	1	I0.0 下降沿		11	定时中断 1（SMB35）
	3	I0.1 下降沿		21	T32 当前值=预置值
	5	I0.2 下降沿		22	T96 当前值=预置值

注：CPU CR40/CR60 不支持表 4-29 中标有*的中断事件。

1. 中断类型

S7-200 SMART 的中断大致分为三类：通信中断、I/O（输入/输出）中断和基于时间（时基）的中断。

（1）通信中断

可以通过用户程序控制 PLC 的串行通信端口，这种操作模式称为自由端口模式。在自由端口模式下，接收消息完成、发送消息完成和接收到一个字符均可以产生中断事件。

（2）I/O 中断

I/O 中断包括上升/下降沿中断和高速计数器中断。CPU 可以为输入通道 I0.0、I0.1、I0.2、I0.3，以及带有可选数字量输入信号板的标准 CPU 的输入通道 I7.0 和 I7.1，生成输入上升沿/或下降沿中断。可对这些输入点中的每一个上升沿和下降沿事件进行捕捉。这些上升沿/下降沿事件可用于指示在事件发生时必须立即处理的状况。

高速计数器中断可以对下列情况做出响应：当前值达到预设值，计数方向发生改变或计数器外部复位。这些高速计数器事件均可触发实时执行的操作，以响应在 PLC 扫描速度下无法控制的高速事件。

通过将中断例程连接到相关 I/O 事件来启用上述各中断。

（3）基于时间的中断

基于时间的中断包括定时中断和定时器 T32/T96 中断。可使用定时中断指定循环执行的操作。可以以 1ms 为增量设置周期时间，其范围是 1～255ms。对于定时中断 0，必须在 SMB34 中写入周期时间，对于定时中断 1，必须在 SMB35 中写入周期时间。

定时器延时时间到达时，定时中断事件会将控制权传递给相应的中断程序。通常可以使用定时中断来控制模拟量输入的采样或定期执行 PID 回路。

将中断程序连接到定时中断事件时，启用定时中断并且开始定时。连接期间，系统捕捉周期时间值，因此 SMB34 和 SMB35 的后续变化不会影响周期时间。要更改周期时间，必须修改周期时间值，然后将中断程序重新连接到定时中断事件。重新连接时，定时中断功能会清除先前连接的所有累计时间，并重新用新值计时。

定时中断启用后，将连续运行，每个连续时间间隔后，会执行连接的中断程序。如果退出 RUN 模式或分离定时中断，定时中断将禁用。如果执行了全局 DISI（中断禁止）指令，定时中断会继续出现，但是不能执行所连接的中断程序。每次定时中断事件出现后均排队等候，直至中断启用或队列已满。

使用定时器 T32/T96 中断可及时响应指定时间间隔的事件。仅 1ms 分辨率的接通延时（TON）和断开延时（TOF）定时器 T32 和 T96 支持此类中断，否则 T32/T96 正常工作。启用中断后，如果在 CPU 中执行正常的 1ms 定时器更新期间，若已激活定时器当前值等于预设时间值的中断事件，将执行连接的中断程序。可将中断程序连接到 T32（事件 21）和 T96（事件 22）中断事件来启用这些中断。

2．中断事件号

调用中断程序之前，必须在中断事件和该事件发生时所需执行的程序段之间分配关联。可以使用中断连接指令将中断事件（由中断事件编号指定，每个中断源都分配一个编号用以识别，称为中断事件号）与程序段（由中断程序编号指定）相关联。可以将多个中断事件连接到一个中断程序，但一个事件不能同时连接到多个中断程序。

连接事件和中断程序时，仅当全局 ENI（中断启用）指令已执行且中断事件处理处于激活状态时，新出现此事件时才会执行所连接的中断程序。否则，该事件将添加到中断事件队列中。如果使用全局 DISI（中断禁止）指令禁止所有中断，那么每次发生中断事件都会排队，直至使用全局 ENI（中断启用）指令重新启用中断或中断队列溢出。

可以使用中断分离指令取消中断事件与中断程序之间的关联，从而禁用单独的中断事件。分离中断指令使中断变为未激活或被忽略状态。

3．中断事件的优先级

中断优先级是指中断源被响应和处理的优先等级。设置优先级的目的是为了在有多个中断源同时发生中断请求时，CPU 能够按照预定的顺序（如按事件的轻重缓急顺序）进行响应并处理。中断事件的优先级顺序如表 4-29 所示。

4．中断程序的创建

新建项目时自动生成中断程序 INT_0，S7-200 SMART 最多可以使用 128 个中断程序。

可以采用以下三种方法创建中断程序：

1）执行菜单命令"编辑"→插入功能区的"对象"→"中断"。

2）用鼠标右键单击项目树的"程序块"文件夹，执行弹出的快捷菜单中的命令"插入"→"中断"。

3）在程序编辑窗口用鼠标右键单击，执行弹出的快捷菜单中的命令"插入"→"中断"。

创建成功后程序编辑器将显示新的中断程序，程序编辑器底部出现标有新的中断程序的标签，可以对新的中断程序编程，新建中断名为 INT_N。

5．中断指令

中断调用相关的指令包括：中断允许指令 ENI（Enable Interrupt）、中断禁止指令 DISI（Disable Interrupt）、中断连接指令 ATCH（Attach）、中断分离指令 DTCH（Detach）、清除中断事件指令 CLR_EVNT（Clear Events）、中断返回指令 RETI（Return Interrupt）和中断有条件返回指令 CRETI（Conditional Return Interrupt），如表 4-30 所示。

表 4-30 中断指令

梯形图	语句表	描述	梯形图	语句表	描述
—(ENI)	ENI	中断允许	ATCH / EN ENO / INT / EVNT	ATCH INT, EVNT	中断连接
—(DISI)	DISI	中断禁止	DTCH / EN ENO / EVNT	DTCH INT, EVNT	中断分离
—(RETI)	CRETI	中断有条件返回	CLR_EVNT / EN ENO / EVNT	CEVENT EVNT	清除中断事件

（1）中断允许指令

中断允许指令 ENI 又称为开中断指令，其功能是全局性地开放所有被连接的中断事件，允许 CPU 接收所有中断事件的中断请求。

（2）中断禁止指令

中断禁止指令 DISI 又称为关中断指令，其功能是全局性地关闭所有被连接的中断事件，禁止 CPU 接收所有中断事件的请求。

（3）中断返回指令

中断返回指令 RETI/CRETI 的功能是当中断结束时，通过中断返回指令退出中断服务程序，返回到主程序。RETI 是无条件返回指令，即在中断程序的最后无需插入此指令，编程软件自动在程序结尾加上 RETI 指令；CRETI 是有条件返回指令，即中断程序的最后必须插入该指令。

（4）中断连接指令

中断连接指令 ATCH 的功能是建立一个中断事件 EVNT 与一个标号为 INT 的中断服务程序的联系，并对该中断事件开放。

（5）中断分离指令

中断分离指令 DTCH 的功能是取消某个中断事件 EVNT 与所对应中断程序的关联，并对该中断事件关闭。

（6）清除中断事件指令

清除中断事件指令 CLR_EVNT 的功能是从中断队列中清除所有的中断事件。如果该指令用来清除假的中断事件，应在从队列中清除事件之前将该事件分离。否则，在执行清除事件指令后，将向队列中添加新的事件。

 注意：中断程序不能嵌套，即中断程序不能再被中断。正在执行中断程序时，如果又有事件发生，将会按照发生的时间顺序和优先级排队执行。

6. 中断的更名

在创建中断程序时，默认的子程序名为 INT_N，如果在一个控制系统中有多个中断程序，若均使用默认的名称，不利于用户和维护人员的阅读和维护，最好将其名称更改为"见名知意"的名称。可用鼠标右键单击中断编辑器窗口最上方的中断程序名，在弹出的快捷菜单中选择"属性"，然后在名称栏中重命名；或选择编程窗口左侧"程序块"下相应的中断组织块，用鼠标单击后再单击一下，便可重命名；或选中相应的中断组织块后，按下〈F2〉键进行重命名，或单击鼠标右键，在弹出的快捷菜单中选择"重命名"或"属性"均可对其重命名。

【例 4-7】 I/O 中断：在 I0.0 的上升沿通过中断使 Q0.0 立即置位，在 I0.1 的下降沿通过中断使 Q0.0 立即复位。

根据要求编写的主程序及中断程序如图 4-25～图 4-27 所示。

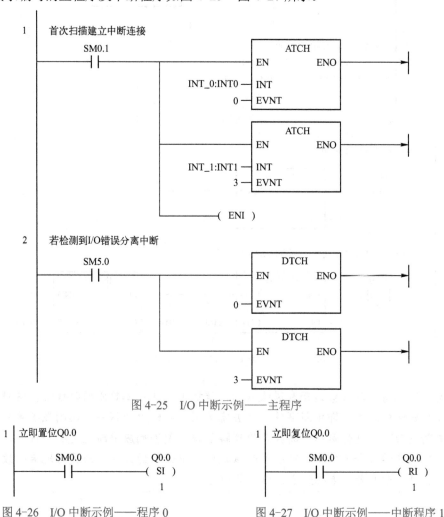

图 4-25 I/O 中断示例——主程序

图 4-26 I/O 中断示例——程序 0

图 4-27 I/O 中断示例——中断程序 1

【例 4-8】 基于时间的中断：用定时中断 0 实现周期为 2s 的定时，使接在 Q0.0 上的指示灯闪烁。

根据要求编写的主程序及中断程序如图 4-28 和图 4-29 所示。

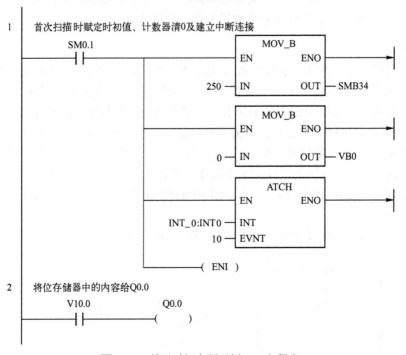

图 4-28 基于时间中断示例——主程序

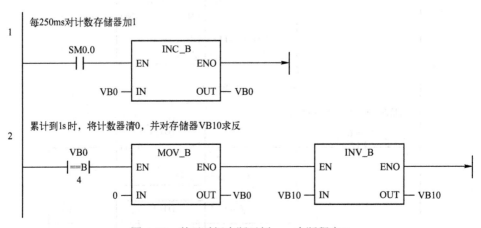

图 4-29 基于时间中断示例——中断程序 0

★大家还记得小时候旁边若有风吹草动，就搁下作业去凑热闹的时候吧。这种引起作业中断的事儿好比中断源，即中断事件，"去凑热闹"好比中断程序，热闹散尽重新拾起作业好比"中断返回"，这样解释中断指令你理解了吗？是否响应中断也是有条件的，即是否允许中断。我们在学习和工作中，可以多尝试减少"中断"的方法，来更好地专心致志。宋代理学家朱熹说：敬业者，专心致志，以事其业也。

4.10　案例 17　霓虹灯的 PLC 控制

1. 目的

1）掌握跳转指令。

2）掌握子程序指令。

2. 任务

使用 S7-200 SMART PLC 实现 8 盏霓虹灯的控制，控制要求：若按下向左循环按钮，每隔 1s 点亮其左侧 1 盏灯（每时刻只有 1 盏灯亮），如此循环；若按下向右循环按钮，每隔 1s 点亮其右侧 1 盏灯（每时刻只有 1 盏灯亮），如此循环，无论何时按下停止按钮，8 盏灯全部熄灭。

3. 内容与步骤

（1）I/O 分配

根据案例分析可知，霓虹灯的 PLC 控制 I/O 分配如表 4-31 所示。

表 4-31　霓虹灯的 PLC 控制 I/O 分配表

输　入		输　出	
输入继电器	元　件	输出继电器	元　件
I0.0	左移按钮 SB1	Q0.0 ～ Q0.7	8 盏霓虹灯
I0.1	右移按钮 SB2		
I0.2	停止按钮 SB3		

（2）I/O 接线图

根据控制要求及表 4-31 的 I/O 分配表，霓虹灯的 PLC 控制 I/O 接线如图 4-30 所示。

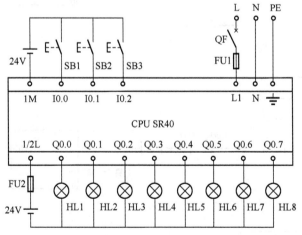

图 4-30　霓虹灯的 PLC 控制 I/O 接线图

（3）创建工程项目

创建一个工程项目，并命名为霓虹灯的 PLC 控制。

（4）编写程序

1）使用跳转指令编写程序。

采用循环移位指令及跳转指令编写的控制程序如图 4-31 所示。

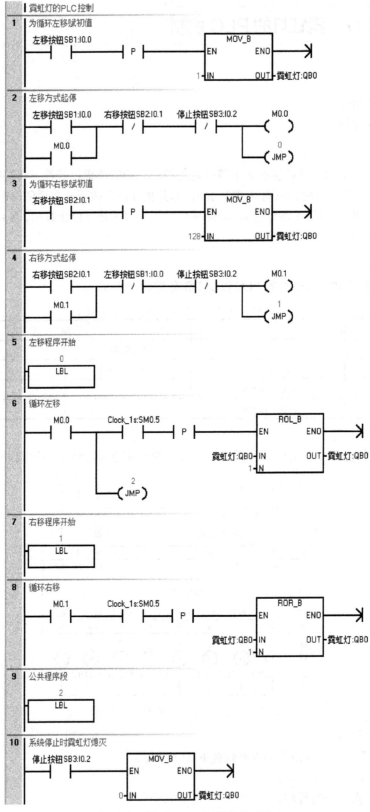

图 4-31　霓虹灯 PLC 控制的梯形图 1

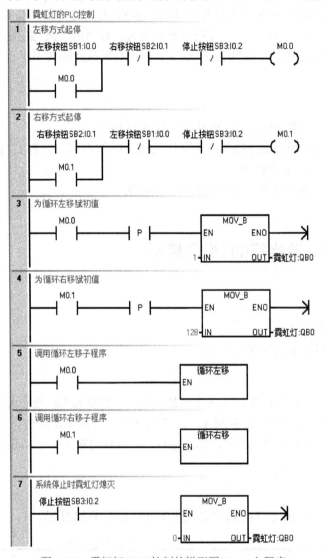

2）使用子程序指令编写程序。

采用循环移位指令及子程序指令编写的控制程序如图 4-32～图 4-34 所示。

图 4 32　霓虹灯 PLC 控制的梯形图 2——主程序

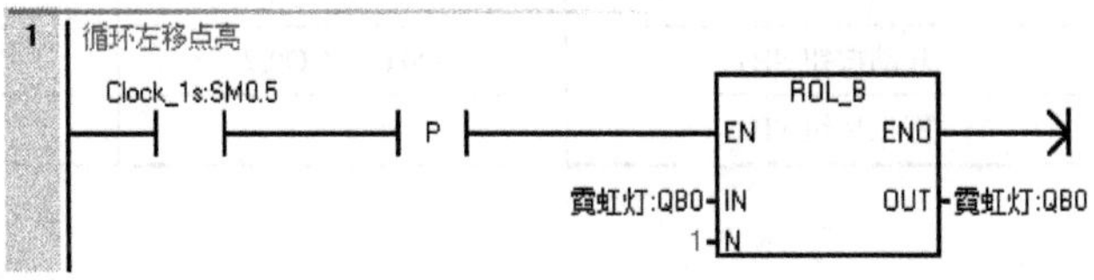

图 4-33　霓虹灯 PLC 控制的梯形 2——循环左移子程序

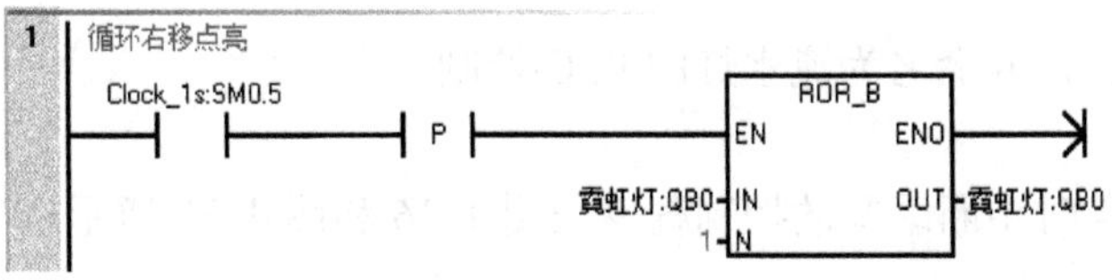

图 4-34　霓虹灯 PLC 控制的梯形图 2——循环右移子程序

（5）调试程序

将程序下载到 PLC 中，启动程序监控功能，按下左移按钮 SB1，观察 8 盏灯是否从右向左以秒级移动，并且不断循环；按下右移按钮 SB2，观察 8 盏灯是否从左向右以秒级移动，并且不断循环。按下停止按钮 SB3，观察灯是否全部熄灭。若调试结果与控制要求一致，则说明本案例任务实现（调试程序时，读者在程序监控下可观察到执行跳转和子程序指令时程序的执行状态）。

4. 拓展

训练 1：将案例 17 控制要求中循环移位的灯改为 16 盏。

训练 2：将案例 17 控制要求改为按下起动按钮，8 盏灯先以秒级向左移，亮到第 8 盏后再从第 7 盏以秒级向右移，如此循环。

训练 3：使用带参数的子程序实现案例 17 的控制。

4.11 案例 18 流水灯的 PLC 控制

1. 目的

1）掌握中断指令。

2）掌握循环中断程序的创建与调用。

2. 任务

使用 S7-200 SMART PLC 实现 8 盏流水灯的控制，控制要求：按下开始按钮后，第 1 盏灯亮，1s 后第 1、2 盏灯亮，再过 1s 后第 1、2、3 盏灯亮，直到 8 盏灯全亮；再过 1s 后，全部熄灭，然后再过 1s 后第 1 盏灯再次亮起，如此循环。无论何时按下停止按钮，8 盏灯全部熄灭。

3. 内容与步骤

（1）I/O 分配

根据案例分析可知，流水灯的 PLC 控制 I/O 分配如表 4-32 所示。

表 4-32　流水灯的 PLC 控制 I/O 分配表

输　　入		输　　出	
输入继电器	元　件	输出继电器	元　件
I0.0	起动按钮 SB1	Q0.0 ～ Q0.7	8 盏流水灯
I0.1	停止按钮 SB2		

（2）I/O 接线图

根据控制要求及表 4-32 的 I/O 分配表，流水灯的 PLC 控制 I/O 接线如图 4-35 所示。

（3）创建工程项目

创建一个工程项目，并命名为流水灯的 PLC 控制。

（4）编写程序

采用中断指令及定时中断编写的控制程序如图 4-36 和图 4-37 所示。

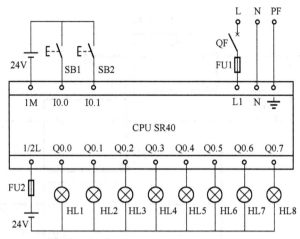

图 4-35 流水灯的 PLC 控制 I/O 接线图

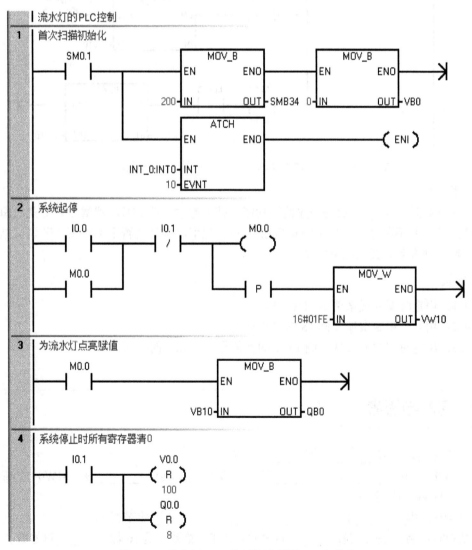

图 4-36 流水灯 PLC 控制的梯形图——主程序

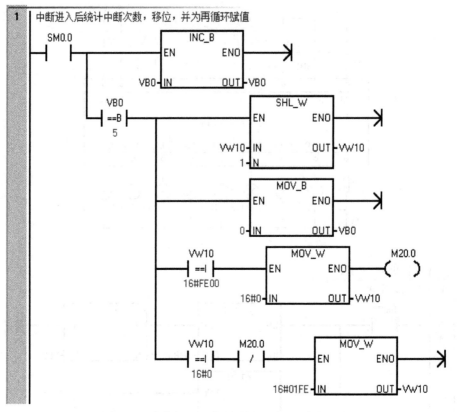

图 4-37　流水灯 PLC 控制的梯形图——中断程序

（5）调试程序

将程序下载到 PLC 中，启动程序监控功能，按下起动按钮 SB1，观察 8 盏灯是否每秒增加 1 盏点亮的灯，并不断循环。按下停止按钮 SB2，观察流水灯是否全部熄灭。若调试结果与控制要求一致，则说明本案例任务实现。

4. 拓展

训练 1：用定时器实现案例 18 的控制。

训练 2：用硬件中断实现案例 18 的停止功能。

训练 3：用定时器中断实现案例 18 中的秒信号下灯亮灭的控制。

4.12　习题与思考

1. I2.7 是输入字节_____的第_____位。

2. MW0 是由_____、_____两个字节组成；其中_____是 MW0 的高字节，_____是 MW0 的低字节。

3. QD10 是由_____、_____、_____、_____字节组成。

4. WORD（字）是 16 位_____符号数，INT（整数）是 16 位_____符号数。

5. 字节、字、双字、整数、双整数和浮点数哪些是有符号的？哪些是无符号的？

6. &VB100 和*VD200 分别用来表示什么？

7. 跳转和标号指令的操作数 n 为常数，其范围是_____。

8. S7-200 SMART 的控制程序由主程序、_____ 和_____ 组成。

9. S7-200 SMART 一个项目最多可以有_____个子程序。

10. 中断分通信中断、_____ 和_____ 中断。

11. 基于时间的中断的精度为_____ ms。

12. 主程序调用的子程序可最多嵌套_____层，中断程序调用的子程序_____嵌套。

13. 主程序和中断程序的变量表中只有_____变量。

14. 将累加器 1 的高字节中的内容送入 MW0，低字节中的内容送入 MW2。

15. 使用定时器及比较指令编写占空比为 1∶2、周期为 1.2s 的连续脉冲信号。

16. 将浮点数 12.3 取整后传送至 MB0。

17. 使用循环移位指令实现接在输出字 QW0 端口的 16 盏灯的跑马灯点亮控制。

18. 使用算术运算指令实现[8+9×6/(12+10)]/(6-2)运算，并将结果保存在 MW10 中。

19. 使用逻辑运算指令将 MW0 和 MW10 合并后分别送到 MD20 的低字节和高字节中。

20. 某设备有三台风机，当设备处于运行状态时，如果有两台或两台以上风机工作，则指示灯常亮，指示"正常"；如果仅有一台风机工作，则该指示灯以 0.5Hz 的频率闪烁，指示"一级报警"；如果没有风机工作，则指示灯以 2Hz 的频率闪烁，指示"严重报警"；当设备不运行时，指示灯不亮。

<table>
<tr><td>第 5 章</td><td>PLC 模拟量与通信指令
及编程应用</td></tr>
</table>

本章重点介绍 S7-200 SMART PLC 的模拟量模块的使用（模块组态、电路的连接、地址的分配、数据的读写），通信指令（USS 通信指令、以太网通信指令、自由口通信指令）及其应用。通过 3 个案例介绍模拟量模块及通信指令的典型应用。通过本章学习，读者能掌握 S7-200 SMART PLC 模拟量模块的选型、组态及与传感器电路的连接，及通过 USS 指令和以太网指令实现设备之间的通信连接和数据传输。

5.1 模拟量

模拟量是区别于数字量的一个连续变化的电压或电流信号。模拟量可作为 PLC 的输入或输出，通过传感器或控制设备对控制系统的温度、压力、流量等模拟量进行检测或控制。通过变送器可将传感器提供的电量或非电量转换为标准的直流电流（4～20mA、±20mA 等）或直流电压信号（0～5V、0～10V、±5V、±10V 等）。

码 5-1
模拟量模块简介及线路连接

变送器分为电压输出型和电流输出型。电压输出型变送器具有恒压源的性质，PLC 模拟量输入模块的电压输出端的输出阻抗很高。如果变送器距离 PLC 较远，则通过电路间的分布电容和分布电感所感应的干扰信号，在模块的输出阻抗上将产生较高的干扰电压，所以在远程传送模拟量电压信号时，抗干扰能力很差。电流输出型变送器具有恒流源的性质，恒流源的内阻很大，PLC 的模拟量输出模块输入电流时，输入阻抗较低。电路上的干扰信号在模块的输入阻抗上产生的干扰电压很低，所以模拟量电流信号适用于远程传送，最大传送距离可达 200m。注意：并非所有模拟量模块都需要专门的变送器。

5.1.1 模拟量模块

模拟量模块包括模拟量输入模块、模拟量输出模块和模块量输入/输出混合模块。S7-200 SMART PLC 的模拟量模块共有 5 种类型，分别为 EM AE04（4 点模拟量输入）、EM AQ02（2 点模拟量输出）、EM AM06（4 点模拟量输入/2 点模拟量输出）、EM AR02（2 点热电阻输入）、EM AT04（4 点热电偶输入）。型号中"EM"表示扩展模块、"A"表示模拟量、"E"表示输入、"Q"表示输出、"M"表示输入/输出混合、"R"表示热电阻、"T"表示热电偶。图 5-1 为模拟量扩展模块 EM AM06。

图 5-1　模拟量模块 EM AM06

5.1.2　模拟量模块的接线

模拟量模块有专用的插针接头与 CPU 通信，并通过该接头由 CPU 向模拟量模块提供 DC 5V 的电源。此外，模拟量模块必须外接 DC 24V 电源。模拟量输入模块 EM AE04 的外围接线如图 5-2 所示。

模拟量输出模块 EM AQ02 的外围接线如图 5-3 所示，两个模拟量通道输出电流或电压信号，可以按需要选择。

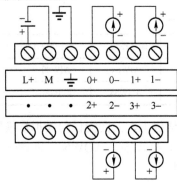
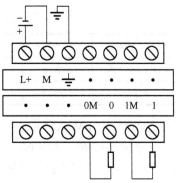

图 5-2　EM AE04 模块接线图　　　　　图 5-3　EM AQ02 模块接线图

模拟量混合模块 EM AM06 上有模拟量输入和输出，其外围接线如图 5-4 所示。

模拟量热电阻输入模块 EM AR02 的外围接线如图 5-5 所示。热电阻 RTD 传感器有四线式、三线式和二线式。四线式的精度最高，二线式精度最低，而三线式使用较多，其详细接线如图 5-6 所示。I+和 I-端子是电流源，向传感器供电，而 M+和 M-是测量信号的端子。图 5-6 中，细实线代表传感器自身的导线，粗实线代表外接的短接线。

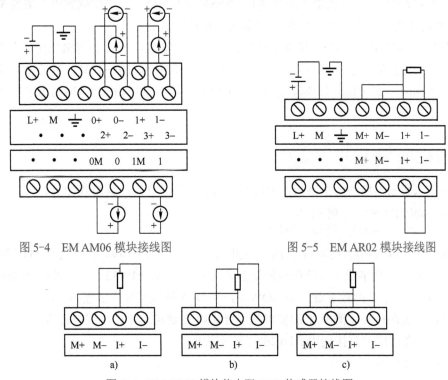

图 5-4　EM AM06 模块接线图　　　　　图 5-5　EM AR02 模块接线图

图 5-6　EM AR02 模块热电阻 RTD 传感器接线图

a) 四线式　b) 三线式　c) 二线式

5.1.3 模拟量的地址分配

在用系统块组态硬件时，STEP 7-Micro/WIN SMART 自动分配各模块和信号板的地址，各模块的起始地址无须用户记忆，使用时打开"系统块"后便可知晓。具体地址分配如表 5-1 所示。

表 5-1 模拟量模块的起始 I/O 地址分配表

CPU	信号板	信号模块 0	信号模块 1	信号模块 2	信号模块 3	信号模块 4	信号模块 5
—	无 AI 信号板	AIW16	AIW32	AIW48	AIW64	AIW80	AIW96
—	AQW12	AQW16	AQW32	AQW48	AQW64	AQW80	AQW96

若模拟量混合模块 EM AM06 被插入信号模块 3 的槽位上，前面无任何模拟量模块，则输入/输出的地址分别 AIW64、AIW66、AIW68、AIW70 和 AQW64、AQW66，即同一个模块被插入的物理槽位不同，其起址也不相同，并且地址也被固定。

5.1.4 模拟量的表示

模拟量输入模块 EM AE04 有 4 个通道，分别为通道 0、通道 1、通道 2、通道 3，它们既可测量直流电流信号，也可测量直流电压信号，但不能同时测量电流和电压信号，只能二选一。可测的信号范围：0~20mA、-10~10V、-5~5V 和-2.5~2.5V；满量程数字量为：-27 648~+27 648 和 0~27 648。若某通道选用测量 0~20mA 的电流信号，当检测到电流值为 5mA 时，经 A-D 转换器转换后，读入 PLC 中的数字量应为 6 912。

模拟量输出模块 EM AQ02 有两个模拟通道，既可输出电流，也可输出电压信号，应根据需要选择。电流信号范围为 0~20mA，电压信号范围为-10~10V，对应数字量为 0~27 648 和-27 648~+27 648。如要输出 5V 电压信号，需将数字量+13 824 经模拟量输出模块输出即可。

5.1.5 模拟量的读写

模拟量输入和输出均为一个字长，地址必须从偶数字节开始，其格式如下。

```
AIW[起始字节地址]   例如：AIW16
AQW[起始字节地址]   例如：AQW32
```

一个模拟量的输入被转换成标准的电压或电流信号，如 0~10V，然后经 A-D 转换器转换成一个字长（16 位）数字量，存储在模拟量存储区 AI 中，如 AIW32。对于模拟量的输出，S7-200 SMART 将一个字长的数字量，如 AQW32，用 D-A 转换器转换成模拟量。

若想读取安装在扩展插槽 0 上的模拟量混合模块 2 通道上的电压或电流信号时，可通过以下指令读取，或在程序中直接使用 AIW20 储存区亦可。

```
MOVW  AIW20, VW0
```

若想从安装在扩展插槽 0 上的模拟量混合模块 1 通道上输出电压或电流信号时，可通过以下指令输出：

```
MOVW   VW10,   AQW18
```

5.1.6　模拟量的组态

每个模拟量混合模块能同时输入/输出电流或电压信号，模拟量输入/输出信号类型及量程的选择都是通过组态软件选择的。

选中系统块上面的表格中相应的模拟量模块（见图 5-7），单击左边窗口的"模块参数"节点，可以设置是否启用用户电源报警。

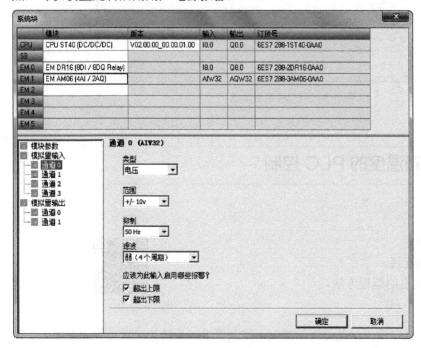

码 5-2
模拟量模块的组态

图 5-7　组态模拟量输入

选中某个模拟量输入通道，可以设置模拟量信号的类型（电压或电流）、测量范围、干扰抑制频率、是否启用超出上限和超出下限报警。干扰抑制频率用来抑制设置频率的交流信号对模拟量输入信号的干扰，一般设为 50Hz。

为偶数通道选择的"类型"同时适用于其后的奇数通道，例如为通道 2 选择的类型也适用于通道 3。为通道 0 设置的干扰抑制频率可同时用于其他所有的通道。

模拟量输入采用平均值滤波，有"无、弱、中、强" 4 种平滑算法可供选择。滤波后的值是所选的采样次数（分别为 1、4、16、32 次）的各次模块量输入的平均值。采样次数多将使滤波后的值稳定，但是响应较慢，采样次数少滤波效果较差，但是响应较快。

选中某个模拟量输出通道（见图 5-8），可以设置模拟量信号的类型（电压或电流）、测量范围、是否启用超出上限、超出下限、断线和短路报警。

选中"将输出冻结在最后一个状态"多选框，CPU 从 RUN 模式变为 STOP 模式后，模拟量输出值将保持 RUN 模式下最后输出的值。如果未选该多选框，可设置从 RUN 模式变为 STOP 模式后模拟量输出的替代值（-32 512～+23 511），默认的替代值为 0。

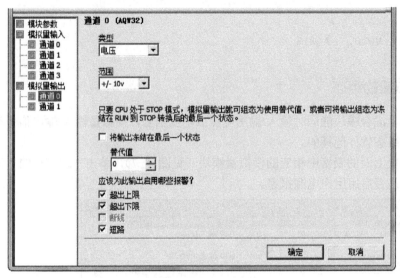

图 5-8　组态模拟量输出

5.2 **案例 19　炉箱温度的 PLC 控制**

1. 目的

1）掌握扩展模块的组态。

2）掌握模拟量模块的连接。

3）掌握模拟量输入/输出的编程方法。

码 5-3
炉温控制

2. 任务

使用 S7-200 SMART PLC 实现炉箱温度的控制，控制要求：系统起动后当检测温度小于设置温度 3℃时，起动加热器进行加热，当检测温度大于设置温度 3℃时，停止加热。同时，要求检测温度在设置温度±3℃范围内，绿色指示灯亮；当小于或等于设置温度 3℃及以下时黄灯以秒级闪烁；当大于设置温度 3℃及以上时红灯秒级闪烁。另外，还要求系统温度由指针式温度表加以显示。

3. 内容与步骤

（1）I/O 分配

根据案例分析可知，炉箱温度的 PLC 控制 I/O 地址分配如表 5-2 所示。

表 5-2　炉箱温度的 PLC 控制 I/O 分配表

输　入		输　出	
输入继电器	元　件	输出继电器	元　件
I0.0	起动按钮 SB1	Q0.0	接触器 KM
I0.1	停止按钮 SB2	Q0.4	黄色指示灯 HL1
		Q0.5	绿色指示灯 HL2
		Q0.6	红色指示灯 HL3

（2）硬件原理图

根据控制要求及表 5-2 的 I/O 分配表，炉箱温度的控制的主电路及 I/O 接线图如图 5-9 和图 5-10 所示。

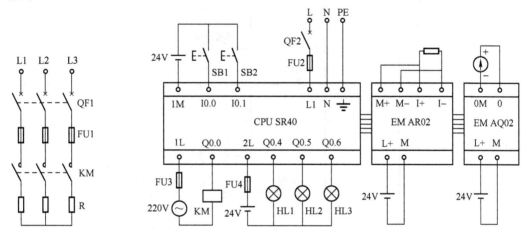

图 5-9　炉箱温度的 PLC 控制的主电路　　　　　图 5-10　炉箱温度的 PLC 控制 I/O 接线图

（3）创建工程项目

创建一个工程项目，并命名为炉箱温度的 PLC 控制。

（4）编写程序

首先在系统块中添加 EM AR02 和 EM AQ02 两个扩展模块，然后对其通道 0 分别进行硬件组态。模拟量输入模块的"类型"栏选择四线制热敏电阻，"电阻"栏选择"Pt 100"；模拟量输出模块的"类型"栏选择±10V。本案例的 PLC 控制的梯形图如图 5-11 所示。

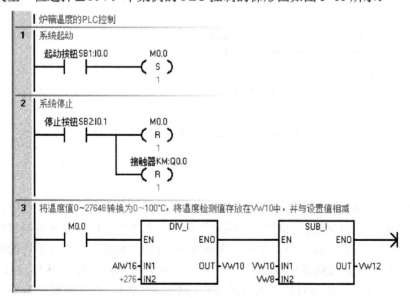

图 5-11　炉箱温度的 PLC 控制的梯形图

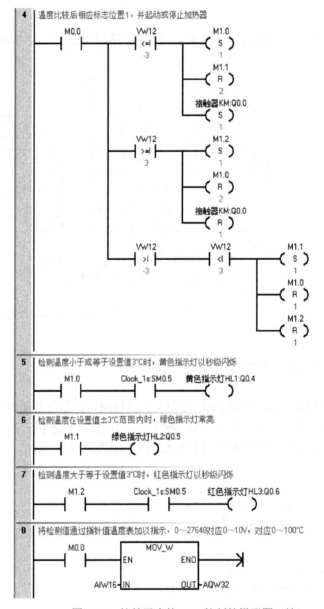

图 5-11　炉箱温度的 PLC 控制的梯形图（续）

（5）调试程序

将程序块及系统块下载到 PLC 中，启动程序监控功能。首先起动系统，使用鼠标右键单击地址 AIW16，选择弹出的快捷菜单中的"强制"选项，在"值"栏中输入不同的数值，然后单击"强制"按钮（或在状态图表中，在地址为 AIW16 行的"新值"列输入不同的数值，然后单击"强制"按钮），观察接触器的动作及三个指示灯的亮灭情况，如 AIW16 存储器中不同数值、接触器的动作及三个指示灯的亮灭情况与控制要求相吻合，则说明程序编写正确。或在通道 0 中接入 0～10V 可调的直流电压信号，通过调节输入的电压信号，观察交流接触器的动作及三个指示灯的亮灭情况。同时，通过监控 AQW32 的值或用万用表直流电压档测量 EM AQ02 的第 0 通道输出的电压值，看是否与 EM AR02 第 0 通道输入的电压值一致，如果调试结果与控制要求一致，则说明本案例任务实现。

4. 拓展

训练 1：使用多个温度传感器实现案例 19 的控制要求。

训练 2：用 PLC 实现炉温控制。系统由两组加热器进行加热，若温度低于设置值时，系统起动第一组加热器，加热 10min 后，若温度仍达不到设置值，自行起动第二组加热器。当温度到达设置温度后停止第二组加热器。

训练 3：用电位器调节模拟量的输入实现对指示灯的控制，要求输入电压小于 3V 时，指示灯以 1s 周期闪烁；若输入电压大于或等于 3V 而又小于或等于 8V，指示灯常亮；若输入电压大于 8V 则指示灯以 0.5s 周期闪烁。

5.3 通信指令

5.3.1 通信概述

通信是指一地与另一地之间的信息传输。PLC 通信是指 PLC 与计算机、PLC 与 PLC、PLC 与人机界面（触摸屏）、PLC 与变频器、PLC 与其他智能设备之间的数据传输。

码 5-4
PLC 通信简介

1. 通信方式

（1）有线通信和无线通信

有线通信是以导线、电缆、光缆、纳米材料等看得见的材料为传输介质的通信。无线通信是以看不见的材料（如电磁波）为传输介质的通信，常见的无线通信有微波通信、短波通信、移动通信和卫星通信等。

（2）并行通信与串行通信

并行通信是指数据的各个位同时进行传输的通信方式，其特点是数据传输速度快，由于需要的传输线多，故成本高，只适合近距离的数据通信。PLC 主机与扩展模块之间通常采用并行通信。

串行通信是指数据一位一位地传输的通信方式，其特点是数据传输速度慢，只需要一条传输线，故成本低，适合远距离的数据通信。PLC 与计算机、PLC 与 PLC、PLC 与人机界面、PLC 与变频器之间通信采用串行通信。

（3）异步通信和同步通信

串行通信又可分异步通信和同步通信。PLC 与其他设备通信主要采用串行异步通信方式。

在异步通信中，数据是一帧一帧地传输，一帧数据传输完成后，可以传下一帧数据，也可以等待。串行通信时，数据是以帧为单位传输的，帧数据有一定的格式，它是由起始位、数据位、奇偶校验位和停止位组成。

在异步通信中，每一帧数据发送前要用起始位，在结束时要用停止位，这样会导致数据传输速度较慢。为了提高数据传输速度，在计算机与一些高速设备进行数据通信时，常采用同步通信。同步通信的数据后面取消了停止位，前面的起始位用同步信号代替，在同步信号后面可以跟很多数据，所以同步通信传输速度快，但由于同步通信要求发送端和接收端严格保持同步，这需要用复杂的电路来保证，所以 PLC 不采用这种通信方式。

（4）单工通信和双工通信

在串行通信中，根据数据的传输方向不同，可分为三种通信方式：单工通信、半双工通信和全双工通信。

单工通信，是数据只能往一个方向传送的通信，即只能由发送端传输给接收端。

半双工通信，数据可以双向传送，但在同一时间内，只能往一个方向传送，只有一个方向的数据传送完成后，才能往另一个方向传送数据。

全双工通信，数据可以双向传送，通信的双方都有发送器和接收器，由于有两条数据线，所以双方在发送数据的同时可以接收数据。

2. 通信传输介质

有线通信采用的传输介质主要有双绞线、同轴电缆和光缆。

（1）双绞线

双绞线是将两根导线扭在一起，以减少电磁波的干扰，如果再加上屏蔽套层，则抗干扰能力更好，双绞线的成本低、安装简单，RS-232C、RS-422 和 RS-485 等接口多用作双绞线电缆进行通信。

（2）同轴电缆

同轴电缆的结构从内到外依次为内导体（芯线）、绝缘线、屏蔽层及外保护层。由于从截面看这四层构成了 4 个同心圆，故称为同轴电缆。根据通频带不同，同轴电缆可分为基带和宽带两种，其中基带同轴电缆常用于 Ethernet（以太网）中。同轴电缆的传送速度高、传输距离远，但价格较双绞线高。

（3）光缆

光缆是由石英玻璃经特殊工艺拉成细丝结构，这种细丝的直径比头发丝还要细，但它能传输的数据量却是巨大的。它是以光的形式传输信号的，其优点是传输数字量的光脉冲信号，不会受电磁干扰，不怕雷击，不易被窃听，数据传输安全性好，传输距离长，且带宽相对较宽、传输速度快。但由于通信双方发送和接收的都是电信号，因此通信双方都需要价格昂贵的光纤设备进行光电转换，另外光纤连接头的制作与光纤连接需要专用工具和专业的技术人员。

3. RS-485 标准串行接口（RS-485 接口）

RS-485 接口是在 RS-422 基础上发展起来的一种 EIA 标准串行接口，采用"平衡差分驱动"方式。RS-485 接口满足 RS-422 的全部技术规范，可以用于 RS-422 通信。RS-485 接口常采用 9 引脚连接器。RS-485 接口的引脚功能如表 5-3 所示。

表 5-3　RS-485 接口的引脚功能

连接器	引脚	信号名称	信号功能
	1	SG 或 GND	机壳接地
	2	24V 返回	逻辑地
	3	RXD+或 TXD+	RS-485 信号 B，数据发送/接收+端
	4	发送申请	RTS（TTL）
	5	5V 返回	逻辑地
	6	+5V	+5V、100Ω 串联电阻
	7	+24V	+24V
	8	RXD-或 TXD-	RS-485 信号 A，数据发送/接收-端
	9	不用	10 位协议选择（输入）
	连接器外壳	屏蔽	机壳接地

4. 西门子 PLC 的连线

西门子 PLC 的 PPI 通信、MPI 通信和 PROFIBUS-DP 现场总线通信的物理层都是 RS-485 通信，而且采用都是相同的通信线缆和专用网络接头。西门子提供两种网络接头，其一是标准网络接头（用于连接 PROFIBUS 站和 PROFIBUS 电缆实现信号的传输，一般带有内置的终端电阻，如果该站为通信网络节点的终端，则需将终端电阻连接上，即将开关拨至 ON 端），如图 5-12 所示。其二是编程端口接头，可方便地将多台设备与网络连接，编程端口允许用户将编程站或 HMI 与网络连接，且不会干扰任何现有的网络连接。编程端口接头通过编程端口传送所有来自 S7-200 SMART CPU 的信号，这对于连接由 S7-200 SMART CPU 供电的设备尤其有用。标准网络接头和编程端口接头均有两套终端螺钉，用于连接输入和输出网络电缆。

图 5-12　网络总线连接器

5.3.2　USS 通信

1. USS 通信协议概述

西门子公司的变频器都有一个串行通信接口，采用 RS-485 半双工通信方式，以通用串行接口协议（Universal Serial Interface Protocol，USS）作为现场监控和调试协议，其设计标准适用于工业环境的应用对象。USS 是主从结构的协议，规定了在 USS 总线上可以有一个主站和最多 30 个从站，总线上的每个从站都有一个站地址（在从站参数中设置），主站依靠它识别每个从站，每个从站也只能对主站发来的报文做出响应并回送报文，从站之间不能直接进行数据通信。另外，还有一种广播通信方式，主站可以同时给所有从站发送报文，从站在接收到报文并做出相应的回应后不需要回送报文。

（1）使用 USS 的优点

1）USS 对硬件设备要求低，减少了设备之间布线的数量。

2）无须重新布线就可以改变控制功能。

3）可通过串行接口设置来修改变频器的参数。

4）可连续对变频器的特性进行监测和控制。

5）利用 S7-200 SMART CPU 组成 USS 通信的控制网络具有较高的性价比。

（2）S7-200 SMART CPU 通信接口的引脚分配

S7-200 SMART CPU 的通信接口是与 RS-485 兼容的 D 型连接器，具体引脚定义如表 5-3 所示。

（3）USS 通信的硬件连接

1）通信注意事项。

① 在条件允许的情况下，USS 主站尽量选用直流型的 CPU。当使用交流型的 CPU 和单相变频器进行 USS 通信时，CPU 和变频器的电源必须接成同相位。

② 一般情况下，USS 通信电缆采用双绞线即可，如果干扰比较大，可采用屏蔽双绞线。

③ 在采用屏蔽双绞线作为通信电缆时，把具有不同电位的参考点的设备互联后在连接电缆中会形成干扰电流，这些电流导致通信错误或设备损坏。要确保通信电线连接的所有设备共用

一个公共电路参考点，或是相互隔离以防止干扰电流产生。屏蔽层必须接到外壳地或引脚 9 连接器的引脚 1。

④ 尽量采用较高的波特率，通信速率只与通信距离有关，与干扰没有直接关系。

⑤ 终端电阻的作用是用来防止信号反射的，并不用来抗干扰。如果通信距离很近，波特率较低或点对点通信的情况下，可不用终端电阻。

⑥ 不要带电插拔通信电缆，尤其是正在通信过程中，这样极易损坏传动装置和 PLC 的通信端口。

2）S7-200 SMART 与变频器的连接。

将变频器（在此以 MM440 为例）的通信端口 P+（29）和 N-（30）分别接至 S7-200 SMART 通信接口的引脚 3 与引脚 8 即可。

2. USS 专用指令

所有的西门子变频器都可以采用 USS 传递信息，西门子公司提供了 USS 指令库，指令库中包含专门为通过 USS 与变频器通信而设计的子程序和中断程序。使用指令库中的 USS 指令编程，使得 PLC 对变频器的控制变得非常方便。

（1）USS_INIT 指令

USS_INIT 指令用于启用、初始化或禁止 MicroMaster 变频器通信。在使用其他任何 USS 指令之前，必须执行 USS_INIT 指令且无误，可以用 SM0.1 或者信号的上升沿或下降沿调用该指令。一旦该指令完成，立即置位"Done"位，才能继续执行下一条指令。USS_INIT 指令的梯形图如图 5-13 所示，其参数如表 5-4 所示。

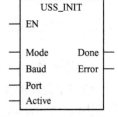

图 5-13 USS_INIT 指令的梯形图

表 5-4 USS_INIT 指令参数

输入/输出	数据类型	操作数
Mode、Port	Byte	IB、QB、VB、MB、SMB、SB、LB、AC、*VD、*LD、*AC、常数
Baud、Active	Dword	ID、QD、VD、MD、SMD、SD、LD、AC、*VD、*LD、*AC、常数
Done	Bool	I、Q、V、M、SM、S、L、T、C
Error	Byte	IB、QB、VB、MB、SMB、SB、LB、AC、*VD、*LD、*AC

指令说明如下。

1）USS 通信时，只需要执行一次 USS_INIT 指令。该指令需使用边沿检测指令，以脉冲方式打开 EN 输入。要改动初始化参数，可执行一条新的 USS_INIT 指令。

2）"Mode"为输入数值选择通信协议：输入值 1 表示给端口分配 USS，并启用该协议；输入值 0 表示给端口分配给 PPI，并禁止 USS。

3）"Baud"为 USS 通信波特率，此参数要和变频器的参数设置一致，波特率的允许值为 1 200、2 400、4 800、9 600、19 200、38 400、57 600 或 115 200bit/s。

4）设置物理通信端口：0 表示 CPU 中集成的 RS-485，1 表示可选 CM01 信号板上的 RS-485 或 RS-232）。

5）"Done"为初始化完成标志，即当 USS_INIT 指令完成后接通。

6）"Error"为初始化错误代码。

7）"Active"表示起动变频器，表示网络上哪些 USS 从站要被主站访问，即在主站的轮询表中起动。网络上作为 USS 从站的每个变频器都有不同的 USS 地址，主站要访问的变频器，其地址号必须在主站的轮询表中才能起动。

USS_INIT 指令只用一个 32 位的双字来映像 USS 从站有效地址表，Active 的无符号整数值就是它在指令输入端口的取值。如表 5-5 所示，在这个 32 位的双字中，每一位的位号表示 USS 从站的地址号；要在网络中起动某地址号的变频器，则需要把相应的地址号的位设为"1"，不需要起动的 USS 从站相应的地址号的位设为"0"，最后对此双字取无符号整数就可以得出 Active 参数的取值。本例中，使用站地址为 2 的 MM440 变频器，则需在地址号为 02 的位单元格中填入 1，其他不需要起动的地址对应的地址号的位设置为 0，取整数，计算出的 Active 值为 00000004H，即 16#00000004，也等于十进制数 4。

表 5-5　Active 参数设置示意表

位　号	MSB 31	30	29	28	…	04	03	02	01	LSB 00
对应从站地址	31	30	29	28	…	04	03	02	01	00
从站起动标志	0	0	0	0	…	0	0	1	0	0
取十六进制无符号数	0				0		4			
Active	16#00000004									

（2）USS_CTRL 指令

USS_CTRL 指令用于控制处于起动状态的变频器，每台变频器只能使用一条该指令。该指令将所选命令放在一个通信缓冲区内，如果数据端口 Drive 指定的变频器被 USS_INIT 指令的 Active 参数选中，则缓冲区内的命令将被发送到该变频器。USS_CTRL 指令的梯形图如图 5-14 所示，其参数如表 5-6 所示。

指令说明如下。

1）USS_CTRL 指令用于控制 Active（起动）变频器。USS_CTRL 指令将选择的命令放在通信缓冲区中，如果已在 USS_INIT 指令的 Active 参数中选择变频器，USS 通信时，只需执行 1 次 USS_INIT 指令。

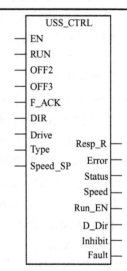

图 5-14　USS_CTRL 指令的梯形图

表 5-6　USS_CTRL 指令参数

输入/输出	数据类型	操　作　数
RUN、OFF2、OFF3、F_ACK、DIR、Resp_R、Run_EN、D_Dir、Inhibit、Fault	Bool	I、Q、V、M、SM、S、L、T、C
Drive、Type	Byte	IB、QB、VB、MB、SMB、SB、LB、AC、*VD、*LD、*AC、常数
Error	Byte	IB、QB、VB、MB、SMB、SB、LB、AC、*VD、*LD、*AC、常数
Status	Word	IW、QW、VW、MW、SMW、SW、LW、AC、T、C、AQW、*VD、*LD、*AC
Speed_SP	Real	ID、QD、VD、MD、SMD、SD、LD、AC、*VD、*LD、*AC、常数
Speed	Real	IB、QB、VB、MB、SMB、SB、LB、AC、*VD、*LD、*AC

2）仅限为每台变频器指定一条 USS_CTRL 指令。

3）某些变频器仅将速度作为正值报告。如果速度为负值，变频器还是会将速度作为正值报告，但逆转 D_Dir（方向）位。

4）EN 位必须为 ON，才能启用 USS_CTRL 指令。该指令应当始终启用（可使用 SM0.0）。

5）RUN 表示变频器是 ON 还是 OFF。当 RUN（运行）位为 ON 时，变频器收到一条命令，按指定的速度和方向开始运行。为了使变频器运行，必须满足以下条件：

① Drive（变频器地址）在 USS_CTRL 中必须选为 Active（起动）。

② OFF2 和 OFF3 必须设为 0。

③ Fault（故障）和 Inhibit（禁止）必须为 0。

6）当 RUN 为 OFF 时，会向变频器发出一条命令，将速度降低，直至电动机停止。OFF2 位用于允许变频器自由降速至停止。OFF3 用于命令变频器迅速停止。

7）Resp_R（收到应答）位确认从变频器收到应答。对所有起动的变频器进行轮询，查找最新变频器状态信息。每次 S7-200 SMART 从变频器收到应答时，Resp_R 位均会打开，进行一次扫描，所有数值均被更新。

8）F_ACK（故障确认）位用于确认变频器中的故障。当从 0 变为 1 时，变频器清除故障。

9）DIR（方向）位用来控制电动机转动方向，值为 0 或 1。

10）Drive（变频器地址）中是 MicroMaster 变频器的地址，向该地址发送 USS_CTRL 命令，有效地址为 0~31。

11）Type（变频器类型）用于选择变频器类型。将 MicroMaster3（或更早版本）变频器的类型设为 0，将 MicroMaster 4 或 SINAMICS G110 变频器的类型设为 1。

12）Speed_SP（速度设定值）必须是一个实数，给出的数值是变频器频率范围的百分比还是绝对的频率值，取决于变频器中的参数设置（如 MM440 的 P2009）。如为全速的百分比，则范围为-200.0%~200.0%，Speed_SP 为负值会使变频器反向旋转。

13）Fault 表示故障位的状态（0 = 无错误，1 = 有错误），变频器显示故障代码（相关请参阅用户手册）。要清除故障位，需纠正引起故障的原因，并接通 F_ACK 位。

14）Inhibit 表示变频器上的禁止位状态（0 = 不禁止，1 = 禁止）。要清除禁止位，Fault 位必须为 OFF，RUN、OFF2 和 OFF3 输入时 Fault 位也必须为 OFF。

15）D_Dir（运行方向回馈）表示变频器的旋转方向。

16）Run_EN（运行模式回馈）表示变频器是在运行（1）还是停止（0）。

17）Speed（速度回馈）是变频器返回的实际运转速度值。若以全速百分比表示的变频器速度，其范围为-200.0%~200.0%。

18）Status 是变频器返回的状态字原始数值，MicroMaster 4 的标准状态字中各数据位的含义如图 5-15 所示。

19）Error 是一个包含对变频器最新通信请求结果的错误字节。USS 指令执行错误代码主要定义了执行该指令产生的错误条件。

（3）USS_RPM 指令

USS_RPM 指令用于读取变频器的参数，USS 有三条读指令。

1）USS_RPM_W 指令：读取一个无符号字类型的参数。

2）USS_RPM_D 指令：读取一个无符号双字类型的参数。

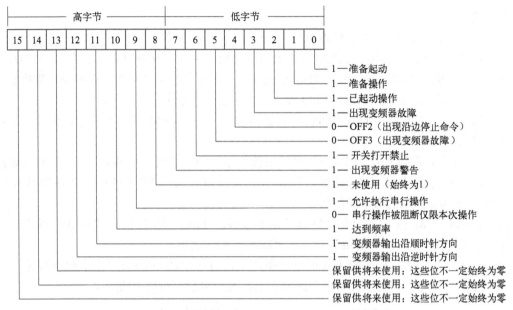

图 5-15　MicroMaster 4 的标准状态字中各数据位的含义

3）USS_RPM_R 指令：读取一个浮点数类型的参数。

同时只能有一个读（USS_RPM）或写（USS_WPM）变频器参数的指令起动。当变频器确认接收命令或返回一条错误信息时，就完成了对 USS_RPM 指令的处理，在进行这一处理并等待响应到来时，逻辑扫描依然继续进行。USS_RPM 指令的梯形图如图 5-16 所示，其参数如表 5-7 所示。

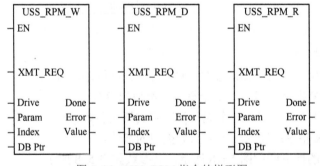

图 5-16　USS_RPM 指令的梯形图

表 5-7　USS_RPM 指令参数

输入/输出	数据类型	操　作　数
XMT_REQ	Bool	I、Q、V、M、SM、S、L、T、C，受上升沿检测元素控制的能流
Drive	Byte	IB、QB、VB、MB、SMB、SB、LB、AC、*VD、*LD、*AC、常数
Param、Index	Word	IW、QW、VW、MW、SMW、SW、LW、AC、T、C、AIW、*VD、*LD、*AC、常数
DB_Ptr	Dword	&VB
Value	Word、Dword、Real	IW、QW、VW、MW、SMW、SW、LW、AC、T、C、AQW、ID、QD、VD、MD、SMD、SD、LD、*VD、*LD、*AC
Done	Bool	I、Q、V、M、SM、S、L、T、C
Error	Real	IB、QB、VB、MB、SMB、SB、LB、AC、*VD、*LD、*AC

指令说明如下：

1）一次仅限启用一条读取（USS_RPM）或写入（USS_WPM）指令。

2）"EN"位必须为 ON，才能启用请求传送功能，并应当保持 ON，直到设置"Done"位，表示进程完成。例如，当 XMT_REQ 位为 ON，在每次扫描时向 MicroMaster 变频器传送一条 USS_RPM 请求。因此，XMT_REQ 输入应当通过一个脉冲方式打开。

3）"Drive"输入的是 MicroMaster 变频器的地址，USS_RPM 指令发送至该地址。单台变频器的有效地址是 0～31。

4）"Param"是参数号码。"Index"是需要读取参数的索引值。"Value"是返回的参数值。必须向 DB_Ptr 输入提供 16B 的缓冲区地址。该缓冲区被 USS_RPM 指令使用且存储向 MicroMaster 变频器发出的命令的结果。

5）当 USS_RPM 指令完成时，"Done"输出 ON，"Error"输出字节，"Value"输出包含指令执行的结果。"Error"和"Value"输出在"Done"输出之前无效。

例如，图 5-17 所示程序段为读取电动机的电流值（参数 r0068），由于此参数是一个实数，而参数读/写指令必须与参数的类型配合，因此选用实数型参数读功能块。

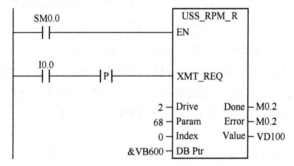

图 5-17　实数型参数读功能块示意图

（4）USS_WPM 指令

USS_WPM 指令用于写变频器的参数，USS 有三条写入指令。

1）USS_WPM_W 指令：写入一个无符号字类型的参数。

2）USS_WPM_D 指令：写入一个无符号双字类型的参数。

3）USS_WPM_R 指令：写入一个浮点数类型的参数。

USS_WPM 指令的梯形图如图 5-18 所示，其参数如表 5-8 所示。

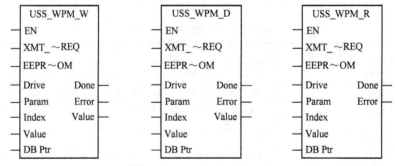

图 5-18　USS_WPM 指令的梯形图

表 5-8　USS_WPM 指令参数

输入/输出	数 据 类 型	操 作 数
XMT_REQ	Bool	I、Q、V、M、SM、S、L、T、C、受上升沿检测元素控制的能流
Drive	Byte	IB、QB、VB、MB、SMB、SB、LB、AC、*VD、*LD、*AC、常数
Param、Index	Word	IW、QW、VW、MW、SMW、SW、LW、AC、T、C、AIW、*VD、*LD、*AC、常数
DB_Ptr	Dword	&VB
Value	Word、Dword、Real	IW、QW、VW、MW、SMW、SW、LW、AC、T、C、AQW、ID、QD、VD、MD、SMD、SD、LD、*VD、*LD、*AC
EEPROM	Bool	I、Q、V、M、SM、S、L、T、C
Done	Bool	I、Q、V、M、SM、S、L、T、C
Error	Real	IB、QB、VB、MB、SMB、SB、LB、AC、*VD、*LD、*AC

指令说明如下：

1）一次仅限起动一条写入（USS_WPM）指令。

2）当 MicroMaster 变频器确认收到命令或发送一个错误条件时，USS_WPM 指令执行完成。当该进程等待应答时，逻辑扫描继续执行。

3）EN 位必须为 ON，才能启用请求传送功能，并应当保持打开，直到设置"Done"位，表示进程完成。例如，当 XMT_REQ 位为 ON，在每次扫描时向 MicroMaster 变频器传送一条 USS_WPM 请求。因此，XMT_REQ 输入应当通过一个脉冲方式打开。

4）当变频器打开时，启用对变频器的 RAM 和 E^{2}PROM 的写入；当变频器关闭时，仅启用对 RAM 的写入。请注意该功能不受 MM3 变频器支持，因此该输入必须关闭。

5）其他参数的含义及使用方法，请参考 USS_RPM 指令。

使用时请注意：在任一时刻 USS 主站内只能有一个参数的读/写功能块有效，否则会出错。因此如果需要读/写多个参数（来自一个或多个变频器），必须在编程时进行读/写指令之间的轮流处理。

5.3.3　以太网通信

1. S7 协议

S7 协议是专门为西门子控制产品进行优化设计而制定的通信协议，它是面向连接的协议，在进行数据交换之前，必须与通信伙伴建立连接。

连接是指两个通信伙伴之间为了执行通信服务建立的逻辑链路，而不是指两个站之间用物理媒体（如电缆）实现的连接。S7 连接是需要组态的静态连接，静态连接要占用 CPU 的连接资源。

基于连接的通信分为单向连接和双向连接，S7-200 SMART 只有单向连接功能。单向连接中的客户机是向服务器请求服务的设备，客户机调用 GET/PUT 指令读、写服务器的存储区。服务器是通信中的被动方，用户不用编写服务器的 S7 通信程序，S7 通信是由服务器的操作系统完成的。

S7-200 SMART 的以太网端口有很强的通信功能，除了一个端口用于编程计算机的连接，还有 8 个端口用于 HMI（人机界面）的连接，8 个端口用于以太网设备的主动的 GET/PUT 连接，和 8 个端口被动的 GET/PUT 连接。上述的 25 个连接可以同时使用。

GET/PUT 连接可以用于 S7-200 SMART 之间的以太网通信，也可以用于 S7-200 SMART 和 S7-300/400/1200 之间的以太网通信。

码 5-5
以太网指令

2. GET 和 PUT 指令

GET 和 PUT 指令用于通过以太网进行的 S7-200 SMART CPU 之间的通信，其指令梯形图和语句表如表 5-9 所示。GET 和 PUT 指令用它唯一的输入参数 TABLE（数据类型为 TBYE，如 IB、QB、VB、MB、SMB、SB、*VD、*LD、*AC）定义 16B 的表格，如表 5-10 所示，该表格定义了三个状态位、错误代码、远程站的 CPU 的 IP 地址、指向远程站中要访问的数据的指针和数据长度、指向本地站中要访问的数据的指针。

表 5-9　以太网通信指令的梯形图及语句表

梯 形 图	语 句 表	指 令 名 称
GET — EN　　ENO — — TABLE	GET　TABLE	网络读指令
PUT — EN　　ENO — — TABLE	PUT　TABLE	网络写指令

表 5-10　GET 和 PUT 指令 TABLE 参数的数据表格

字节偏移地址	名　　称	描　　述							
0	状态字节	D	A	E	0	E1	E2	E3	E4
1	远程站 IP 地址	被访问的 PLC 远程站 IP 地址（将要访问的数据所处 CPU 的 IP 地址）							
2									
3									
4									
5	保留=0	必须设置为零							
6	保留=0	必须设置为零							
7	指向远程站（此 CPU）中数据区的指针	存放被访问数据区（I、Q、M、V 或 DB1）的首地址							
8									
9									
10									
11	数据长度	读/写的字节数，即远程站中将要访问的数据的字节数（PUT 为 1~212 字节，GET 为 1~222 字节）。							
12	指向本地站（此 CPU）中数据区的指针	存放从远程站接收的数据或存放要向远程站发送的数据（I、Q、M、V 或 DB1）的首地址							
13									
14									
15									

状态字节说明：

数据表的第 1 字节为状态字节，各个位的意义如下。

1）D 位：操作完成位。0 表示未完成；1 表示已完成。

2）A 位：有效位，操作已被排队。0 表示无效；1 表示有效。

3）E 位：错误标志位。0 表示无错误；1 表示有错误。

4）E1、E2、E3、E4 位：错误码。如果执行读/写指令后 E 位为 1，则由这 4 位返回一个错误码。这 4 字节构成的错误码及含义如表 5-11 所示。

表 5-11　错误码及含义

E1、E2、E3、E4	错 误 码	含 义
0000	0	无错误
0001	1	PUT/GET 表中存在非法参数： 本地区域不包括 I、Q、M 或 V； 本地区域的大小不足以提供请求的数据长度； 对于 GET，数据长度为零或大于 222 字节；对于 PUT，数据长度大于 212 字节； 远程区域不包括 I、Q、M 或 V； 远程 IP 地址是非法的 (0.0.0.0)； 远程 IP 地址为广播地址或组播地址； 远程 IP 地址与本地 IP 地址相同； 远程 IP 地址位于不同的子网
0010	2	当前处于活动状态的 PUT/GET 指令过多（仅允许 16 个）
0011	3	无可用连接。 当前所有连接都在处理尚未完成的请求
0100	4	从远程 CPU 返回的错误： 请求或发送的数据过多； STOP 模式下不允许对 Q 存储器执行写入操作； 存储区处于写保护状态
0101	5	与远程 CPU 之间无可用连接； 远程 CPU 无可用的服务器连接； 与远程 CPU 之间的连接丢失（CPU 断电、物理断开）
0110～1001	6～9	未使用（保留以供将来使用）
1010～1111	A～F	

GET 指令启动以太网端口的通信操作，按 TABLE 表的定义从远程设备读取最多 222B 的数据。PUT 指令启动以太网端口上的通信操作，按 TABLE 表的定义将最多 212B 的数据写入远程设备。

执行 GET 和 PUT 指令时，CPU 与 TABLE 表中定义的远程 IP 地址建立起以太网连接。连接建立后，该连接将一直保持到 CPU 进入 STOP 为止。

程序中可以使用任意条数的 GET/PUT 指令，但是最多只能同时激活 8 条 GET/PUT 指令，例如，在给定 CPU 中，可同时激活 4 个 GET 指令和 4 个 PUT 指令，或者同时激活 2 个 GET 指令和 6 个 PUT 指令。所有与同一 IP 地址直接相连的 GET/PUT 指令采用同一个连接，如对远程 IP 地址 192.168.2.10 同时启用 3 条 GET 指令时，将在一个 IP 地址为 192.168.2.10 的以太网连接上按顺序执行这些 GET 指令。

如果尝试创建第 9 个连接（第 9 个 IP 地址），CPU 将搜索所有的连接，查找处于未激活状态时间最长的一个连接。CPU 将断开该连接，然后再与新的 IP 地址创建连接。

【例 5-1】　PUT 指令应用示例程序如图 5-19 所示。

在接收"完成"时，即 V200.7 为"1"时，启动 PUT 的写指令。远程 CPU 的 IP 地址为 192.168.50.2，将偏移地址 T+5 和 T+6 清 0，将远程站存放数据的指针（即将本地数据发送到远程站后存放这些数据的初始位置 VB101）置 1，写入数据长度 2，将本地站发送数据的首地址 VB500 置 1，启动写指令。

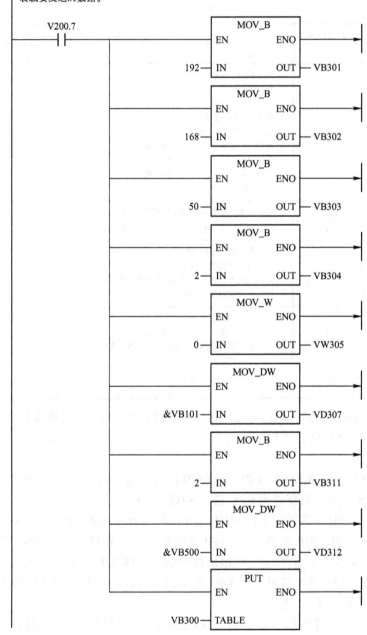

1 当GET指令完成位V200.7置位：
装载站地址；
装载指向远程站中数据的指针；
装载要发送的数据的长度；
装载要发送的数据。

图 5-19　PUT 指令应用示例程序

3．Get/Put 向导的应用

直接用 Get/Put 指令编程既烦琐又容易出错，S7-200 SMART 提供了 Get/Put 向导，可方便用户快速实现以太网通信程序。

用 Get/Put 向导建立的连接为主动连接，CPU 是 S7 通信的客户

码 5-6
以太网指令向
导的使用

机。通信伙伴做 S7 通信的客户机时，S7-200 SMART 是 S7 通信的服务器，不需要用 GET/PUT 指令向导组态，建立的连接是被动连接。

使用向导创建的步骤如下。

1）打开向导。

用鼠标双击项目树的"向导"文件夹的"GET/PUT"，或双击"工具"中的"GET/PUT"图标，打开 Get/Put 向导，如图 5-20 所示。

图 5-20 Get/Put 向导对话框

打开向导对话框时，只有一个默认的操作（Operation），如果使用时既需要 Get 操作又需要 Put 操作时，或需要多次 Get 操作或 Put 操作时，就在图 5-20 的对话框中单击"添加"按钮，进行添加相应的操作次数。可以为每一次操作添加注释，该向导最多允许组态 24 项独立的网络操作。可以对与不同 IP 地址的多个通信伙伴的读、写操作进行组态。然后单击"下一页"按钮，弹出图 5-21 所示的对话框。

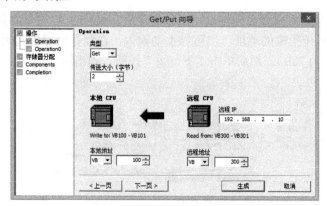

图 5-21 组态读操作

2）组态读操作。

在图 5-21 中，在"类型"选项中选择"Get"，即组态"读操作"，在"传送大小（字节）"栏中输入需要读的字节，在此设为 2；远程 CPU 的 IP 地址，在此设为 192.168.2.10。

本地和远程保存数据的起始地址分别为 VB100 和 VB300。然后单击"下一页"按钮，弹出图 5-22 所示的对话框。

3）组态写操作。

在图 5-22 中，在"类型"选项中选择"Put"，即组态"写操作"，在"传送大小（字节）"栏中输入需要写的字节，在此设为 2；远程 CPU 的 IP 地址，在此与读操作一致 192.168.2.10；

本地和远程保存数据的起始地址分别为 VB300 和 VB100。然后单击"下一页"按钮，弹出图 5-23 所示的对话框。

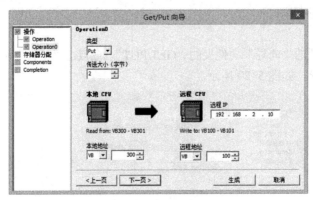

图 5-22　组态写操作

图 5-23　存储器分配

4）存储器分配。

在图 5-23 中，设置存储器分配地址，用来保存组态数据的 V 存储器的起始地址，可单击"建议"按钮，采用系统生成的地址，也可以手动输入，在此存储器的起始地址设为 VB500，共需 43B（V2.4 版本为 70B）。然后单击"下一页"按钮，弹出图 5-24 所示的对话框。

图 5-24　组件界面

5）组件。

在图 5-24 中，可以看到实现要组态的项目组件的默认名称。然后单击"下一页"按钮，弹出图 5-25 所示的对话框。

6）生成代码。

在图 5-25 中，单击"生成"按钮，自动生成子程序 NET_EXE、保存组态数据的数据页 NET_DataBlock 和符号表 NET_SYMS。

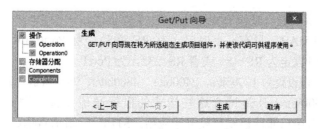

图 5-25 组态完成界面

7）调用子程序 NET_EXE。

向导完成后，在主程序 MAIN 中需使用 SM0.0 的常开触点，调用指令树的文件夹 "\程序块\向导" 中的 NET_EXE（如图 5-26 所示），该子程序执行用 Get/Put 向导配置的网络读/写功能。INT 型参数 "超时" 为 0 表示不设置超时定时器，为 1~32 767 表示以秒为单位的超时时间，每次完成所有的网络操作时，都会切换 BOOL 变量 "周期" 的状态。BOOL 变量 "错误" 为 0 表示没有错误，为 1 时表示有错误，错误代码在 GET/PUT 指令定义的表格的状态字中。

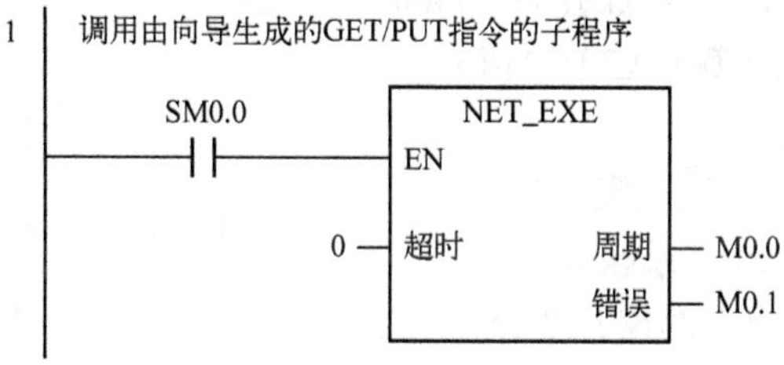

```
1    调用由向导生成的GET/PUT指令的子程序

        SM0.0              NET_EXE
        ┤ ├               EN

                    0 —   超时        周期 — M0.0
                                      错误 — M0.1
```

图 5-26 调用 NET_EXE 子程序

双击指令树文件夹 "\程序块\向导" 中的 NET_EXE（SBR1），可查看组态相关信息，如图 5-27 所示。

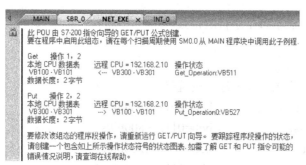

图 5-27 组态的相关信息

5.3.4 自由口通信

S7-200 SMART 的自由口通信是基于 RS-485 通信基础的半双工通信，S7-200 SMART 系列 PLC 拥有自由口通信功能，即没有标准的通信协议，用户可以自己规定协议。第三方设备大多数支持 RS-485 串行通信，S7-200 SMART 系列 PLC 可以通过自由口通信模式控制串口通信。

自由口通信的核心就是发送（XMT）和接收（RCV）两条指令，以及相应的特殊寄存器控制。由于 S7-200 SMART CPU 通信端口是 RS-485 半双工通信端口，因此发送和接收不能同时处于激活状态。RS-485 半双工通信中串行字符通信的格式可以包括一个起始位、7 或 8 位字符

（数据字节）、一个奇/偶校验（或没有检验位）、一个停止位。

标准的 S7-200 SMART 只有一个串口（为 RS-485），为 Port0 口，还可以扩展一个信号板，这个信号板组态时设定为 RS-485 或者 RS-232，为 Port1 口。

自由口通信速率可以设置为 1200bit/s、2400bit/s、4800bit/s、9600bit/s、19 200bit/s、38 400bit/s、57 600bit/s 或 115 200bit/s。凡是符合这些格式的串行通信设备，理论上都可以和 S7-200 SMART CPU 通信。自由口通信模式可以灵活应用。STEP 7-Micro/WIN SMART 的两个指令库（USS 和 Modbus RTU）就是使用自由口通信模式编程实现的。

1. 设置自由口通信协议

S7-200 SMART 正常的通信字符数据格式是 1 个起始位、8 个数据位、1 个停止位、即 10 位数据，或者再加上 1 个奇/偶校验位，组成 11 位数据。波特率一般为 9600～19 200bit/s。

S7-200 SMART CPU 使用 SMB30（Port0）和 SMB130（Port1）定义通信端口的工作模式，控制字节的定义如图 5-28 所示。

1）通信模式由控制字节中最低的两位"mm"决定。

mm=00：PPI 从站模式（默认这个数值）。

mm=01：自由口模式。

mm=10：保留（默认 PPI 从站模式）。

mm=11：保留（默认 PPI 从站模式）。

2）控制位的"pp"用于奇偶校验选择。

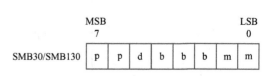

图 5-28　控制字节的定义

pp=00：无奇偶校验。

pp=01：偶校验。

pp=10：无奇偶校验。

pp=11：奇校验。

3）控制位的"d"表示每个字符的位数。

d=0：每个字符是 8 位。

d=1：每个字符是 7 位。

4）控制位的"bbb"表示通信速率的选择。

bbb=000：38 400bit/s。　　　　bbb=001：19 200bit/s。

bbb=010：9600bit/s。　　　　　bbb=011：4800bit/s。

bbb=100：2400bit/s。　　　　　bbb=101：1200bit/s。

bbb=110：11 5200bit/s。　　　　bbb=111：57 600bit/s。

2. 自由口通信时的中断事件

在 S7-200 SMART 的中断事件中，与自由口通信有关的中断事件如下。

1）中断事件 8：通信端口 0 单字符接收中断。

2）中断事件 9：通信端口 0 发送完成中断。

3）中断事件 23：通信端口 0 接收完成中断。

4）中断事件 25：通信端口 1 单字符接收中断。

5）中断事件 26：通信端口 1 发送完成中断。

6）中断事件 24：通信端口 1 接收完成中断。

3. 自由口通信指令

在自由口通信模式下，可以用自由口通信指令接收和发送数据，其通信指令有两条：数据接收指令 RCV 和数据发送指令 XMT。其指令的梯形图和语句表如表 5-12 所示。

表 5-12　自由口通信指令的梯形图和语句表

梯 形 图	语 句 表	指 令 名 称
RCV EN　ENO TBL PORT	RCV　TBL，PORT	数据接收指令
XMT EN　ENO TBL PORT	XMT　TBL，PORT	数据发送指令

TBL：缓冲区首地址，操作数为字节；PORT：操作端口，若通过 S7-200 SMART 上的串口进行通信，操作端口号为 0；若通过扩展信号板进行通信，操作端口号为 1。

数据接收指令是通过 PORT 端口接收远程设备的数据并保存到首地址为 TBL 的数据接收缓冲区中。数据接收缓冲区一次最多可接收 255 个字符的信息。数据缓冲区格式如表 5-13 所示。

表 5-13　数据缓冲区格式

序 号	字节编号	发送内容	接收内容
1	T+0	发送字节的个数	接收字节的个数
2	T+1	数据字节	起始字符（如果有）
3	T+2	数据字节	数据字节
⋮	⋮	数据字节	数据字节
256	T+255	数据字节	结束字符（如果有）

数据发送指令是通过 PORT 端口将数据表首地址 TBL（发送数据缓冲区）中的数据发送到远程设备上。发送数据缓冲区一次最多可发送 255 个字符的信息。

（1）发送

发送完成后，会产生一个中断事件，对于端口 0 为中断事件 9，而对于端口 1 为中断事件 26。当然也可以不通过中断，而通过监视 SM4.5（端口 0）或 SM4.6（端口 1）的状态来判断发送是否完成，如果状态为 1，说明完成。

（2）接收

可以通过中断的方式接收数据，在接收字符数据时，有如下两种中断事件产生。

1）利用字符中断控制接收数据。

每接收完成 1 个字符，就产生一个中断事件 8（通信端口 0）或中断事件 25（通信端口 1）。特殊继电器 SMB2 作为自由端口通信接收缓冲区，接收到的字符存放在其中，以便用户程序访问。奇偶校验状态存放在特殊继电器 SMB3 中，如果接收到的字符奇偶校验出现错误，则 SM3.0 为 1，可利用 SM3.0 为 1 的信号，将出现错误的字符去掉。

2）利用接收结束中断控制接收数据。

当指定的多个字符接收结束后，产生中断事件 23（通信端口 0）和 24（通信端口 1）。如果有一个中断服务程序连接到接收结束中断事件上，就可以实现相应的操作。当然也可以不通过中断，而通过监控 SMB86（端口 0）或 SMB186（端口 1）的状态来判断接收是否完成，如果状态非零，说明完成。SMB86 和 SMB186 含义如表 5-14 所示。

表 5-14 SMB86 和 SMB186 含义

端口 0	端口 1	控制字节各位的含义
SM86.0	SM186.0	为 1 说明奇偶校验错误而终止接收
SM86.1	SM186.1	为 1 说明接收字符超长而终止接收
SM86.2	SM186.2	为 1 说明接收超时而终止接收
SM86.3	SM186.3	默认为 0
SM86.4	SM186.4	默认为 0
SM86.5	SM186.5	为 1 说明是正常接收到结束字符
SM86.6	SM186.6	为 1 说明输入参数错误或者缺少起始和终止条件而结束接收
SM86.7	SM186.7	为 1 说明用户通过禁止命令结束接收

S7-200 SMART 在接收信息字符时还要用到一些特殊寄存器，对通信端口 0 要用到 SMB87～SMB94，对通信端口 1 要用到 SMB187～SMB194，SMB87 和 SMB187 含义如表 5-15，SMB88～SMB95 和 SMB188～SMB194 含义如表 5-16 所示。

表 5-15 SMB87 和 SMB187 含义

端口 0	端口 1	控制字节各位的含义
SM87.0	SM187.0	0
SM87.1	SM187.1	1 表示使用中断条件，0 表示不使用中断条件
SM87.2	SM187.2	1 表示使用 SMB92 或者 SMB192 时间段结束接收； 0 表示不使用 SMB92 或者 SMB192 时间段结束接收
SM87.3	SM187.3	1 表示定时器是消息定时器，0 定时器是内部字符定时器
SM87.4	SM187.4	1 表示使用 SMB90 或者 SMB190 检测空闲状态； 1 表示不使用 SMB90 或者 SMB190 检测空闲状态
SM87.5	SM187.5	1 表示使用 SMB89 或者 SMB189 终止检测终止信息； 0 表示不使用 SMB89 或者 SMB189 终止检测终止信息
SM87.6	SM187.6	1 表示使用 SMB88 或者 SMB188 起始符检测终止信息； 0 表示不使用 SMB88 或者 SMB188 起始符检测终止信息
SM87.7	SM187.7	0 表示禁止接收，1 表示允许接收

表 5-16 SMB88～SMB94 和 SMB188～SMB194 含义

端口 0	端口 1	控制字节或控制字的含义
SMB88	SMB188	消息字符的开始
SMB89	SMB189	消息字符的结束
SMW90	SMW190	空闲线时间段，按毫秒设定。空闲时间用完后接收的第一个字符是新消息的开始
SMW92	SMW192	中间字符/消息定时器溢出值，按毫秒设定。如果超过这个时间段，则终止接收消息
SMW94	SMW194	要接收的最大字符数（1～255 字节）。此范围必须设置为期望的缓冲区最大值，即是否使用字符计数消息终端

【例 5-2】 发送和接收指令示例，如图 5-29～图 5-32 所示。

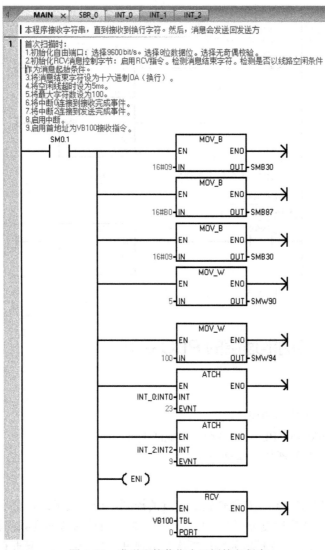

图 5-29　发送和接收指令示例的主程序

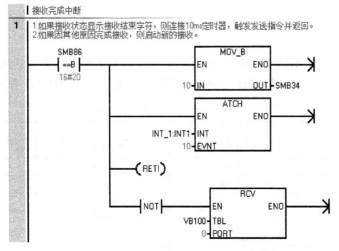

图 5-30　发送和接收指令示例的中断程序 0

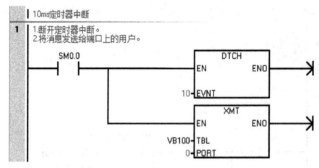

图 5-31　发送和接收指令示例的中断程序 1

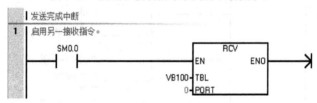

图 5-32　发送和接收指令示例的中断程序 2

5.4　案例 20　传输链速度的 PLC 控制

1. 目的

1）掌握 PLC 通信的基础知识。

2）掌握 S7-200 SMART PLC 通信接口引脚的分配。

3）掌握 USS 指令及其通信的实现方法。

2. 任务

使用 S7-200 SMART PLC 实现传输链速度的控制，控制要求：挂有零件的传输链由一台 7.5kW 的电动机驱动，传输速度分"高、中、低"三档，每档对应的变频器输出频率为 30Hz、20Hz、15Hz。系统起动后，变频器的输出频率受调速开关控制；系统要求有运行及各档速度指示；本案例要求使用 USS 通信实现。

3. 内容与步骤

（1）I/O 分配

根据控制要求可知，输入量分别为电动机的起动和停止按钮、变频器故障复位按钮、档位选择开关，输出量为变频器电源交流接触器及运行状态指示灯，具体 I/O 分配如表 5-17 所示。

表 5-17　传输链速度的 PLC 控制 I/O 分配表

输　入		输　出	
输入继电器	元　件	输出继电器	元　件
I0.0	起动按钮 SB1	Q0.0	电源接触器 KM
I0.1	停止按钮 SB2	Q0.4	运行指示灯 HL1
I0.2	故障复位按钮 SB3	Q0.5	高速指示灯 HL2
I0.3	档位选择 SA（高）	Q0.6	中速指示灯 HL3
I0.4	档位选择 SA（中）	Q0.7	低速指示灯 HL4
I0.5	档位选择 SA（低）		

（2）硬件原理图

根据控制要求及表 5-17 的 I/O 分配表，传输链速度的 PLC 控制主电路及 I/O 接线如图 5-33 所示。

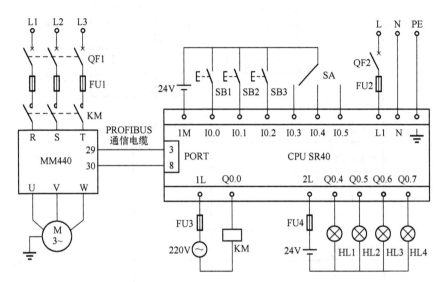

图 5-33　传输链速度的 PLC 控制主电路及 I/O 接线图

（3）创建工程项目

创建一个工程项目，并命名为传输链速度的 PLC 控制。

（4）编写程序

1）编写程序。

使用中断指令编写的控制程序如图 5-34 所示。

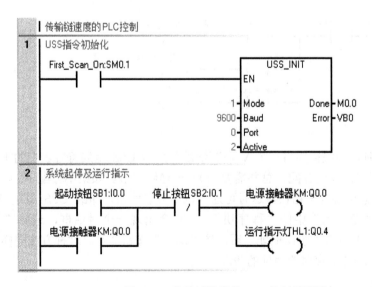

图 5-34　传输链速度的 PLC 控制梯形图

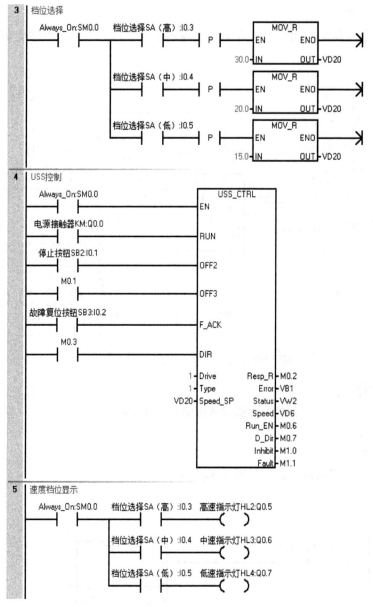

图 5-34　传输链速度的 PLC 控制梯形图（续）

在使用 USS 通信时，系统需要将一个 V 内存地址分配给 USS 全局符号表中的第一个存储单位。所有其他地址都将自动地分配，总共需要 400 个连续字节。如果不分配 V 内存地址给 USS，在程序编辑时将会出现若干错误，这时可通过以下方法解决，即给 USS 分配 V 内存地址：用鼠标右键单击"指令树"中的"程序块"，这时会出现一个对话框，选择"库存储区（M）"，在弹出的对话框中单击"建议地址"后，按"确定"按钮即可。这种方法同样适用于其他通信协议或指令需要分配 V 存储器地址的情况。

2）变频器参数设置。

在将变频器连接到 PLC 并使用 USS 通信前，必须对变频器的有关参数进行设置。设置步骤如下：

① 将变频器恢复到出厂设定值，令参数 P0010=30（出厂设定值），P0970=1（参数复位）。

② 令参数 P0003=3，允许读/写所有参数（用户访问级为专家级）。

③ 用 P0304、P0305、P0307、P0310 和 P0311 分别设置电动机的额定电压、额定电流、额定功率、额定频率和额定转速（设置上述电动机参数前，必须先将参数 P0010 设为 1，即设为快速调试模式，当完成参数设置后，再将 P0010 设为 0。上述电动机参数只能在快速调试模式下修改）。

④ 令参数 P0700=5，选择命令源为远程控制方式，即通过 RS-485 的 USS 通信接收命令。令 P1000=5，表示设定源来自 RS-485 的 USS 通信，允许通过 COM 链路的 USS 通信发送频率设定值。

⑤ P2009 为 0 时（默认值为 0），频率设定值为百分比，为 1 时为绝对频率值。本案例设置为 1。

⑥ 根据表 5-18 设置参数 P2010[0]（RS-485 串行接口的通信速率），这一参数必须与 PLC 主站采用的通信速率一致，如本案例中 PLC 和变频器的通信速率都设为 9600bit/s。

表 5-18　参数 P2010[0]与通信速率的关系

参数值	4	5	6	7	8	9	10	11	12
通信速率/(bit/s)	2400	4800	9600	19200	38400	57600	76800	93750	115200

⑦ 设置从站地址 P2011[0]=0~31，为变频器指定唯一的从站地址，本案例设为 1。

⑧ P2012[0]=2，即 USS PZD（过程数据）长度为 2 个字长。

⑨ 串行链路超时时间 P2014[0]=0~65535ms，表示两个输入数据报文之间的最大允许时间间隔。收到了有效的数据报文后，开始定时。如果在规定的时间间隔内没有收到其他资料报文，变频器跳闸并显示错误代码 F0008。将该值设定为 0，将断开控制。

⑩ 基准频率 P2000=1~650，单位为 Hz，默认值为 50，是串行链路或模拟 I/O 输入的满刻度频率的设定值。

⑪ 设置斜坡上升时间（可选）P1120=1~650.00，这是一个以秒（s）为单位的时间，在这个时间内，电动机加速到最高频率。

⑫ 设置斜坡下降时间（可选）P1121=1~650.00，这是一个以秒（s）为单位的时间，在这个时间内，电动机减速到完全停止。

⑬ P0971=1，设置的参数保存到 MM440 的 E^{2}PROM 中。

⑭ 退出参数设置方式，返回运行显示状态。

（5）调试程序

将程序块下载到 PLC 中，启动程序监控功能。按下起动按钮，使交流接触器 KM 线圈得电，因其主触点的闭合，给变频器供电，这时根据上述内容设置变频器的参数，然后将转换开关 SA 拨至低档位处，观察电动机能否起动并运行，再观察变频器上电动机的运行频率；再将转换开关 SA 拨至中档位处，观察变频器上电动机的运行频率；再将转换开关 SA 拨至高档位处，观察变频器上电动机的运行频率。若电动机在三个档位上的运行频率与设置值（30Hz、20Hz、15Hz）一致，则说明本案例功能实现。

4. 拓展

训练 1：使用按钮调节案例 20 中的传输链速度，每按一次按钮，变频器输出频率加或减 1Hz，上限为 45Hz，下限为 5Hz。

训练 2：使用 USS 的读/写指令，读出本案例变频器在工作时实际的输出电压和输出电流值。

训练 3：使用 USS 指令，同时控制两台变频器的运行，控制要求读者可自行设定。

5.5 案例 21 电动机异地起停的 PLC 控制

1．目的

1）掌握以太网通信指令。

2）掌握以太网指令向导的应用。

2．实训任务

使用 S7-200 SMART PLC 实现电动机异地起停的控制，控制要求：按下本地的起动按钮和停止按钮，本地电动机起动和停止。按下本地控制远程电动机的起动按钮和停止按钮，远程电动机起动和停止。

3．内容与步骤

（1）I/O 分配

根据案例控制要求分析可知，本案例 I/O 地址分配如表 5-19 所示（两地 PLC 的地址分配一样，在此以本地 PLC 为主）。

表 5-19 电动机异地起停的 PLC 控制 I/O 分配表

输 入		输 出	
输入继电器	元 件	输出继电器	元 件
I0.0	本地起动按钮 SB1	Q0.0	接触器 KM
I0.1	本地停止按钮 SB2		
I0.2	热继电器 FR		
I0.3	远程起动按钮 SB3		
I0.4	远程停止按钮 SB4		

（2）I/O 接线图

根据控制要求及表 5-19 的 I/O 分配表，电动机异地起停的 PLC 控制 I/O 接线图如图 5-35 所示。

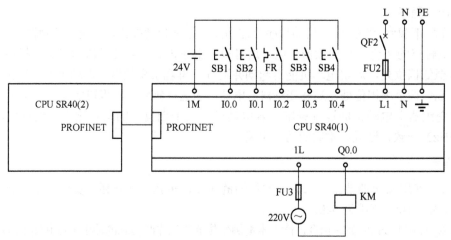

图 5-35 电动机异地起停的 PLC 控制 I/O 接线图

（3）创建工程项目

创建一个工程项目，并命名为电动机异地起停的 PLC 控制。

（4）编写程序

在此，使用以太网指令向导生成主站通信控制程序，具体操作步骤如下（可参考图 5-20～图 5-26 进行）。

1）添加两项操作，分别为读取远程站输入信号，将本地输入信号写入远程站。

2）组态读取操作项。设本地主站 PLC 的 IP 地址为 192.168.2.1，远程从站 PLC 的 IP 地址为 192.168.2.2。将从远程从站 QB0 中数据读取后存放在本地主站的 VB100 中。

3）组态写入操作项。将本地主站 IB0 中数据写入到远程从站的 VB100 中。

4）建议分配的存储器区为 VB200～VB264。此存储区不能与主站程序中已使用的 V 区相重叠便可。

5）生成项目组件。可以用鼠标双击指令树文件夹"\程序块\向导"中的 NET_EXE（SBR1），查看组态相关信息。

6）调用以太网向导生成的子程序。

本地主站的程序如图 5-36 所示（远程从站程序同本地主站，在此忽略）。

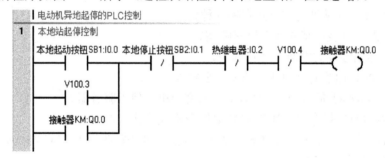

图 5-36　本地站电动机异地起停 PLC 控制的梯形图——主站

（5）调试程序

使用以太网网线通过交换机 CSM1277 分别将两台 PLC 相连，再将程序块下载到各自的 CPU 中，启动主站程序监控功能。分别按下本地主站的两个起动按钮和停止按钮，观察两站点上两台电动机是否能起动和停止；再分别按下远程从站的起动按钮和停止按钮，观察两站点上两台电动机是否能起动和停止。如果运行现象与控制要求一致，则说明本案例任务实现。

4. 拓展

训练 1：使用 GET/PUT 指令实现案例 21 的控制要求。

训练 2：在案例 21 的控制要求中在每个站点上增加本地和远程电动机的运行指示灯。

训练 3：使用以太网通信实现两台 PLC 的电动机起动控制。要求甲机既能控制本站的电动机的丫-△起停，也能控制乙机的丫-△起停。同时，乙机既能控制本站的电动机的丫-△起停，也能控制甲机的丫-△起停。

5.6　习题与思考

1. S7-200 SMART 模拟量扩展模块分别有_____、_____、_____、_____、

_____。

2．S7-200 SMART 硬件系统中，第二个模拟量模块 EM AM06 放在第 3 号扩展模块位置上时，其模拟量输入和输出地址分配为_____、_____、_____、_____、_____、_____。

3．S7-200 SMART 单极性模拟量值 0～10V 经 A-D 转换得到的数值为_____。

4．如何组态 S7-200 SMART 硬件系统中的模拟量输入和输出？

5．对于模拟量热电阻输入模块 EM AR02，其外围接线分别有几种？

6．AIW16 中 A-D 转换得到的数值 0～27 648 正比于温度值 0～500℃。编写程序实现 I0.0 的上升沿将 AIW16 的值转换为对应的温度值存储在 VW20 中。

7．通信方式有哪几种？何谓并行通信和串行通信？

8．PLC 可与哪些设备进行通信？

9．何谓单工、半双工和全双工通信？

10．西门子 PLC 与其他设备通信的传输介质有哪些？

11．通信端口 RS-485 接口每个引脚的作用是什么？

12．RS-485 半双工通信串行字符通信的格式可以包括哪几位？

13．西门子 PLC 的常见通信方式有哪几种？

14．自由口通信涉及的特殊寄存器有哪些？

15．自由口通信涉及的中断事件有哪些？

16．西门子 PLC 通信的常用通信速率有哪些？

17．S7-200 SMART 的 S7 单向通信中何为客户机，何为服务器？

18．GET 和 PUT 指令 TABLE 参数数据表格式是什么？

19．USS 的全称是什么？使用 USS 通信的优点有哪些？西门子 PLC 与变频器在使用 USS 通信时，硬件线路如何连接？

20．使用自由口通信编程实现本地站的 I0.0～I0.7 控制远程站的 Q0.0～Q0.7，远程站的 I0.0～I0.7 控制本地站的 Q0.0～Q0.7。

21．使用 GET/PUT 向导生成 S7 通信的客户机的通信子程序，要求客户机的 I0.0～I0.7 控制服务器的 Q0.0～Q0.7，用服务器的 I0.0～I0.7 控制客户机的 Q0.0～Q0.7。

第6章 PLC 顺控指令及编程应用

本章重点介绍顺序控制系统中顺序功能图的分类、组成及绘制，顺序控制系统的编程方法及顺序控制继电器指令的应用。通过 3 个案例以工程应用中的液压机、剪板机和硫化机为载体，介绍顺序控制系统中单序列（使用起保停设计法）、并行序列（使用置位/复位指令设计法）和选择序列（使用顺序控制继电器指令设计法）的编程及应用。通过本章学习，读者能掌握顺序控制系统中顺序功能图的绘制及其编程。

6.1 顺序控制系统

在工业应用现场中诸多控制系统的加工工艺有一定的顺序性，它是按照生产工艺预先规定的顺序，在各个输入信号的作用下，根据内部状态和时间的顺序，在生产过程中各个执行机构自动地、有秩序地进行操作，这样的控制系统称为顺序控制系统。采用顺序控制设计法很容易被初学者接受，对于有经验的工程师，也会提高设计的效率，对程序的调试、修改和阅读也很方便。

图 6-1 为机械手搬运工件的动作过程：在初始状态下（步 S0）若在工作台 E 点处检测到有工件，则机械手下降（步 S1）至 D 点处，然后开始夹紧工件（步 S2），夹紧时间为 3s，机械手上升（步 S3）至 C 点处，手臂向左伸出（步 S4）至 B 点处，然后机械手下降（步 S5）至 D 点处，释放工件（步 S5），释放时间为 3s，将工件放在工作台的 F 点，机械手上升（步 S6）至 C 点处，手臂向右缩回（步 S7）至 A 点处，一个工作循环结束。若再次检测到工作台 E 点处有工件，则又开始下一工作循环，周而复始。

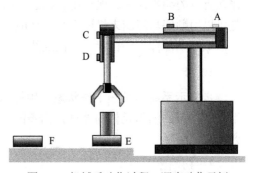

图 6-1　机械手动作过程—顺序动作示例

从以上描述可以看出，机械手搬运工件过程是由一系列步（S）或功能组成的，这些步或功能按顺序由转换条件激活，这样的控制系统就是最典型的顺序控制系统，或称之为步进系统。

★《荀子·君子篇》提到："长幼有序，则事业捷成而有所休。"我们的生活中也有先来后到、长幼有序的传统。

6.2 顺序功能图

6.2.1 顺序控制设计法

1. 基本思想

将系统的一个工作周期划分为若干个顺序相连的阶段，这些阶段称为步（Step），并用编程元件（如位存储器 M）来代表各步。在任何一步之内，输出量的状态保持不变，这样使步与输出量的逻辑关系变得十分简单。

2．步的划分

根据输出量的状态来划分步，只要输出量的状态发生变化就在该处划出一步，如图 6-1 所示，共分为 8 步。

3．步的转换

系统不能总停在一步内工作，从当前步进入到下一步称为步的转换，这种转换的信号称为转换条件。转换条件可以是外部输入信号，也可以是 PLC 内部信号或若干个信号的逻辑组合。顺序控制设计就是用转换条件去控制代表各步的编程元件，让它们按一定的顺序变化，然后用代表各步的元件去控制 PLC 的各输出位。

6.2.2 顺序功能图的结构

顺序功能图（Sequential Function Chart）是描述控制系统的控制过程、功能和特性的一种图形，也是设计 PLC 的顺序控制程序的有力工具。它涉及所描述的控制功能的具体技术，是一种通用的技术语言。在 IEC 的 PLC 编程语言标准（IEC 61131-3）中，顺序功能图是排在首位的编程语言。现在还有相当多的 PLC（如 S7-200 PLC）没有配备顺序功能图语言，但是可以用顺序功能图来描述系统的功能，根据它来设计梯形图程序。

码 6-1
顺序功能图的
构成与设计

顺序功能图主要由步、有向连线、转换、转换条件、动作（或命令）和活动步组成。

1．步

步表示系统的某一工作状态，用矩形框表示，方框中可以用数字表示该步的编号，也可以用代表该步的编程元件的地址作为步的编号（如 M0.0），这样用顺序功能图设计梯形图时较为方便。

2．初始步

初始步表示系统的初始工作状态，用双线框表示，初始状态一般是系统等待起动命令的相对静止的状态。每一个顺序功能图至少应该有一个初始步。

3．与步对应的动作或命令

与步对应的动作或命令会在每一步内把状态为 ON 的输出位表示出来。可以将一个控制系统划分为被控系统和施控系统。对于被控系统，在某一步要完成某些"动作"（action）；对于施控系统，在某一步要向被控系统发出某些"命令"（command）。

为了方便，以后将命令或动作统称为动作，也用矩形框中的文字或符号表示，该矩形框与对应的步相连表示在该步内的动作，并放置在步序框的右边。在每一步之内只标出状态为 ON 的输出位，一般用输出类指令（如输出、置位、复位等）。步相当于这些指令的子母线，这些动作命令平时不被执行，只有当对应的步被激活才被执行。

如果某一步有几个动作，可以用图 6-2 中的两种画法来表示，但是并不隐含这些动作之间的任何顺序。

图 6-2　动作

4．有向连线

有向连线把每一步按照它们成为活动步的先后顺序用直线连接起来。

5．活动步

活动步是指系统正在执行的那一步。步处于活动状态时，相应的动作被执行，即该步内的元件为 ON 状态；处于不活动状态时，相应的非存储型动作被停止执行，即该步内的元件为 OFF 状态。有向连线的默认方向由上至下，凡与此方向不同的连线均应标注箭头表示方向。

6．转换

有向连线上，转换用与有向连线垂直的短画线来表示，将相邻两步分隔开。步的活动状态的进展是由转换的实现来完成的，并与控制过程的发展相对应。

转换表示从一个状态到另一个状态的变化，即从一步到另一步的转移，用有向连线表示转移的方向。

转换实现的条件：该转换所有的前级步都是活动步，且相应的转换条件得到满足。

转换实现后的结果：使该转换的后续步变为活动步，前级步变为不活动步。

7．转换条件

使系统由当前步进入到下一步的信号称为转换条件。转换需要一种条件，当条件成立时，称为转换使能。该转换如果能够使系统的状态发生转换，则称为触发。转换条件是指系统从一个状态向一个状态转移的必要条件。

转换条件是与转换相关的逻辑命令，转换条件可以用文字语言、布尔代数表达式或图形符号标注在表示转换的短画线旁边，使用最多的是布尔代数表达式。

在顺序功能图中，只有当某一步的前级步是活动步时，该步才有可能变成活动步。如果用没有断电保持功能的编程元件代表各步，进入 RUN 工作方式时，它们均处于 0 状态，必须在开机时将初始步预置为活动步，否则因顺序功能图中没有活动步，系统将无法工作。

绘制顺序功能图应注意以下几点：

1）步与步不能直接相连，要用转换隔开。

2）转换也不能直接相连，要用步隔开。

3）初始步描述的是系统等待起动命令的初始状态，通常在这一步里没有任何动作。但是初始步是不可不画的，因为如果没有该步，无法表示系统的初始状态，系统也无法返回停止状态。

4）自动控制系统需要多次重复完成某一控制过程，要求系统可以循环执行某一程序，因此顺序功能图应是一个闭环，即在完成一次工艺过程的全部操作后，应从最后一步返回初始步，系统停留在初始状态（单周期操作）；在连续循环工作方式下，系统应从最后一步返回下一工作周期开始运行的第一步。

6.2.3　顺序功能图的类型

顺序功能图主要有三种类型：单序列、选择序列和并行序列。

码 6-2
顺序功能图的
类型

1．单序列

单序列是由一系列相继激活的步组成，每一步的后面仅有一个转换，每一个转换的后面只有一个步，如图 6-3a 所示。

2. 选择序列

选择序列的开始称为分支，转换符号只能标在水平连线之下。如图 6-3b 所示，步 5 后有两个转换 h 和 k 所引导的两个选择序列，如果步 5 为活动步并且转换 h 使能，则步 8 被触发；如果步 5 为活动步并且转换 k 使能，则步 10 被触发。一般只允许选择一个序列。

选择序列的合并是指几个选择序列合并到一个公共序列。此时，用需要重新组合的序列相同数量的转换符号和水平连线来表示，转换符号只允许在水平连线之上。图 6-3b 中如果步 9 为活动步并且转换 j 使能，则步 12 被触发；如果步 11 为活动步并且转换 n 使能，则步 12 也被触发。

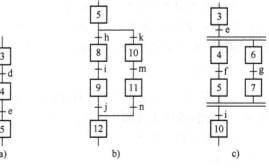

图 6-3 顺序功能图类型

a) 单序列 b) 选择序列 c) 并行序列

3. 并行序列

并行序列用来表示系统中几个同时工作的独立部分的工作情况。并行序列的开始称为分支，如图 6-3c 所示。当转换的实现导致几个序列同时激活时，这些序列称为并行序列。当步 3 是活动步并且转换条件 e 为 ON，步 4、步 6 这两步同时变为活动步，同时步 3 变为不活动步。为了强调转换的实现，水平连线用双线表示。步 4、步 6 被同时激活后，每个序列中活动步的进展将是独立的。在表示同步的水平双线上，只允许有一个转换符号。并行序列的结束称为合并，在表示同步水平双线之下，只允许有一个转换符号。当直接连在双线上的所有前级步（步 5、步 7）都处于活动状态，并且转换状态条件 i 为 ON 时，才会发生步 5、步 7 到步 10 的进展，步 5、步 7 同时变为不活动步，而步 10 变为活动步。

6.3 顺序功能图的编程方法

根据控制系统的工艺要求画出系统的顺序功能图后，若 PLC 没有配备顺序功能图语言，则必须将顺序功能图转换成 PLC 执行的梯形图程序（S7-300 PLC 配有顺序功能图语言）。将顺序功能图转换成梯形的方法主要有两种，分别是采用起保停电路的设计方法和采用置位（S）/复位（R）指令的设计方法。

6.3.1 起保停设计法

起保停电路仅仅用于与触点和线圈有关的指令，任何一种 PLC 的指令系统都有这一类指令，因此这是一种通用的编程方法，可以用于任意型号的 PLC。

码 6-3
起保停顺控设计法

图 6-4a 给出了自动小车运动的示意图。当按下起动按钮时，小车由原点 SQ0 处前进（Q0.0 动作）到 SQ1 处，停留 2s 返回（Q0.1 动作）到原点，停留 3s 后

前进至 SQ2 处，停留 2s 后返回到原点。当再次按下起动按钮时，重复上述动作。

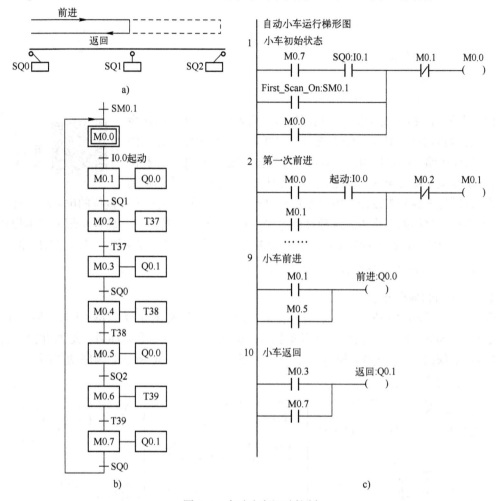

图 6-4　自动小车运动控制

a) 小车运动示意图　b) 小车运动顺序功能图　c) 小车运动梯形图

设计起保停电路的关键是找出它的起动条件和停止条件。根据转换实现的基本规则，转换实现的条件是它的前级步为活动步，并且满足相应的转换条件。在起保停电路中，应将代表前级步的存储器位 Mx.x 的常开触点和代表转换条件的如 Ix.x 的常开触点串联，作为控制下一位的起动电路。

图 6-4b 给出了自动小车运动顺序功能图，当 M0.1 和 SQ1 的常开触点均闭合时，步 M0.2 变为活动步，这时步 M0.1 变为不活动步，因此可以将 M0.2 为 ON 的状态作为使存储器位 M0.1 变为 OFF 的条件，即将 M0.2 的常闭触点与 M0.1 的线圈串联。上述的逻辑关系可以用逻辑代数式表示如下：

$$M0.1=(M0.0 \cdot I0.0+M0.1) \cdot \overline{M0.2}$$

根据上述的编程方法和顺序功能图，画出的梯形图如图 6-4c 所示。

顺序控制梯形图输出电路部分的设计：由于步是根据输出变量的状态变化来划分的，它们之间的关系极为简单，可以分为两种情况来处理。其一某输出量仅在某一步为 ON，可以将它的原线圈与对应步的存储器位 M 的线圈相并联；其二如果某输出在几步中都为 ON，应

将使用各步的存储器位的常开触点并联后，驱动其输出的线圈，如图 6-4c 中程序段 9 和程序段 10 所示。

6.3.2 置位/复位指令设计法

1. 使用置位/复位（S、R）指令设计顺序控制程序

在使用 S、R 指令设计顺序控制程序时，将各转换的所有前级步对应的常开触点与转换对应的触点或电路串联，该串联电路即起保停电路中的起动电路，用它作为使所有后续步置位（使用 S 指令）和使所有前级步复位（使用 R 指令）的条件。在任何情况下，各步的控制电路都可以用这一原则来设计，每一个转换对应一个这样的控制置位和复位的电路块，有多少个转换就有多少个这样的电路块。这种设计方法特有规律可循，梯形图与转换实现的基本规则之间有着严格的对应关系，在设计复杂的顺序功能图的梯形图时，既容易掌握，又不容易出错。

2. 使用 S、R 指令设计顺序功能图的方法

（1）单序列的编程方法

某组合机床的动力头在初始状态时停在最左边，限位开关 I0.1 为 ON 状态，如图 6-5 所示。按下起动按钮 I0.0，动力头的运动如图 6-5a 所示，工作一个循环后，返回并停在初始位置，控制电磁阀的 Q0.0、Q0.1 和 Q0.2 在各工步的状态如图 6-5b 所示的顺序功能图。

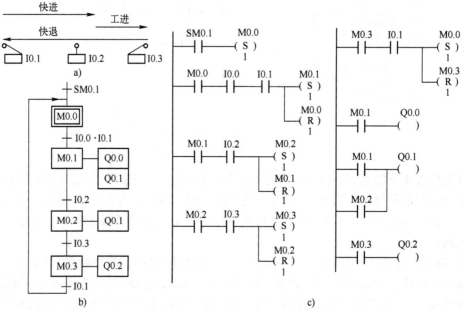

图 6-5 动力头运动控制系统

a) 运行示意图 b) 顺序功能图 c) 梯形图

实现图 6-5 中 I0.2 对应的转换需要同时满足两个条件，即该步的前级步是活动步（M0.1 为 ON）和转换条件满足（I0.2 为 ON）。在梯形图中，可以用 M0.1 和 I0.2 的常开触点组成的串联电路来表示上述条件。该电路接通时，两个条件同时满足。此时应将该转换的后续步变为活动步，即用置位指令"S M0.2，1"将 M0.2 置位；还应将该转换的前级步变为不活动步，即用

复位指令"R　M0.1，1"将 M0.1 复位。

使用这种编程方法时，不能将输出位的线圈与置位/复位指令并联，这是因为图 6-5 中控制置位/复位的串联电路接通的时间只有一个扫描周期，转换条件满足后前级步马上被复位，该串联电路断开，而输出位的线圈至少应该在某一步对应的全部时间内被接通。所以应根据顺序功能图，用代表步的存储器位的常开触点或它们的并联电路来驱动输出位的线圈。

（2）并行序列的编程方法

图 6-6 所示是一个并行序列的顺序功能图，采用 S、R 指令进行并行序列控制程序设计的梯形图如图 6-7 所示。

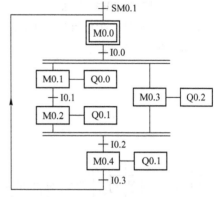

图 6-6　并行序列的顺序功能图

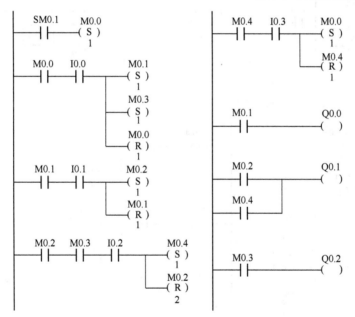

图 6-7　并行序列的梯形图

并行序列分支的编程：在图 6-6 中，步 M0.0 之后有一个并行序列的分支。当 M0.0 是活动步，并且转换条件 I0.0 为 ON 时，步 M0.1 和步 M0.3 应同时变为活动步，这时用 M0.0 和 I0.0 的常开触点的串联电路使 M0.1 和 M0.3 同时置位，用复位指令使步 M0.0 变为不活动步，如图 6-7 所示。

并行序列合并的编程：在图 6-6 中，在转换条件 I0.2 之前有一个并行序列的合并。当所有的前级步 M0.2 和 M0.3 都是活动步，并且转换条件 I0.2 为 ON 时，实现并行序列的合并。用 M0.2、M0.3 和 I0.2 的常开触点的串联电路使后续步 M0.4 置位，用复位指令使前级步 M0.2 和 M0.3 变为不活动步，如图 6-7 所示。

有时某些控制需要并行序列的合并和并行序列的分支由一个转换条件同步实现，如图 6-8a 所示，转换的上面是并行序列的合并，转换的下面是并行序列的分支，该转换实现的条件是所有的前级步 M1.0 和 M1.1 都是活动步且转换条件 I0.1 或 I0.3 为 ON。因此，应将 I0.1 的常开触点与 I0.3 的常开触点并联后再与 M1.0、M1.1 的常开触点串联，作为 M1.2、M1.3 置位和 M1.0、M1.1 复位的条件，其梯形图如图 6-8b 所示。

（3）选择序列的编程方法

图 6-9 所示是一个选择序列的顺序功能图，采用 S、R 指令进行选择序列控制程序设计的梯形图如图 6-10 所示。

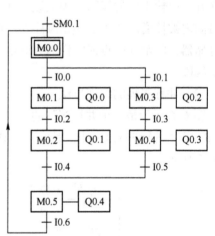

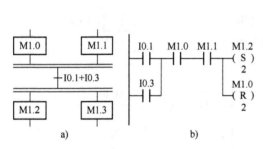

图 6-8　并行序列转换的同步实现

a) 并行序列合并顺序功能图　b) 梯形图

图 6-9　选择序列的顺序控制图

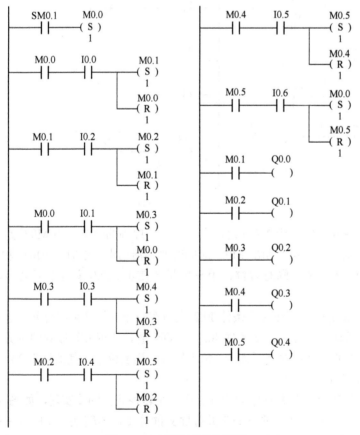

图 6-10　选择序列的梯形图

码 6-5

顺控序列的分支与合并的处理方法

选择序列分支的编程：在图 6-9 中，步 M0.0 之后有一个选择序列的分支。当 M0.0 为活动步时，可以有两种不同的选择，当转换条件 I0.0 满足时，后续步 M0.1 变为活动步，M0.0 变为不活动步；而当转换条件 I0.1 满足时，后续步 M0.3 变为活动步，M0.0 变为不活动步。

当 M0.0 被置为 1 时，后面有两个分支可以选择。若转换条件 I0.0 为 ON 时，该程序段中的指令"S　M0.1，1"，将转换到步 M0.1，然后向下继续执行；若转换条件 I0.1 为 ON 时，该程序段中的指令"S　M0.3，1"，将转换到步 M0.3，然后向下继续执行。

选择序列合并的编程：在图 6-9 中，步 M0.5 之前有一个选择序列的合并，当步 M0.2 为活动步，并且转换条件 I0.4 满足，或步 M0.4 为活动步，并且转换条件 I0.5 满足时，步 M0.5 变为活动步。在步 M0.2 和步 M0.4 后续对应的程序段中，分别用 I0.4 和 I0.5 的常开触点驱动指令"S　M0.5，1"，就能实现选择序列的合并。

6.4　顺控指令 SCR

1. 顺序控制继电器指令

S7-200 SMART 中的顺序控制继电器指令（Sequence Control Relay，SCR）专门用于编制顺序控制程序。顺序控制程序被顺序控制继电器指令划分为若干个 SCR 段，一个 SCR 段对应顺序功能图中的一步。

码 6-6
顺序控制继电器指令

顺序控制继电器指令包括装载指令（Load Sequence Control Relay，LSCR）、结束指令（Sequence Control Relay End，SCRE）和转换指令（Sequence Control Relay Transition，SCRT）。顺序控制继电器指令的梯形图及语句表如表 6-1 所示。

表 6-1　顺序控制继电器指令的梯形图及语句表

梯　形　图	语　句　表	指　令　名　称
S_bit SCR	LSCR　S_bit	装载指令
S_bit ——(SCRT)	SCRT　S_bit	转换指令
——(SCRE)	CSCRE	条件结束指令
——(SCRE)	SCRE	结束指令

（1）装载指令

装载指令 LSCR S_bit 表示一个 SCR 段（即顺序功能图中的步）的开始。指令中的操作数 S_bit 为顺序控制继电器 S（布尔 BOOL 型）的地址（如 S0.0），顺序控制继电器为 ON 状态时，执行对应的 SCR 段中的程序，反之则不执行。

（2）转换指令

转换指令 SCRT S_bit 表示一个 SCR 段之间的转换，即步活动状态的转换。当有信号流流过 SCRT 线圈时，SCRT 指令的后续步变为 ON 状态（活动步），同时当前步变为 OFF 状态（不活动步）。

（3）结束指令

结束指令 SCRE 表示 SCR 段的结束。

LSCR 指令中指定的顺序控制继电器被放入 SCR 堆栈和逻辑堆栈的栈顶，SCR 堆栈中 S 位的状态决定对应的 SCR 段是否执行。由于逻辑堆栈的栈顶装入了 S 位的值，所以将 SCR 指令直接连接到左母线上。

2. 采用顺序控制继电器指令设计顺序功能图的方法

（1）单序列的编程方法

图 6-11a 中的两条运输带顺序相连，按下起动按钮 I0.0，2 号运输带开始运行，10s 后 1 号运输带自动起动。停机的顺序与起动的顺序刚好相反，间隔时间为 10s。

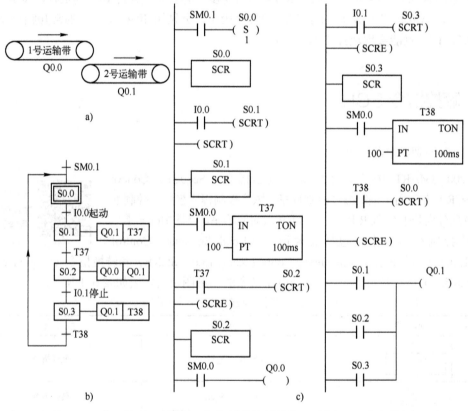

图 6-11　运输带控制系统

a) 运动示意图　b) 顺序功能图　c) 梯形图

在设计顺序功能图时只要将存储器位 M 换成相应的 S 就成为采用顺序控制继电器指令设计的顺序功能图了，如图 6-11b 所示。

在设计梯形图时，用 LSCR（梯形图中为 SCR）指令和 SCRE 指令表示 SCR 段的开始和结束。在 SCR 段中用 SM0.0 的常开触点来驱动在该步中应为 ON 状态的输出点 Q 的线圈，并用转换条件对应的触点或电路来驱动转换后续步的 SCRT 指令。

如果用编程软件的"程序状态"功能来监视处于运行模式的梯形图（如图 6-11c 所示），可以看到因为直接接在左母线上，每一个 SCR 方框都是蓝色的，但是只有活动步对应的 SCRE 线圈通电，并且只有活动步对应的 SCR 段内的 SM0.0 常开触点闭合，不活动步的 SCR 段内的 SM0.0 的常开触点处于断开状态，因此 SCR 段内所有的线圈受到对应的顺序控制继电器的控制，SCR 段内线圈还受到与它串联的触点或电路的控制。

图 6-11c 中，首次扫描时，SM0.1 的常开触点接通一个扫描周期，使顺序控制继电器 S0.0 置位，初始步变为活动步，只执行 S0.0 对应的 SCR 段。按下起动按钮 I0.0，指令"SCRT　S0.1"对应的线圈得电，使 S0.1 变为 ON 状态，操作系统使 S0.0 变为 OFF 状态，系统从初始步转换到第 2 步，只执行 S0.1 对应的 SCR 段。在该段中，因为 SM0.0 的常开触点闭合，T37 的线圈得电，开始定时。在梯形图结束处，因为 S0.1 的常开触点闭合，Q0.1 的线圈得电，2 号运输带开始运行。在操作系统没有执行 S0.1 对应的 SCR 段时，T37 的线圈不会得电。T37 定时时间到时，T37 的常开触点闭合，将转换到步 S0.2。以后将一步一步地转换下去，直到返回初始步。

在图 6-11b 中，Q0.1 在 S0.1～S0.3 这 3 步中均应工作，不能在这 3 步的 SCR 段内分别设置一个 Q0.1 的线圈，所以用 S0.1～S0.3 的常开触点组成的并联电路来驱动 Q0.1 的线圈。

（2）并行序列的编程方法

图 6-12 是某控制系统中使用并行序列和选择序列的顺序功能图，图 6-13 是其相应的使用顺序控制继电器 SCR 指令编写的梯形图。

1）并行序列分支的编程。

图 6-12 中，步 S0.1 之后有一个并行序列的分支，当步 S0.1 是活动步，并且转换条件 I0.1 满足时，步 S0.2 与步 S0.4 应同时变为活动步，这是用 S0.1 对应的 SCR 段中 I0.1 的常开触点同时驱动指令"SCRT　S0.2"和"SCRT　S0.4"来实现的。与此同时，S0.1 被自动复位，步 S0.1 变为不活动步。

2）并行序列合并的编程。

图 6-12 中，步 S0.6 之前有一个并行序列的合并，因为转换条件为 1（总是满足），转换实现的条件是所有的前级步（即步 S0.3 和步 S0.5）都是活动步。图 6-13 中用 S、R 指令的编程方法，将 S0.3 和 S0.5 的常开触点串联，来控制对 S0.6 的置位和对 S0.3、S0.5 的复位，从而使 S0.6 变为活动步，步 S0.3 和步 S0.5 变为不活动步。

3）选择序列的编程。

选择序列分支的编程：图 6-12 中，步 S0.6 之后有一个选择序列的分支，如果步 S0.6 是活动步，

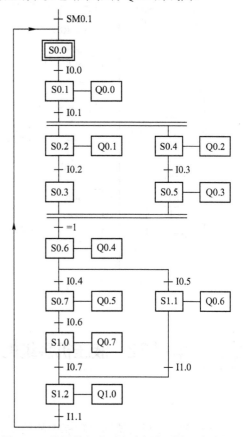

图 6-12　使用并行序列和选择序列的顺序功能图

并且转换条件 I0.4 满足，后续步 S0.7 将变为活动步，S0.6 变为不活动步。如果步 S0.6 是活动步，并且转换条件 I0.5 满足，后续步 S1.1 将变为活动步，S0.6 变为不活动步。图 6-13 中，当 S0.6 为 ON 状态时，它对应的 SCR 段被执行，此时若转换条件 I0.4 为 ON 状态，该程序段中的指令"SCRT　S0.7"被执行，将转换到步 S0.7。若 I0.5 为 ON 状态，将执行指令"SCRT　S1.1"，转换到步 S1.1。

选择序列合并的编程：图 6-12 中，步 S1.2 之前有一个选择序列的合并，当步 S1.0 为活动步，并且转换条件 I0.7 满足，或步 S1.1 为活动步，并且转换条件 I1.0 满足时，步 S1.2 都应变为活动步。图 6-13 中，在步 S1.0 和步 S1.1 对应的 SCR 段中，分别用 I0.7 和 I1.0 的常开触点驱动指令"SCRT　S1.2"，就能实现选择序列的合并。

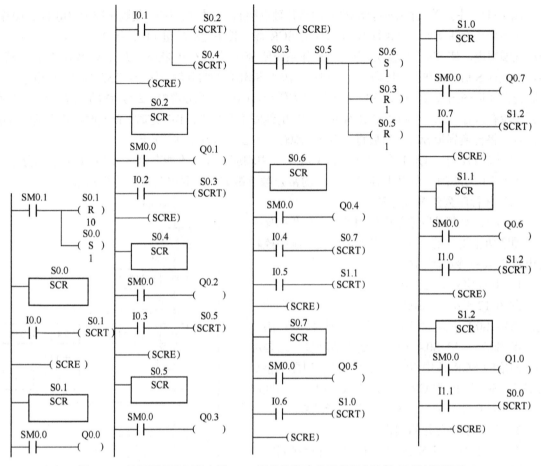

图 6-13　使用顺序控制继电器 SCR 指令编写的并行序列和选择序列的梯形图

6.5 **案例 22　液压机系统的 PLC 控制**

1. 目的

1）掌握控制系统顺序功能图的绘制。

2）掌握用起保停方法编写顺控系统程序。

2. 任务

使用 S7-200 SMART PLC 实现液压机系统的控制。图 6-14 为某液压机工作示意图，控制要求如下：系统通电时，按下液压泵起动按钮 SB2，起动液压泵电动机。当液压缸活塞处于原位（位置检测传感器 SQ1 处）时，按下活塞下行按钮 SB3，活塞快速下行（电磁阀 YV1、YV2 得电），当遇到快转慢的转换检测传感器 SQ2 时，活塞慢行（仅电磁阀 YV1 得电），在压住工件后继续下行，当压力达到设置值时，压力继电器 KP 动作，即停止下行（电磁阀 YV1 失电），保压 3s 后，电磁阀 YV3 得电，活塞开始返回，当到达 SQ1 时返回停止。控制系统还需要有工作指示灯 HL1，活塞下行指示灯 HL2、保压指示灯 HL3 及返回指示灯 HL4。

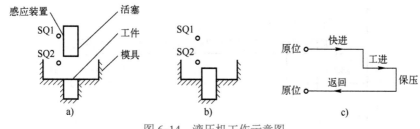

图6-14 液压机工作示意图
a) 放料图 b) 成形图 c) 活塞运动过程

3. 内容与步骤

（1）I/O 分配

根据案例分析可知，液压机系统的 PLC 控制 I/O 地址如表 6-2 所示。

表6-2 液压机系统的 PLC 控制 I/O 分配表

输 入		输 出	
输入继电器	元 件	输出继电器	元 件
I0.0	液压泵停止按钮 SB1	Q0.0	接触器 KM
I0.1	液压泵起动按钮 SB2	Q0.1	电磁阀 YV1
	活塞下行按钮 SB3	Q0.2	电磁阀 YV2
	原位 SQ1	Q0.3	电磁阀 YV3
	快转慢 SQ2	Q0.4	工作指示灯 HL1
	压力继电器 KP	Q0.5	活塞下行指示灯 HL2
	热继电器 FR	Q0.6	保压指示灯 HL3
		Q0.7	返回指示灯 HL4

（2）I/O 接线图

根据控制要求及表 6-2 的 I/O 分配表，液压机系统的 PLC 控制 I/O 接线图如图 6-15 所示。

（3）创建工程项目

创建一个工程项目，并命名为液压机系统的 PLC 控制。

（4）编写程序

根据要求，画出液压机系统控制的顺序功能图，如图 6-16 所示，并使用起保停电路编写的液压机系统控制的梯形图，如图 6-17 所示。

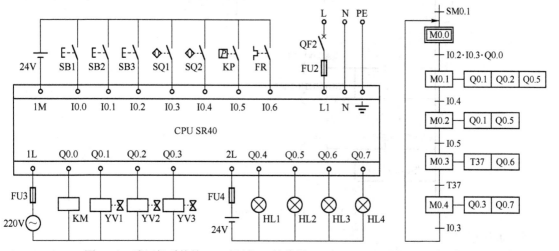

图6-15 液压机系统的 PLC 控制 I/O 接线图　　　　　图6-16 液压机系统控制顺序功能图

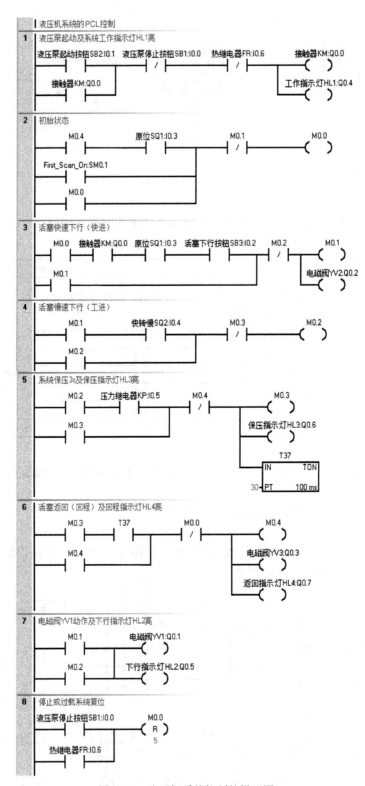

图 6-17　液压机系统控制的梯形图

（5）调试程序

将程序块下载到 CPU 中，起动程序监控功能。首先起动液压泵，观察电动机能否起动及系统工作指示灯 HL1 是否点亮；按下活塞下行按钮 SB3，观察电磁阀 YV1 和 YV2 及下行指示灯 HL2 是否动作；当遇到快转慢开关时，观察电磁阀 YV2 是否失电；当压力继电器 KP 动作时，观察活塞是否停止下行，同时进行保压，观察保压指示灯 HL3 是否点亮；3s 后观察返回电磁阀 YV3 及指示灯 HL4 是否动作；返回到原点时，观察活塞是否停止；再次按下活塞下行按钮 SB3，若能进行上述循环，则说明本案例任务实现。

4．拓展

训练 1：用起保停电路的顺控设计法实现交通灯的 PLC 控制。系统起动后，东西方向绿灯亮 15s，闪烁 3s，黄灯亮 3s，红灯亮 18s，闪烁 3s；同时，南北方向红灯亮 18s，闪烁 3s，绿灯亮 15s，闪烁 3s，黄灯亮 3s。如此循环，无论何时按下停止按钮，东西南北方向交通灯全灭。

训练 2：用起保停电路的顺控设计法实现 3 台电动机顺起逆停的 PLC 控制。按下起动按钮后，第 1 台电动机立即起动，10s 后第 2 台电动机起动，15s 后第 3 台电动机起动，工作 2h 后第 3 台电动机停止，15s 后第 2 台电动机停止，10s 后第 1 台电动机停止。无论何时按下停止按钮，当前所运行的电动机中最大编号电动机立即停止（第 3 台电动机编号最大，第 2 台电动机编号次之，第一台电动机编号最小），然后按照逆停的方式依次停止运行，直到电动机全部停止运行。

训练 3：用起保停电路的顺控设计法实现 3.7 节的案例 12 的控制。

6.6 案例 23 剪板机系统的 PLC 控制

1．目的

1）掌握控制系统顺序功能图的绘制。

2）掌握用置位/复位指令编写顺控系统程序。

2．任务

使用 S7-200 SMART PLC 实现剪板机系统的控制。图 6-18 为剪板机工作示意图，开始时压钳和剪刀都在上限位，限位开关 I0.0 和 I0.1 都为 ON。按下压钳下行按钮 I0.5 后，首先板料右行（Q0.0 为 ON）至限位开关 I0.3，然后压钳下行（Q0.3 为 ON 并保持）压紧板料后，压力继电器 I0.4 为 ON，压钳保持压紧，剪刀开始下行（Q0.1 为 ON）。剪断板料后，剪刀下限位开关 I0.2 变为 ON，Q0.1 和 Q0.3 为 OFF，延时 1s 后，剪刀和压钳同时上行（Q0.2 和 Q0.4 为 ON），它们分别碰到限位开关 I0.1 和 I0.0 后，分别停止上行，直至再次按下压钳下行按钮，方可进行下一个周期的工作。为简化程序工作量，板料及剪刀驱动电动机均忽略。

3．内容与步骤

（1）I/O 分配

根据案例分析可知，剪板机系统的 PLC 控制 I/O 分配如表 6-3 所示。

（2）I/O 接线图

根据控制要求及表 6-3 的 I/O 分配表，剪板机系统的 PLC 控制 I/O 接线图如图 6-19 所示。

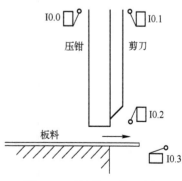

图 6-18 剪板机工作示意图

（3）创建工程项目

创建一个工程项目，并命名为剪板机系统的 PLC 控制。

表 6-3　剪板机系统的 PLC 控制 I/O 分配表

输 入		输 出	
输入继电器	元 件	输出继电器	元 件
I0.0	压钳上限位 SQ1	Q0.0	板料右行 KM1
I0.1	剪刀上限位 SQ2	Q0.1	剪刀下行 KM2
I0.2	剪刀下限位 SQ3	Q0.2	剪刀上行 KM3
I0.3	板料右限位 SQ4	Q0.3	压钳下行 YV1
I0.4	压力继电器 KP	Q0.4	压钳上行 YV2
I0.5	压钳下行按钮 SB		

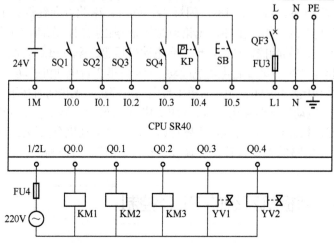

图 6-19　剪板机系统 PLC 控制的 I/O 接线图

（4）编写程序

根据要求，画出剪板机系统 PLC 控制的顺序功能图，如图 6-20 所示，使用起保停电路编写的剪板机系统 PLC 控制梯形图如图 6-21 所示。

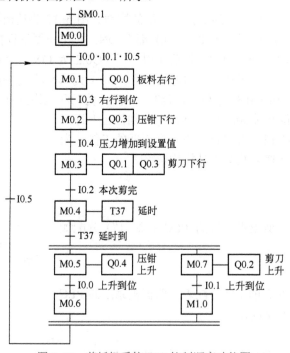

图 6-20　剪板机系统 PLC 控制顺序功能图

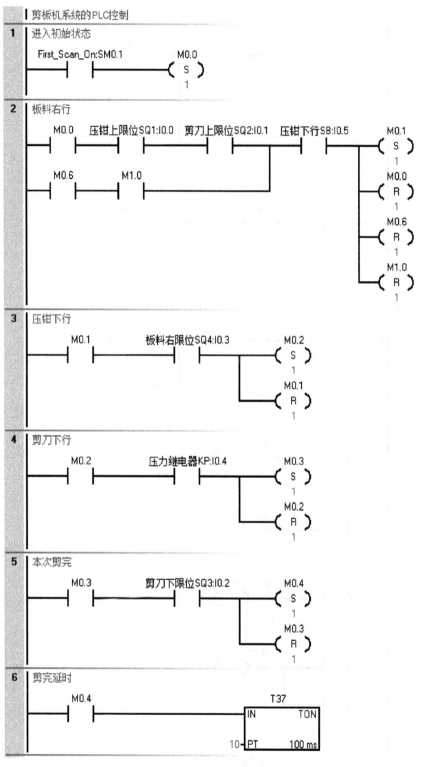

图 6-21 剪板机系统 PLC 控制的梯形图

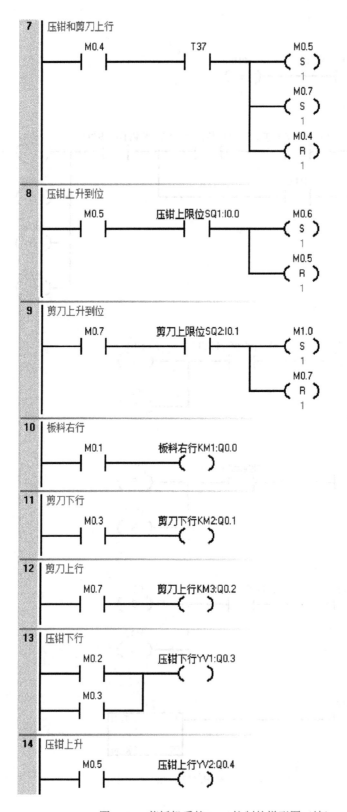

图 6-21 剪板机系统 PLC 控制的梯形图（续）

（5）调试程序

将程序块下载到 CPU 中，起动程序监控功能。观察压钳和剪刀上限位是否动作；若已动作，按下压钳下行按钮，观察板料是否右行；若碰上右限位开关，是否停止运行，同时压钳是否下行；当压力继电器动作时，观察剪刀是否下行；当剪完本次板料时，是否延时一段时间后压钳和剪刀均上升，各自上升到位后，是否停止上升；若再次按下压钳下行按钮，压钳是否再次下行，若下行，则能进行循环剪料，即说明本案例任务实现。在此程序中，为了减少编程工作量，对驱动压钳动作的液压泵的起停控制已省略。

4. 拓展

训练 1：用起保停电路的顺控设计法实现案例 23 的 PLC 控制。

训练 2：置位/复位指令实现剪板机 PLC 控制。控制要求同案例 23，系统还要求：在液压泵电动机起动情况下方可进行剪板工作，同时对剪板数量进行计数。

训练 3：用置位/复位指令编写顺控程序实现交通灯的 PLC 控制。系统起动后，东西方向绿灯亮 15s，闪烁 3s，黄灯亮 3s，红灯亮 18s，闪烁 3s；同时，南北方向红灯亮 18s，闪烁 3s，绿灯亮 15s，闪烁 3s，黄灯亮 3s。如此循环，无论何时按下停止按钮，东西南北方向交通灯全灭。

6.7 案例 24 硫化机系统的 PLC 控制

1. 目的

1）掌握控制系统顺序功能图的绘制。

2）掌握用顺控指令编写顺控系统程序。

2. 任务

使用 S7-200 SMART PLC 实现硫化机系统的 PLC 控制。某轮胎硫化机一个工作周期由初始、合模、反料、硫化、放气和开模共六步组成（S0.0～S0.5）。硫化机控制系统的顺序功能图如图 6-22 所示。此设备在实际运行中"合模到位"和"开模到位"的限位开关的故障率较高，容易出现合模、开模已到位，但是相应电动机不能停机的现象，甚至可能损坏设备。为了解决这个问题，需在程序中设置了诊断和报警功能，例如在合模时（S0.1 为活动步），用 T40 延时。在正常情况下，当合模到位时，T40 的延时时间还没到就转换到步 S0.2，T40 被复位，所以它不起作用。"合模到位"限位开关出现故障时，

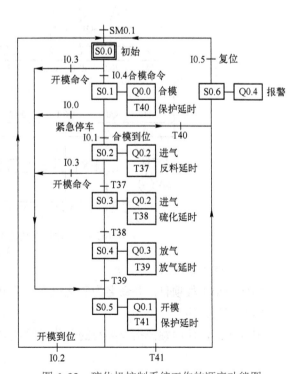

图 6-22 硫化机控制系统工作的顺序功能图

T40 使系统进入报警步 S0.6，Q0.0 控制的合模电动机断电，同时 Q0.4 接通报警装置，操作人员按复位按钮 I0.5 后解除报警。在开模过程中，用 T41 来实现保护延时。开/合模及进/放气驱动设备控制在此省略。

3．内容与步骤

（1）I/O 分配

根据案例分析可知，硫化机系统的 PLC 控制 I/O 分配如表 6-4 所示。

表 6-4　硫化机系统的 PLC 控制 I/O 分配表

输 入		输 出	
输入继电器	元 件	输出继电器	元 件
I0.0	紧急停车按钮 SB1	Q0.0	合模电磁阀 YV1
I0.1	合模到位 SQ1	Q0.1	开模电磁阀 YV2
I0.2	开模到位 SQ2	Q0.2	进气电磁阀 YV3
I0.3	开模按钮 SB2	Q0.3	放气电磁阀 YV4
I0.4	合模按钮 SB3	Q0.4	报警指示灯 HL
I0.5	复位按钮 SB4		

（2）I/O 接线图

根据控制要求及表 6-4 的 I/O 分配表，硫化机系统的 PLC 控制 I/O 接线图如图 6-23 所示。

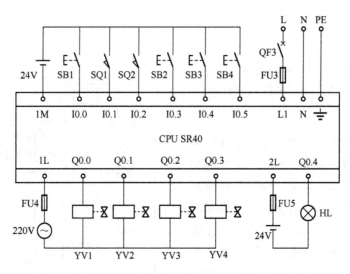

图 6-23　硫化机系统的 PLC 控制 I/O 接线图

（3）创建工程项目

创建一个工程项目，并命名为硫化机系统的 PLC 控制。

（4）编写程序

根据要求，使用顺控指令编写的硫化机系统 PLC 控制梯形图如图 6-24 所示。

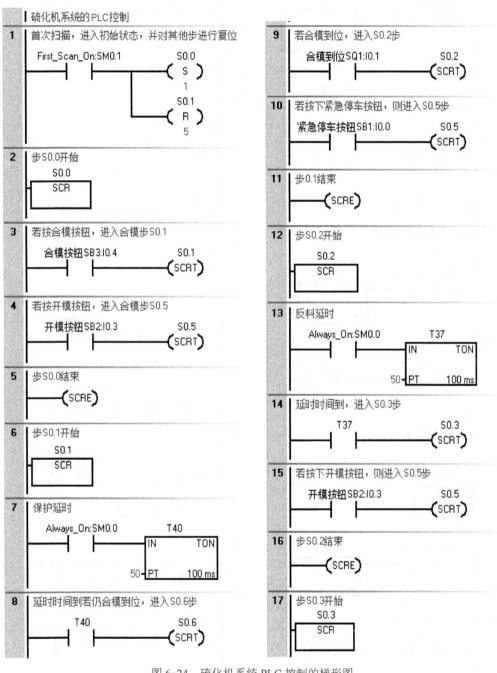

图 6-24　硫化机系统 PLC 控制的梯形图

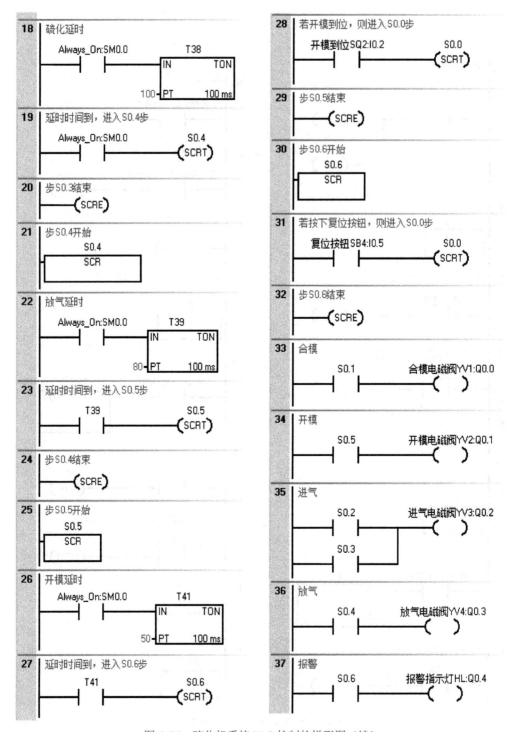

图 6-24　硫化机系统 PLC 控制的梯形图（续）

（5）调试程序

将程序块下载到 CPU 中，起动程序监控功能。按下合模按钮 SB3，观察：是否进行合模操作，合模到位后是否进入进气流程，反料延时后是否进入硫化程序，硫化延时后是否进入放气流程，放气一段时间后是否进入开模流程，开模到位后能否再次进入合模等待状态。其他分支流程读者也可进行调试，若调试现象与控制要求一致，则说明本案例任务实现。

4. 拓展

训练 1：用起保停电路的顺控设计法实现案例 24 的 PLC 控制。

训练 2：用置位/复位指令的顺控设计法实现案例 24 的 PLC 控制。

训练 3：用顺控指令的顺控设计法实现交通灯的 PLC 控制。系统起动后，东西方向绿灯亮 15s，闪烁 3s，黄灯亮 3s，红灯亮 18s，闪烁 3s；同时，南北方向红灯亮 18s，闪烁 3s，绿灯亮 15s，闪烁 3s，黄灯亮 3s。如此循环，无论何时按下停止按钮，东西南北方向交通灯全灭。

6.8 习题与思考

1. 什么是顺序控制系统？
2. 在功能图中，什么是步、初始化、活动步、动作和转换条件？
3. 步的划分原则是什么？
4. 设计梯形图时要注意什么？
5. 编写顺序控制梯形图程序有哪些常用的方法？
6. 编写梯形图程序时要注意哪些问题？
7. 简述转换实现的条件和转换实现时应完成的操作。
8. 根据图 6-25 所示的功能图编写程序，要求用起保停电路、置位/复位指令及顺控指令分别进行编写。

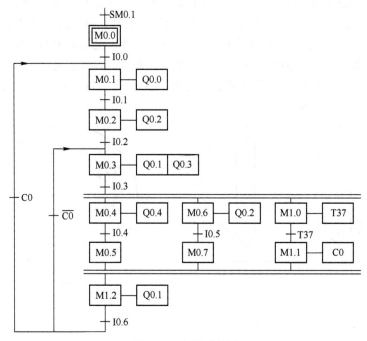

图 6-25 顺序功能图

9. 液体混合装置如图 6-26 所示，上、中、下限位的液位传感器被液体淹没时为 ON 状态，阀 A、阀 B 和阀 C 为电磁阀，线圈通电时打开，线圈断电时关闭。在初始状态时容器是空的，各阀门均关闭，所有传感器均为 OFF 状态。按下起动按钮后，打开阀 A，液体 A 流入容器，中限位开关变为 ON 状态时，关闭阀 A，打开阀 B，液体 B 流入容器。液面升到上限位开关时，关闭阀 B，电动机 M 开始运行，搅拌液体，60s 后停止搅拌，打开阀 C，放出混合液，当液面降至下限位开关之后 5s，容器放空，关闭阀 C，打开阀 A，又开始下一轮周期的操作，任意时刻按下停止按钮，当前工作周期的操作结束后，才停止操作，返回并停留在初始状态。请设计 PLC 控制程序。

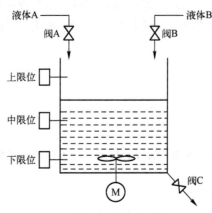

图 6-26　液体混合装置示意图

10．某专用钻床控制系统的工作示意图如图 6-27 所示。此钻床用来加工圆盘状零件上均匀分布的 6 个孔，开始自动运行时两个钻头在最上面的位置，限位开关 I0.3 和 I0.5 均为 ON。操作人员放好工件后，按下起动按钮 I0.0，Q0.0 变为 ON，工件被夹紧，夹紧后压力继电器 I0.1 为 ON，Q0.1 和 Q0.3 使两只钻头同时开始工作，分别钻到由限位开关 I0.2 和 I0.4 设定的深度时，Q0.2 和 Q0.4 使两只钻头分别上行，升到由限位开关 I0.3 和 I0.5 设定的起始位置时，分别停止上行，此时设定值为 3 的计数器 C0 的当前值加 1。两个钻头都上升到位后，若没有钻完 3 对孔，C0 的常闭触点闭合，Q0.5 使工件旋转 120°后又开始钻第 2 对孔。3 对孔都钻完后，计数器的当前值等于设定值 3，C0 的常开触点闭合，Q0.6 使工件松开，松开到位时，限位开关 I0.7 为 ON，系统返回初始状态。

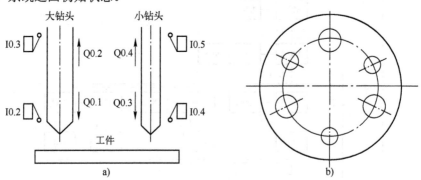

图 6-27　专用钻床工作示意图

参 考 文 献

[1] 侍寿永，夏玉红. S7-200 SMART PLC 编程及应用教程[M]. 2 版. 北京：机械工业出版社，2021.

[2] 侍寿永，夏玉红. 电气控制与 PLC 应用技术：S7-1200[M]. 北京：机械工业出版社，2022.

[3] 侍寿永. S7-200 PLC 技术及应用[M]. 北京：机械工业出版社，2020.

[4] 侍寿永，史宜巧. FX_{3U} 系列 PLC 技术及应用[M]. 北京：机械工业出版社，2021.

[5] 侍寿永. 西门子 S7-1200 PLC 编程及应用教程[M]. 2 版. 北京：机械工业出版社，2022.

[6] 廖常初. S7-200 SMART PLC 应用教程[M]. 3 版. 北京：机械工业出版社，2023.

[7] 西门子（中国）有限公司. 深入浅出西门子 S7-200 SMART PLC [M]. 2 版. 北京：北京航空航天大学出版社，2018.

[8] 西门子（中国）有限公司. S7-200 SMART PLC 可编程序控制器产品目录[Z]. 2014.